星际旅行指南

叶永烈◎主编

朝華出版社

图书在版编目（CIP）数据

星际旅行指南/叶永烈主编.—北京：
朝华出版社，2012.5
ISBN 978-7-5054-3165-2

I.①星… Ⅱ.①叶… Ⅲ.①空间探索–普及读物

Ⅳ.①V11–49

中国版本图书馆CIP数据核字（2012）第088548号

星际旅行指南

作　　者　叶永烈

选题策划　杨　彬　王　磊
责任编辑　张世昌
特约策划　林苑中　周　强
特约编辑　周　强
责任印制　张文东
封面设计　零三二五艺术设计

出版发行　朝华出版社
社　　址　北京市西城区百万庄大街24号　　　　**邮政编码**　100037
订购电话　（010）68413840 68996050
传　　真　（010）88415258（发行部）
联系版权　j–yn@163.com
网　　址　www.blossompress.com.cn
印　　刷　北京印刷集团有限责任公司印刷一厂
经　　销　全国新华书店
开　　本　720mm×1000mm 1/16　　　　**字　　数**　300千字
印　　张　28
版　　次　2012年6月第1版　2012年6月第1次印刷
装　　别　平
书　　号　ISBN 978-7-5054-3165-2
定　　价　49.80 元

在太阳系内直径大于200英里的所有（已知）天体

共88颗天体：1颗恒星，4颗巨型气体行星，4颗类地行星，3颗矮行星，21颗卫星，4颗小行星，51颗外海王星天体。

太阳
恒星
直径：1,390,000 km

木星（气态巨星）
行星
直径：139,822 km

土星（气态巨星）
行星
直径：116,464 km

天王星（气态巨星）
行星
直径：50,724 km

海王星（气态巨星）
行星
直径：49,244 km

地球（有陆地）
行星
直径：12,742 km

金星（有陆地）
行星
直径：12,104 km

欧罗巴
卫星（木星）
直径：3,122 km

崔顿
卫星（海王星）
直径：2,707 km

厄里斯
行星（矮行星）
直径：2,400 km

冥王星
行星（矮行星）
直径：2,306 km

2005 FY9
外海王星天体
直径：1,800 km

天卫三
卫星（天王星）
直径：1,578 km

瑞亚
卫星（土星）
直径：1,529 km

奥伯龙
卫星（天王星）
直径：1,523 km

2003 EL61
外海王星天体
直径：1,490km

赛德娜
外海王星天体
直径：1,480km

伊阿珀托斯
卫星（土星）
直径：1,472 km

死神星
外海王星天体
直径：1,360 km

夸欧尔
外海王星天体
直径：1,260 km

卡戎
卫星（冥王星）
直径：1,212 km

天卫一
卫星（天王星）
直径：1,158 km

特提斯
卫星（土星）
直径：1,066 km

天卫二
卫星（天王星）
直径：1,170 km

狄俄涅
卫星（土星）
直径：1,123 km

2002 TC302
外海王星天体
直径：1,064 km

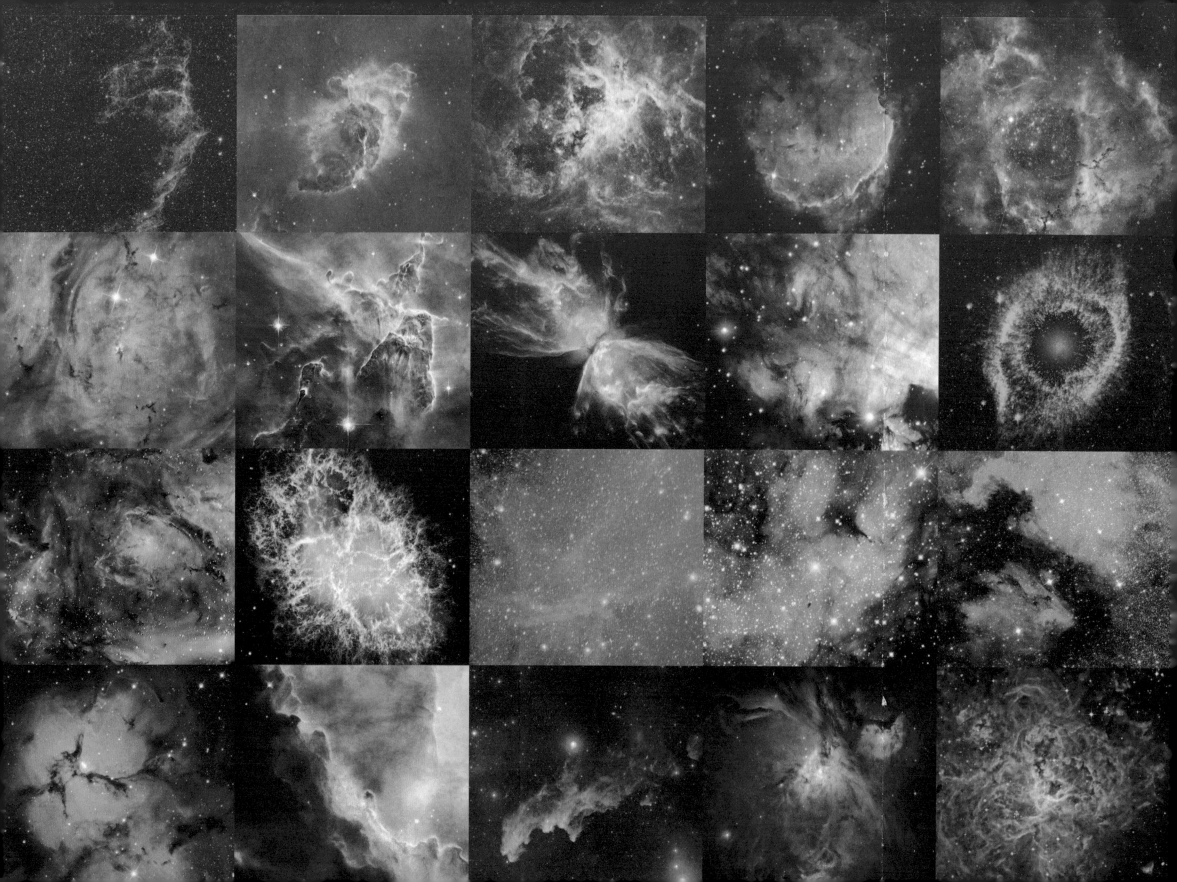

目 录
Contents

02

02

02

03

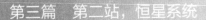

第三篇　第二站，恒星系统

第一篇　启程

第一章　"宅"在地球也很闷

对浩瀚的宇宙而言，地球只是全宇宙非常非常小的一个星球。地球所处的序列是：宇宙——半人马星座——银河系——第三臂旋——太阳系——地月系——地球。宇宙是精彩的，而"宅"在地球上真的很无聊。

航天器的宇宙派对

第一节　星际旅行的必备设施

开普勒空间望远镜寻找"新地球"

美国航天总署（NASA）所属的开普勒空间望远镜（Kepler）以凌日法搜寻系外行星的方法获得了显著的成果，不光在任务刚开展的头4个月里就探索到了1200多颗类系外行星的数据，而且其中的408项数据出现在多重行星系统中，也就是说，这个系外行星系统很可能包含了两个以上的系外行星，而这些多重行星系统有很多都与我们太阳系迥异。

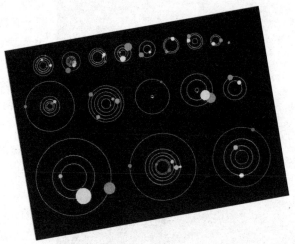

开普勒探测到的部分系外行星系统运行轨迹

我们都知道，21世纪世界各国天文学家们相信，我们人类总有一天能够飞离地球，去实现真正的星际旅行，找寻另外一个适合生存的星球。但是有个很大

太阳系

宜居区

水星

金星

地球

火星

2011年12月5日，美国宇航局所属开普勒空间望远镜确认了首颗位于所谓"宜居带"中的类地星球Kepler—22b

通过哈勃太空望远镜拍摄的半人马座α的特写照片

的问题，那就是距离。人的生命只有短短的几十年，怎么能在有限的生命里，飞到距离地球光年距离以外的目的地呢？ 怎么才能保证用较短的时间完成星际旅行的使命呢？

好消息是，通过美国宇航局的开普勒空间望远镜，已经在太阳系寻找到一个新的类地星球。而在此前，宇航局就曾推测，在至少150个相邻的星系中，或许能瞄准一颗与地球类似的小型行星。

然而，要到达新的适合人类居住的"地球"，其探险的难度可比用开普勒空间望远镜看到它的难度大多了。我们人类在黑夜中能看到的最亮的也是离地球最近的半人马座α恒星，在这之中有可能存在与地球相类似的行星，但它和地球的距离长达4.4光年之遥，比现在任何一个太空探测器能达到的最大飞行距离还要多3000倍。

我们以巨蟹座为例，在巨蟹星座的55恒星中，有3颗行星，也是疑似类地星球。就这3颗行星距离地球的时间也却达到了41光年，这比我们刚才说的半人马座α恒星的距离

阿尔法星系A星和B星

比邻星

半人马座α星系

要远10倍。

41光年，按照目前的航天器的速度，人的生命终结之前肯定是不能达到的。因此，如果达到一个可以给人类提供住宿的新"地球"，那么就得发明速度超快的航天器，它肯定要比全球所有的航天器都要先进得多、速度要快得多。

这种超快的航天器，人类有能力制造吗？现在看来似乎不太可能。

但事情没有我们想的那么悲观，美国宇航局喷气推进实验室的教授罗伯特·弗里斯比指出，制造快速的载人航天器在理论上来说是完全可行的。最近，弗里斯正在调研5种可以让宇航员飞到半人马座α恒星只需要花费不到50年时间的火箭推进技术。

俄罗斯物理学家齐奥尔科夫斯基表示，星际旅行最大的难题就是：火箭的最大速率通常只有其发动机的喷气速率的两倍左右，发动机的喷气速率只能达到4.4千米／秒，因此单级火箭能达到的最大速率不到9千米／秒。

以此发动机的喷气速率来计算，人类到达半人马座α恒星的时间将需要12万年之久。假如想让一个宇航员花费40年的时间到达我们的目的地半人马座α恒星，那么火箭的速率自然要提高3000倍。怎样才能达到这么快的速率，弗里斯比的建议是，不能再使用常规的燃料来作为火箭的推进剂，目前有三种方式比较主流：使用核裂变、核

破空的瞬间，速度的体现

聚变和反物质作为推进能源，都可以高效地提升喷气速率。

我们来介绍一下所谓的核裂变、核聚变和反物质作为推进剂的这几种火箭技术。

核裂变推进剂的火箭技术

我们都知道，目前的科学家已经成熟地制造了各种原子弹和核反应堆。原子弹和核反应堆就是通过核裂变产生的能量作为原动力。那么，核裂变的原理究竟是什么呢？

核裂变其实就是核能的原子裂变，当原子裂变时，所产生的"分裂碎片"速率可以达到光速的3%，即约每秒9000千米。当然，核裂变的速度不是一成不变的，美国人就设计了一种理论上的"分裂碎片"反应堆，这种反应堆能够掌控这些高速粒子，让火箭的速率提高到每秒接近1.8万千米，这相当于光速的6%——这是目前单级火箭速度的2000倍。

假如我们将两个核裂变火箭合体做成二级核裂变火箭，让它的飞行速率达到光速的12％，再添上两级减速火箭，那么人类大概只要用50年的时间就能抵达半人马座 α 恒星了。

通过这些，进行星际旅行和星际移民看似近在咫尺。不过最大的困难在哪儿呢？那就是核裂变推进剂需要使用能快速衰变的锎。锎并非自然界中存在的放射性元素，而是用人工核反应制造。据估算，飞到最近的恒星需要大约200吨锎，此外还要相当重量的辐射防护材料——这个也是核裂变推进剂火箭目前变得不切实际的主要原因。当然，科学家一直在不停努力中，相信未来肯定可以发现锎的替代品。

在这里，我们需要介绍一个美国猎户座的核裂变火箭计划，它是那么的疯狂和不可思议。

猎户座核裂变推进火箭：很快很暴力

太空船效果图

美国的猎户座核裂变火箭计划是从1958年开始的，这个计划的目的是用125天的时间飞到火星，再从火星用约3年的时间飞到土星。

猎户座核裂变火箭计划的动力是什么呢？

核测试基地效果图

的确，后来也有先用固体火箭推出大气层的设想，不过在1958年那时还没有可靠的大推力SRB，所以只能不停地丢核弹

猎户座核裂变火箭计划中的太空船推进能源是随船携带的数千枚小型核弹提供的，当飞船需要动力的时候，宇航员就可以在船尾启动一颗核弹爆炸，然后释放出大量由含氢塑胶做成的固体圆盘，当飞船驶出一定距离，核弹将在飞船后面爆炸，蒸发掉塑胶圆盘，将其转化成高热的等离子浆。这些等离子浆会向周围释放扩散，其中一些还会冲击太空飞船的尾部，巨大金属制推进盘，从而推动太空飞船高速行驶。有人会提出疑问，这些等离子浆撞完后岂不是很浪费？科学家早就预料到了，在太空飞船上还添加了一套震波吸收系统，能够将冲撞到金属推进盘上的能量聚集贮存起来，并逐渐释放出去。

猎户座核裂变火箭计划在美国的内华达州杰克斯平地核测试基地被发射升空，太空船会有60层楼那么高，船体外观像颗子弹头，太空飞船的尾部推进盘的直径有41米，飞船的发射平台会由8个高76米的发射塔构建而成。当太空飞船升空后，船尾每10秒就会引爆一颗相当于2万吨TNT能量的小型原子弹。

猎户座核裂变火箭计划几乎不存在任何显著的技术漏洞，但是，它却有一个极大的缺陷，那就是它仅仅依赖于原子弹爆炸做动力，我们都知道，原子弹爆炸或者泄露后必定产生大量的核辐射——这就是为什么日本福岛核电站这么令人恐惧的原因了。当核裂变火箭飞出大气层时，随着不停地引爆小型原子弹，必将释放出核辐射尘污染地球环境。这也正是猎户座计划为何半途而废的原因之一。1965年，美国终止了猎户座计划的研究工作。

不过，由于猎户座计划的高度机密性，直到今天它的解密活动一直在延续……

核聚变推进剂的火箭技术

我们刚看完了核裂变火箭的暂时不靠谱外，再来看核聚变推进剂的火箭。什么是核聚变呢？核聚变的原理与核裂变刚好相反，核聚变是把原子结合在一起，从而获得能量。聚变反应堆能减少不必要的一些辐射，就是刚才我们说的核裂变的恐怖核辐射，也容易获得燃料氘和氚，因为氘和氚在月球的表面以及木星的大气层里存在量很大。在开始抵达另一颗恒星的星际旅行之前，核聚变火箭完全可以在太阳系内找一个地方补充燃料——这类似于帆船在大海中航行找到港口补充淡水、食物一样。

如此看来，核聚变火箭因为不存在核辐射等危险，看来应该挺靠谱的。正因为如此，在20世纪70年代，英国行星际协会在他们的"代达罗斯计划"里针对这种核聚变火箭展开了研究。

这个研究的目的是希望帮助人类在50年内抵达另一颗适合人类居住的星球上去，在这段航行的时间里，宇航员可以持续生存的可能性非常高。

不过，还是有很大的困难，我们知道核裂变可以制造各种核反应堆以及原子弹，但是到今天为止科学家们却没有掌握该反应产生的能量控制技术。从20世纪70年代至今，科学家们虽然奋斗了数十年之久，但是仍然没有制造出一个能够可被随意掌控的聚变反应堆。

我们可以畅想一下，如果科学家们掌握了核聚变的可控技术，他们将能控制聚变反应形成的带电粒子，并使它们从一个磁场喷口释放。这一过程可以被利用于二级火箭，让它的速率达到光速的6%——也就是速度可达每秒钟1.8万千米。从北京到上海只需要不到0.1秒钟的时间。

反物质推进剂的火箭技术

核裂变和核聚变作为火箭的推进剂，目前看来都不现实，那么按照弗里斯比的建议，如果不用常规燃料，就只剩下反物质这唯一的方法了。

什么是反物质？反物质就是可以以近100%的效率将物质转化为能量，也就是把物质与其镜像反物质相结合的这么一个原理。欧洲的一些物理学家已经制造了少量的反物质，在欧洲核子研究中心，2010年就制造出了1百万个反氢原子。这些反物质的原料对于探索宇宙进行星际旅行的火箭来说，将是非常重要且非常实用的燃料。但是，想要获得星际旅行火箭所需要的大量反物质，是极其困难的事。

虽然获得大量的反物质很困难，不过我来畅想一下反物质火箭是个什么样子。反

"宇宙的镜子" 科学家成功捕捉到反物质

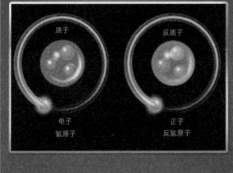

欧洲粒子物理研究中心（CERN）的阿尔法（ALPHA）计划团队在真空环境中，制造出大量的"反氢原子"，借助强大复杂的磁场，成功使其中38个存在约0.17秒。

CERN指出，反物质就像是"宇宙的镜子"，这项成果为观测反物质原子开启了新路径，未来科学家将可据此比较物质与反物质之间的差异，进而深入了解宇宙的生成和演化。

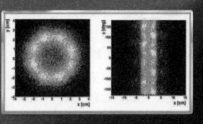

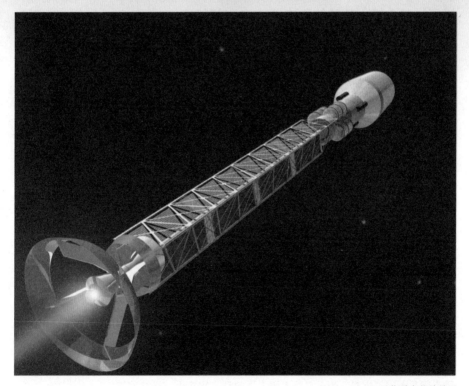

反物质火箭效果图

物质的火箭内部，加入重量同是半磅（1磅约为453.592克）的反氢原子和氢原子，在燃烧室中混合，这两种原子结合冲突时所产生能量会比10兆吨氢弹产生的能量还要

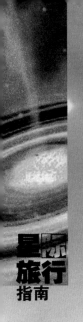

强。采取同核裂变火箭技术差不多的方法，利用磁场将这些粒子束缚起来，可以让它的喷射速率达到光速的三分之一，让火箭的最高速率达到光速的66%——这绝对可以算是迄今人类所能制造的最快的火箭。

我们利用这样的反物质火箭，如果是二级的，那么飞到半人马座α恒星大概需要41年，燃料大约90万吨。

而在距离更为遥远的星际旅行中，四级，即两级加速、两级减速的反物质火箭会更加明显地呈现出自己的优势。我们来计算一下，采用四级反物质火箭飞到巨蟹星座55恒星，需要3800万吨反物质燃料，耗时130年。而采用核聚变火箭，同样的航程则需要400年，如果采用核裂变火箭，同样的航程也需要400年。可以说，反物质的火箭比起核聚变、核裂变的火箭，速度将会更快。

我们可以得出结论，进行星际旅行只需要更轻、更灵活和更快捷（接近光速）的推进系统。目前，这样的概念型系统有两种，一种不久将接受测试，而另一种则如同半人马座α恒星那样遥远。

原子推进火箭之外的航天技术：激光帆船

就目前看来，核裂变、核聚变以及反物质都不太现实，离目前的技术很遥远，那么除了原子火箭之外的技术，我们能否进行更快捷的星际旅行呢？

依据弗里斯比的观点，除了原子火箭技术以外，激光帆船技术到目前为止是人类实行星际旅行最靠谱的技术之一。它的技术理论是，就像帆船可以凭借风力漂洋过海一样，大功率的激光束也可以推动具有巨大"帆"的航天器在太空遨游。

2012年，工程师们已经制造了一种简单的太空帆船，但它利用的是太阳光而非激光束。2012年末，太空爱好者私人组织"行星协会"就计划从巴伦支

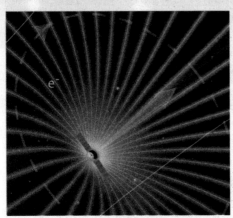

太阳帆航行原理概念图

海，利用俄罗斯潜艇发射人类目前为止第一艘太阳帆船"宇宙1号"。它的重量为50磅，镀铝"帆"的宽度可以达到30.48米，凭借太阳光上升到更高的轨道。太阳帆船的优点就是不需要燃料，但是，离太阳太远的话，它将无法继续前进。

依据弗里斯比的推算，想要抵达巨蟹55星的话，帆船激光器必须持续平稳地输出1.7亿亿瓦特的能量，这是地球上所有单位持续消耗能量总和的1200倍。面对这样庞大的

能量要求，弗里斯比的建议是利用太阳能，凭借特殊的技术将它转化为聚焦、持续的高能光束。现在，美国物理学家已经研发出了一种能把光密度提高到8.4万倍的系统。

根据弗里斯比的推算，激光帆船的飞行速率可以在10年内提升为光速的50%。而如果采用直径为321868.8米的激光帆，人类可以在12年半的时间内抵达半人马座α恒星——这比起我们刚才讲的采用反物质火箭速度要快的多。如果我们加宽激光帆船的直径，采用965606.4米宽的激光帆，飞到巨蟹55恒星也只需86年。这确实是挺令人振奋的消息，未来的星际旅行确实不是梦。

结合激光帆和原子火箭技术的航天器

虽然激光帆船是最快捷的方式，但是要是远离太阳，就将得不到太阳光能量。所以，最佳的航天器效果应该是同时具备激光帆以及原子火箭的优点，这样的话，宇航员就可以驾驶它任意飞行了，同时它还不需要燃料。

基于这个要求，科学家们提出制造聚变冲压式喷气发动机。这个发动机的原理是什么呢？这个所谓的聚变冲压式喷气发动机是通过巨大的磁铁形成直径达几万千米的磁漏斗，磁漏斗能够在星际旅行过程中聚集氢，用来做反应堆的燃料。

NASA也将星际旅行希望寄托在了"太阳帆"身上

这种聚变冲压式喷气发动机没有燃料重量的拖累，不像原子技术的火箭需要携带大量的燃料。这种航天器在聚变冲压式喷气发动机的推动下，能以接近光速在星际中穿梭。不过，弗里斯比表示这一技术远未成熟，还只是设想。聚变冲压式喷气发动机在飞行速率不到光速的4%时，运转情况同聚变火箭相当。只有达到或者大于这个速率，航天器的磁漏斗才可以聚集充足的氢支持反应堆。这种航天器的星际旅行速度要比激光帆船稍微慢一点，抵达半人马座α恒星要用25年，飞到巨蟹55恒星需要90年。

宇宙飞船内的生态循环系统

进行星际旅行，提升宇宙飞船的速度是一方面，另一方面则要让宇航员以及进行星际旅行的乘客在飞船、太空站、星际殖民地等中保持健康状态。因为人才是最重要的。

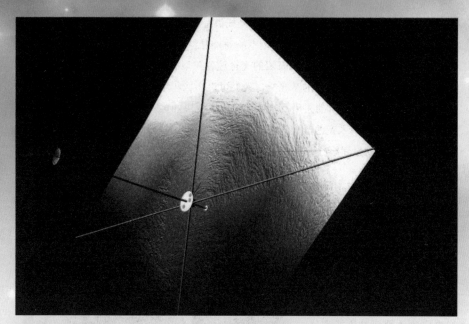

看似简单，实则庞复的激光帆概念图

  目前的太空航天站，宇航员每次执行任务的时间一般只有几个月，并且有宇宙飞船从地球定期给他们输送生活用品、实验器材等。如果是进行星际旅行，因为距离遥远，常常花费数十年的时间，就没办法在中间补充食物、水等生活必需品。

  在宇宙飞船内，科学家们可以模拟制造这样的系统，也就是说，用适量的水、氧气和食物维持人的生命。不过，这些水、氧气和食物都必须以近乎100％的回收率反复地循环利用。科学家把它称为封闭的循环。如此，人在太空中生存的条件就具备了。这些条件包含什么呢？主要是氧气、水、食物、引力、心理需求、预防辐射、垃圾保护装置等。

氧气

  宇航员吸入氧气，呼出二氧化碳。二氧化碳能通过仪器从宇航员生活环境气体中分离出去；然后，再通过化学方法将它分离成两个氧原子以及一个碳原子，这样的话就会得到二氧化碳中的氧。科学家计划不久之后将在国际空间站中采用上述的氧气循环法。

水

  一个封闭的水循环代表着将洗澡用水、耕种用水、人体排泄物统统回收。NASA在地面隔离舱的实验，已经可以利用冷凝空气中的水蒸气、废水再利用以及尿液成功地让水循环利用了三个月。

食物

要保持食物持续不断地供应，就需要有相应的粮食种植和收获。美国的科学家们认为，这还不是非常困难的，关键在于它能有多高的效率。现在，科学家们正在实施小麦以及西红柿的有关实验。而研究结果表明，大部分植物在高浓度的二氧化碳环境中长势喜人，二氧化碳可通过宇航员的呼出气体来进行供给。这些科学家表示，只要有合适的环境，就能够持续地生产粮食了。

在国际空间站采用"雾培"方法培育的西红柿，此种培育方式可使作物高效、清洁、快速地生长。最重要的是"雾培"方法能减少98％的水使用量以及60％的肥料使用量

伊朗私人空间站壁挂式大麦培育

引力

宇航员和飞船的乘客在失重状态下待几个月后，很容易患上骨质疏松症。在宇宙飞船上，可以有一个简单的方法模拟地球引力：让宇航员舱旋转，产生的向心力就相当于地球引力。这个问题科学家们认为不难解决。

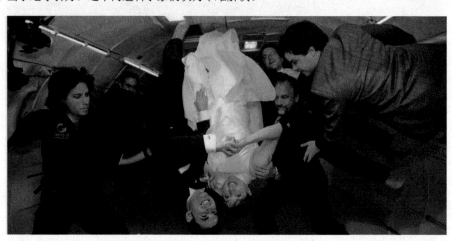

也许你会更期待一场特别的婚礼，获得美国官方认证的重力公司举办了人类历史上第一场失重婚礼，这种特别的婚礼，在不久的将来一定会移植到真正的太空中，而那时你的婚车将是一台宇宙飞船

心理需求

　　进行星际旅行时，宇航员以及飞船的乘客要用掉一生的时间抵达目的地，而且还是单程旅途。谁会愿意充当这样的"试验品"呢？即便有的话，派多大年龄层的人，派什么性别的人，乃至派多少人执行这个任务，都会是问题。

　　在宇宙飞船内部，如果宇航员同宇航员之间产生摩擦矛盾怎么办？从现有的经验来看，星际旅行时，宇航员的心理状况是非常容易出现问题的。星际旅行的艰险和困

心理治疗与情感陪护将是旅行中的配套设置

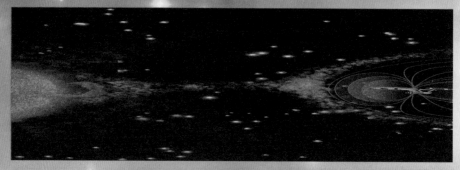

防辐射磁层——在不久的将来，宇航员将受益于一个磁性的"保护伞"，它能让有害的太空辐射在靠近乘员舱时发生偏转

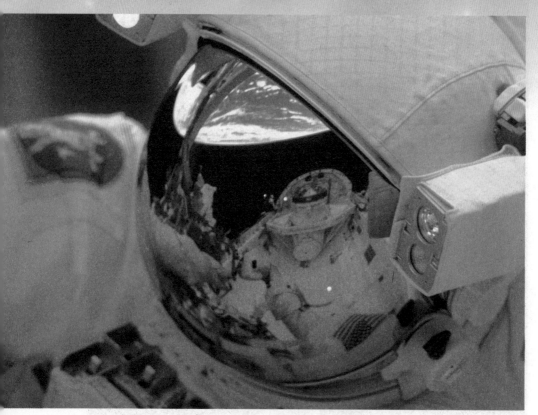

宇航员头盔面罩会有一层特殊金属薄膜，它将起到反射与遮挡辐射的作用

难由此可见一斑。不过，就像埃及人建造金字塔、哥伦布发现新大陆那样，这样的奇迹总会实现。所以解决星际旅行的宇航员和搭载乘客的心理需求也是必须要考虑的。在飞船内进行定期的心理辅导和锻炼是需要的。或许有一天，宇宙心理辅导师会是个

高薪、热门的职业。

预防辐射

进行星际旅行的宇宙飞船不可避免地都将受到太阳风的影响，太阳风是从太阳表面高速喷射出来的离子粒子流。而在更深邃的太空中，宇宙飞船肯定还要受到宇宙射线等的辐射。这些都有可能杀死宇宙飞船内的宇航员以及搭载的乘客。宇宙飞船本身的动力，比如核裂变、核聚变以及反物质也一样产生辐射。给宇宙飞船进行石墨一类的防辐射屏蔽保护将是非常有必要的。

垃圾保护装置

在浩瀚的星际空间中，大量的太空垃圾是防不胜防的。即便是一个以光速50%的速度飞行的要通过显微镜才能瞧清楚的太空垃圾，也能给航天器带来灾难性的破坏。垃圾防护装置是必须配备的，这样才能安全地保护宇宙飞船内的宇航员和搭载的乘客。

地球周围的交通状况，会让我们的启程之旅异常艰难，或许太空保洁员这个职位会很有潜力

第二节　人类的第一次——尤里·加加林

一"旅"成名后，加加林的形象已然变成了一种现象

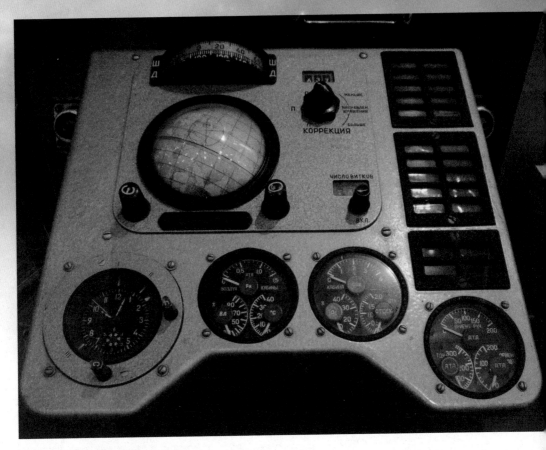

"东方1号"的控制面板，想想当年加加林第一次触摸它时激动的心情

1961年4月12日，前苏联宇航员尤里·加加林乘坐"东方1号"载人航天飞船，完成了人类历史上第一次载人星际飞行，成为了全球英雄。几十年过去了，我们依然清晰地记得他的话："无论在任何时期，对人类而言，最大的幸福莫过于投身新发现。"

我们把时钟调回到1961年，当时的美国宣布他们将在1961年5月上旬把载人航天飞船送上太空。当时世界处在美国和前苏联的冷战中，前苏联为了抢占"世界第一"，由总设计师科罗廖夫提出要在5月1日之前发射并收回航天器——这样宇航员就能出现在五一国际劳动节的节日庆典上。

不过，心急的苏联人首先就尝到了冒进的恶果，就在1961年3月23日（距加加林飞天仅三周），前苏联宇航员队伍中最年轻的小伙子——25岁的邦达连科在压力隔离舱内进行试验时，因突发的意外火灾，而被烧伤致死。这也是首位在训练实验时牺牲的宇航员，当时陪同他奔往医院的人中就有尤里·加加林。

当时前苏联的最高领导人是赫鲁晓夫，赫鲁晓夫建议把发射时间从当年的4月底推迟。但苏联的航天总设计师科罗廖夫不打算推迟，因为他不想因为这次的突发事件导

科罗廖夫为加加林壮行

致航天计划落后于美国。他权衡了几天几夜，最后给赫鲁晓夫打电话，明确表明他们
准备在1961年4月12日发射载人航天器。

　　1961年4月12日，赫鲁晓夫已经十分忐忑紧张地在电话旁等待了一个半小时，电话
铃音一响，他便抓起了电话，听到是科罗廖夫的声音，赫鲁晓夫几乎是咆哮着问总设
计师："先告诉我，他是
否活着？"

　　为什么一个国家最高
领导人会如此焦急呢？

　　因为当时苏联的塔
斯社（相当于中国的新华
社）准备了三份新闻稿，
一份是宇航员成功返航，
另两份一份是飞船没有进
入预计轨道，一份是飞船
遭遇意外、宇航员遇难。
赫鲁晓夫——这个前苏联
最高领导人已经做好准备
面对可能出现的任何事
故。

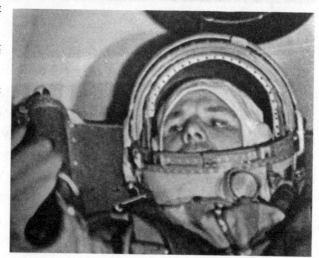

飞行前的自检过程

第一次完成星际旅行的加加林

如果你有这样两位可爱的"小公主"，你还会为人类的"第一次"去冒险吗

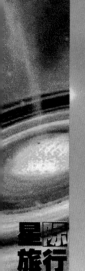

虽然这次成功的发射让另两份新闻稿成为废纸，但是尤里·加加林108分钟的太空之旅也是充满惊险的：飞船气密传感器出现故障（因为这个，发射前的几分钟里不得不先将舱盖上的32个螺栓松开然后再逐个重新拧紧）；通信线路曾一度中断（预计显示的是代表吉利的信号"5"，不料却蹦出个代表飞船失事的数字"3"）；第三级火箭脱离后飞船开始急剧旋转、返回时还惊现飞船胡乱翻滚的一幕⋯⋯

前苏联为人类历史上首次载人航天飞行预备了一个11人的宇航员团队。可以这么说，这11个宇航员当中任何人都有可能成为飞天第一人。为什么历史会偏偏选中了尤里·加加林呢？其实之前尤里·加加林在飞天前已是两个女儿的父亲，曾有人建议让尚未有子嗣的另一位宇航员盖尔曼·蒂托夫替代加加林。不过，科罗廖夫却坚持选择了加加林，并且亲自对他进行了发射前的测试。加加林的出色表现证明科罗廖夫的选择是正确的。

加加林是第一个完成星际旅行的人类，而莱伊卡则是历史上第一个去太空旅行的生物。不过由于返航失误，它已永远地成为了一条"星际流浪狗"

因为正处在冷战中，前苏联为了避免宇航员落入敌对国家领土进而发生叛逃事件，在"东方1号"飞船上配置了远程可遥控炸弹，科罗廖夫同加加林各掌握开启炸弹引爆程序密码中的一半。为了对加加林表示充分的信任，科罗廖夫在飞船发射前将自己掌握的那一半密码告诉给了加加林。

飞船开始时预定的降落位置应该在莫斯科以南400千米的地方，但实际却降落在了莫斯科以南800千米的一片农田里。知道着陆的那一刻加加林还无法相信自己已经安然返回地球，"地犁得很松，很柔软，甚至还未干。我甚至未感觉到着地。我简直不相信我已经站立着。"

那天，加加林穿的是橙色的宇航服，他向一名妇女和一个牵着一头小牛的小姑娘走去。当他被问及是否来自星际的时候，加加林笑了："是的，我就来自那儿。"加加林马上用通讯设备向指挥控制中心报告了自己的位置，一小时后，搜救人员在指定地点找到了他。

为了确保这次的太空飞行任务能够被载入世界纪录，前苏联并没有透露加加林的降落方式，而只是用乘坐密封舱着陆来敷衍大家。但事实上，当加加林所在的飞船降落到一定的距离后，他被弹出了船舱，继而用降落伞单人降落。

从星际走了一遭的加加林迅速成为国际名人和人类英雄，遗憾的是，他却不再有机会重返太空。

1968年3月27日，加加林同飞行教练员谢廖金在一次例行的训练飞行里，因飞机发生意外坠毁而罹难。

第三节　旅行中必须面对的尴尬事件

如果你有幸乘坐一艘宇宙飞船进行星际旅行或者在太空站生活，那么，你就要做好在宇宙飞船内以及在太空站的一切尴尬的事情。比如在太空中上厕所就不是简单之事。例如，前苏联"礼炮号"空间站内的一个过渡舱段旁边安装着一个带拉锁的橡皮帘子，它就算是卫生间了。

在失重的环境中任何液体不会往下流，因此要使用"抽气马桶"，靠气流将大小便吸走。

现在教你怎么使用"抽气马桶"上厕所吧。

这个"抽气马桶"的中间部分有一个直径大概为10厘米的小孔。小孔的下方安装了一台抽气机，在上厕所的时候，需要先打开抽气机，从马桶中抽气，同时还使马桶内的空气发生颤动。空气的震动又能够将大便中成形的部分弄碎，之后被抽进马桶下端的收集袋里。使用这样的马桶时，屁股必须要同马桶的边缘贴紧，将马桶内部完全密封。否则的话，里面的气流就不能把粪便带走。

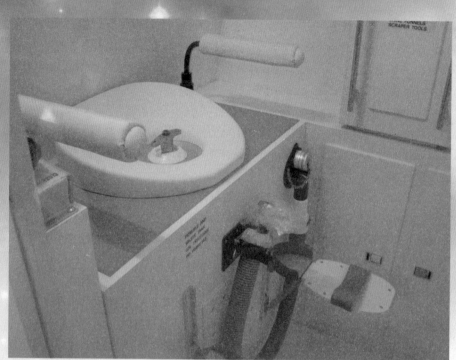

"国际空间站"的卫生间

在抽气马桶里的大小便是分开收集的。马桶与一个塑料套相通，大小便完毕，必须快速关闭橡皮阀，使大便被气流导入密封的橡皮口袋中，之后进入特制的垃圾箱里；尿则被导入到尿液储箱里。

宇宙飞船内航天员在太空拉大便也不是简单的事情，必须先要经过专门的训练，要将肛门与中央孔对齐，将大便排泄出来，不然的话大便就极有可能自马桶里飘散出来，在船舱里四处乱飞，这简直就是一场灾难。

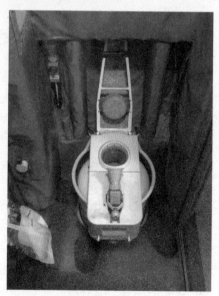

在这里说一个真实的事情，美国航天飞机在进行第12次飞行时，由于航天飞机上的厕所小便装置出口的地方结了一层冰，堵住了厕所，这样一来，机内的6名（5男1女）航天员为此几乎陷入困境。

那么，他们这6个人后来是怎么上的厕所呢？

空间站内的男厕所

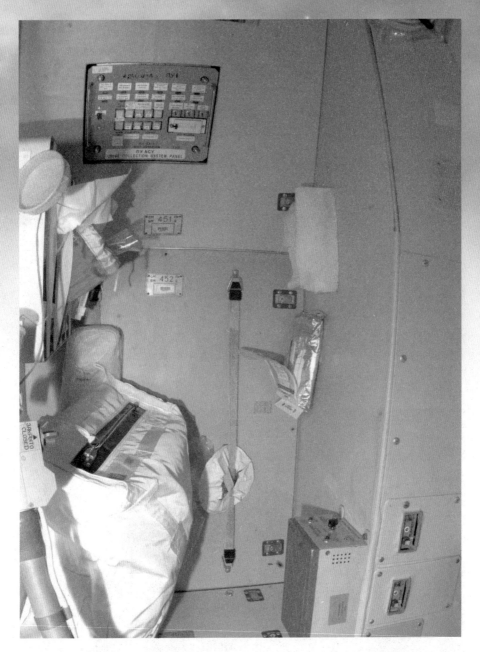

各种气管是太空洗手间的必备设施

　　这6个人立刻向地面指挥系统做了请示，最后决定，除了那名女航天员可以继续使用之前的厕所外，其他5名男宇航员一律使用备用的大小便收集袋进行大小便。他们最担心的是把大小便弄到航天飞机的机舱内，因为一旦泄露，机舱内将飘浮着令人恶心

在太空大便，真的是件"动脑"的事

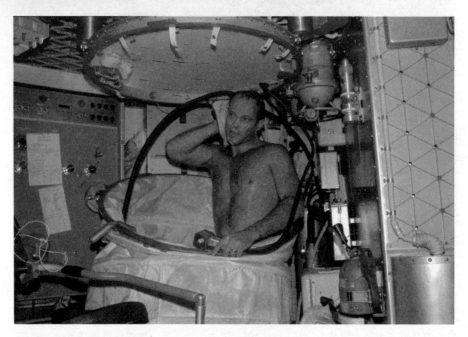

NASA的宇航员在特殊的浴室洗澡

有时候用一些特殊的剃须膏也会对胡茬起到很好的贴粘作用

的大小便，因而他们处处小心翼翼。此事给他们留下了深刻的记忆。

进入了21世纪，在太空中上厕所开始变得轻松快乐了。因为现在的航天飞机已有新型马桶。这个新型马桶的下端也有一个圆筒，在航天员进入厕所前马桶内就已经自动准备了一个装大便的塑料袋。在用完厕所后，塑料袋将自动密封完毕，然后会有一个带杠杆的活塞把塑料袋推到圆筒的最下方。与此同时，再自动备上一个新的塑料袋，以备下一位宇航员的使用。当圆筒装满这些袋子后，还会有新的圆筒自动添加。圆筒上有密闭系统，臭气不会散发出来，所以说，这种改良版的宇宙马桶会更卫生、更适用。

在上完厕所后还得洗洗手什么的。其实在太空处理个人卫生也比较麻烦，因为它牵扯到用水，而水会在失重的条件下会变成水滴之后飘起来。

除了用水，每个航天器内的航天员或者乘客还需要处理个人的卫生以及体育锻炼。比如刷牙、洗脸、洗澡、刮胡子、打扫卫生、体育锻炼等。

首先是刷牙。航天员怎么刷牙呢？这个我们平常处理起来很简单的事情，在太空中就复杂多了。美国的宇航员一开始是通过一种特殊胶姆糖放在嘴里充分咀嚼来替代刷牙的；前苏联的宇航员则是用手裹着毛巾在嘴里来回按摩擦洗来代替刷牙的。以上

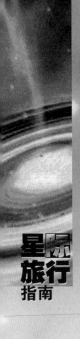

宇航员被强迫要求每天必须抽出两个小时的时间来锻炼身体

两种方法都简单，不过要想达到真正刷牙的效果肯定是不可能的——因为人处在失重的状态下。后来，科学家们发明了用密封式吸水法处理水的方式后，才让宇航员具备了较彻底清洁牙齿以及口腔的可能性。

其次是洗脸。航天员怎么洗脸呢？航天员洗脸还是比较简单的，平时他们洗脸是用湿毛巾擦洗，只有当洗澡时他们才能彻底水洗。

第三个是洗澡的问题。在美国和俄罗斯空间站内都有洗澡间。它是一个大的圆形淋浴筒，宇航员钻进筒里，用手持喷头喷淋身体。筒的下方有吸水孔，经过吸水孔能把水从淋浴筒吸走排出，否则水会充满整个淋浴筒。

我们需要教未来空间站的乘客怎么洗澡。在淋浴前，必须先把脚用限制带固定在地板上，不然的话，在淋浴中身体就会翻来滚去，甚至头下脚上。并且还要把淋浴筒的盖子盖严，不能让水喷洒到淋浴筒外。

第四是刮胡子。航天员刮胡子其实不算太难，美国的航天员使用一种密封式刮胡刀，它利用一条密封管与吸尘器连接起来，吸尘器可以将刮出来的胡茬吸入废物处理箱里。

第五是打扫卫生。航天器内难免会因为航天员或者乘客的个人生活产生残渣和尘埃，这些残渣与尘埃不但不会自动下落，而且还要四处乱飘，因此打扫卫生时除了要用到吸尘器之外，还要用湿布擦拭舱内器壁以及物体上黏着的灰尘。一旦碰到水珠、胡茬、饭渣甚至粪便等垃圾不小心被放进了船舱里，就必须大清理了。这时宇航员要戴上口罩、手套，穿上罩衣，用吸尘器吸，用湿布擦，才可以将这些垃圾除掉。

第六是体育锻炼。目前看来在太空的星际旅行活动不算很精彩，很多东西都不能做。对于航天员和乘客来说，最好的休闲娱乐就是进行体育锻炼，这样不仅能消遣，而且可使全身的肌肉得到收缩运动的机会，以保持体力。

航天员和乘客怎么进行体育锻炼呢？他们可以在跑台上跑步，用弹簧拉力器锻炼臂力，骑自行车功率计开展"越野"赛。宇航员还愿意穿上被称做是"企鹅服"的特殊服装，它可以让宇航员的肌肉处于紧张状态，只要动一下就得用劲，从而达到锻炼肌肉的目的，是不是很好玩呢？

第四节　落在地球上的太空细胞

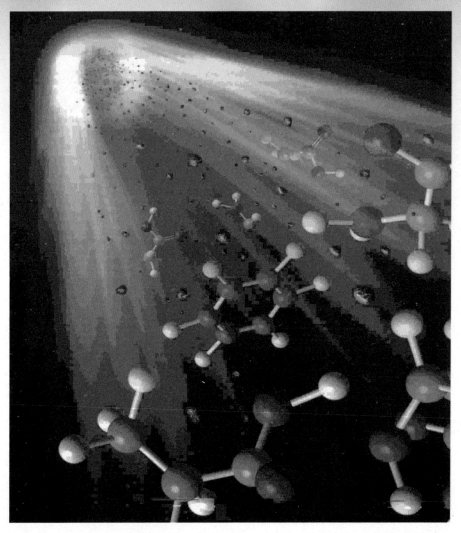

科学家已经证实，宇宙中广泛含有有机物

1969年9月28日在澳大利亚发现的默奇森陨石，在它的成分中，铁占22.13％，水占12％，而且有机物含量非常高

　　美国加州圣·克鲁兹大学的生物学家大卫·迪默曾认为："生命，包括人类生命，或者说生命的初级状态有可能就起源于地球以外的缥缈星际。"

　　这个观点是对世界现今物种起源的一大挑战。在此之前，国际生物界的一致观点是，细胞膜的产生对于生命的起源具有非常重大的意义，而迪默正好是一位专门研究细胞膜的生物学家。

　　为什么大卫·迪默敢跟整个生物界公开叫板？又为什么会认为地球的生命来自地球外呢？这其中主要的因素就在——即便是在寒冷、满是辐射的真空宇宙条件中，细胞膜依然可以形成并且增生。换句话说——恶劣的宇宙条件并未阻止生命的进化。由此可以推断，地球生命完全有可能起源于宇宙中任何一处角落。

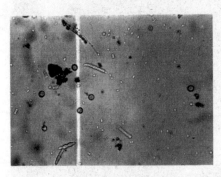

生长在默奇森陨石上的藻类提取物

　　在仿真宇宙环境下的细胞膜同样具有半浸透性，氧气、水等物质可以很容易地从细胞膜中穿过，而这恰恰是生命形成所必需的要素之一。据此推断，星际空间里的有机化合物有可能促成了地球生命的起源。而接下来的这一发现，足以印证我们的推断，现在

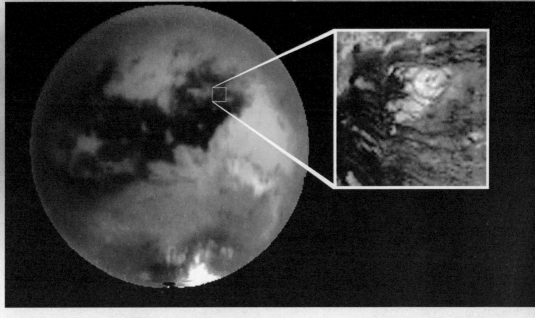

如果你还认为"外星人"不靠谱的话，那么"外星细胞"却是真实存在的

人们已在陨星尘埃中发现了这样的有机化合物，他们甚至还发现了这些化合物"自我组合"成了肥皂泡一样的防水气泡。

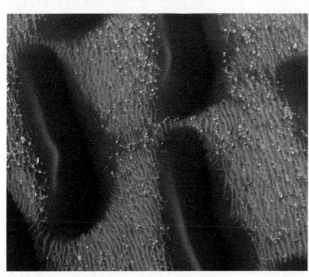

细胞膜形成所必需的分子在宇宙的各个空间内大量分布着，这些分子是生命起源所必需的。这就足以说明，生命是可以存在于宇宙的任何地方且不受环境限制的。

2001年，在美国加州举办的一次国际光学工程科学会议上，一队国际研究人员证实，他们已经发现了地外生命存在的又一有力证据——在地球大气层的表面，存活着数量相当庞大的非地球细菌。之所以说这些细菌是非地球的，主要因为这么多活着的细菌细胞位于离地球表面这么高的地方，相对于地面，它们离太空更近。

口说无凭，想用实际行动印证这一观点其实并不难——通过采集，我们可以轻易地发现地球高空大气中存在的细菌，来自距地面41千米的大气层，而同一垂直高度上的对流层离地面高度在16千米以上，由于对流层的阻隔，较低层的空气不可能向上传递——这就是为什么这些细菌不可能来自地球的主要原因。

这些看起来像地球上的普通细菌，绝对是来自太空中的其他星球，因为细菌再神通广大也不可能妄图自行脱离地球表面，"坚强"地生存在并不是太舒服的地球大气层中。

接下来我们要做的就是，通过实现对这些细菌进行培植，找到它们的"故乡"，现在看来这只不过是个时间问题，因为在试验中我们再次确定了之前的结论，当我们把这些细菌带回地球表面，因环境的改变，这些细菌最终无法存活下去。如果这一天能够早日到来，那么我们就又会有一份可以站得住脚的理由相信——外太空的确存在着生命。

人们甚至将这些物质与"胚胎论"联系在了一起，这种理论假设生命有可能来自外太空，以微生物或孢子的形式存在。现在有一种由此产生的观点认为，地球的生命肯定是通过彗星带到地球上来的，彗星物质里包含着微生物，直到今天，这些彗星仍然在给地球带来不同的生命微生物。

第二章　这次，不只去旅行……

　　科学家一直在说，终有一天地球会毁灭，行将消亡的太阳将像气球一样爆炸，整个太阳系都将处于极度的高温之中。为此，人类应该早作准备，去探索宇宙。如果地球毁灭时，人类还没有彻底灭绝的话，相信到了那个时候的科学水平已经能够带领人类到宇宙寻找新的星球居住。

第一节　末日预言从未停息

玛雅预言

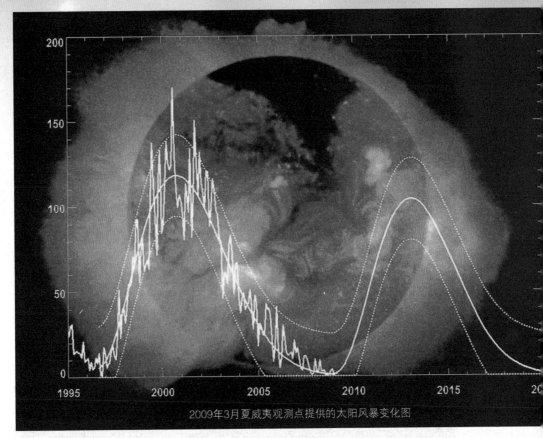

2009年3月夏威夷观测点提供的太阳风暴变化图

你可以把它看成地球的玛雅心电图

　　2012年12月21日，地球毁灭。玛雅历法表示，地球一生仅有五个太阳纪的时间，这也正好各自代表了人类所经历的五次浩劫：

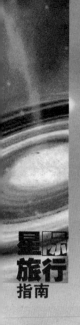

第一个太阳纪——洪水浩劫：世界被特大洪水毁灭。

第二个太阳纪——风蛇浩劫：全世界的建筑物统统被风蛇吹毁。

第三个太阳纪——火雨浩劫：整片地球土地都面临着天降火雨的灾难。

第四个太阳纪——地震浩劫：地球因遭受了剧烈地震而导致灭绝。

第五个太阳纪——世界末日：太阳将会消失不见，大地剧烈震颤，灾乱并起……

当第五个太阳纪到来时，地球将被彻底摧毁，按照玛雅历法显示这个时间为3113年，换算成公历的话就是我们现在常挂在嘴边的2012年12月21日。

《推背图》

中国与末日预言相关的资料中，最为著名的当属奇书《推背图》，在它的第52象里有一句"乾坤再造在角亢"，代表的意思为："角亢"，东方青龙七宿，指龙年（2012年）；"乾坤再造"，正是指"天地更新"的意思。由此可见，这预言直截了当地戳在了2012年这个注定不会平凡的一年里。

科学预测

如果这是真的，我们是倒霉的遇难者，还是幸运的见证人

2012年，地球和太阳的磁极将会在同一时间段发生逆转，从而形成地球危机。当地球和太阳的磁场在转换的过程中，将造成电力消失、候鸟迷向，人类乃至所有的动物免疫系统将会大幅度被削弱，也因此，地壳会产生变动从而带来更加频繁、更加剧烈的火山、板块活动甚至是地震。除了地面之外，小行星接近地球的可能性也会徒增，地球的重力也将产生变化。据说，上一次发生这样的情况还是在数千万年前恐龙灭亡的时代。

星相"大十字"

在星相规律上，2012这一年也将会出现大十字现象，届时土木相冲，日月相冲，在人类看来，这就是代表着流血和死亡。

麦田怪圈

英国麦田圈所展现的九大行星位置与2012年12月21日（冬至），宇宙中太阳系内行星的方位图完全一致。简单说来，这个麦田圈最显著的作用就是指明了一个具体时间，即2012年12月21日。

水晶头骨

1927年，中美洲洪都拉斯玛雅神庙中的水晶头颅被探险队发现，而水晶头颅则预言了2012年12月21日，在太阳下山后，世界将产生改变，最后只有非洲以及中国西部地区的人能才能活下去。

这么多的麦田怪圈，有多少会为人类留下些蛛丝马迹

《圣经密码》

《圣经密码》一书中提到过："彗星将在2012年撞击地球，造成世界毁灭。"

舒门共振

随着地球轴心的转动，地球就具有了磁场，这点谁都知道。但是这个磁场却在之前的10年时间里持续减弱，这种现象就被称为"舒门共振"。凭借这点，我们可以了解到地球磁场的强度。在之前的许多个世纪中，"舒门共振"的指数一致保持在每秒7.8转，不过，在过去七八年间，却已经上升到了每秒11转，而且还在继续增加。如果用数学方法来推算的话，那么到了2012年，"舒门共振"的指数将达到每秒30转，可是当指数达到每秒13转的时候，地球的轴心就将不再转动了。

第二节　迟早的、必须的——消亡

其实我们经常会不停地问自己：我们人类居住的地球会不会有一天毁灭？或毁于

"待"在太阳身边也是件很危险的事情

这可能是人类在地球上看到的最后一次太阳

洪水，或毁于地球爆炸，或毁于外星球撞击……

　　笔者认为地球是否会毁灭的答案当然是肯定的。因为宇宙中任何星球和生物都有衰竭的一天，比如给我们地球提供光和热的太阳，也跟所有恒星一样都是有寿命的，也有能量枯竭的那一天。太阳的命运注定会成为一颗红巨星。到那个时候，太阳因为能源枯竭会膨胀，将变得非常庞大，以至于目前地球位于的轨道位置都将变成红巨星的内部。地球就会被太阳所融化，吞噬掉——当然这是几十亿年以后的事了，不过我们人类还是要早做防范。

　　在太阳变成红巨星之前，我们人类要做好撤离这个星球的准备。因为太阳的亮度不是一成不变的，而是在以每10亿年10%的速度增加。所以在下个10亿年里，地球所接受的太阳能也会越来越多，气温会不断上升，从而使更多的水蒸气进入到大气中。问

题是，水蒸气就像二氧化碳一样是一种具有温室效应的气体，它会阻止热量进入外空间，而引起气温上升，这就会导致更多水被蒸发进入大气，从而形成一个恶性循环。目前的计算结果显示，在大约20亿年后地球表面就不会再有液态的水，连海水也没有，而因为没有液态的水，将导致地球上的生命很可能就此完结，至少是不能像目前一样生存。

除了太阳会变成红巨星导致地球的灾难外，其他灾变也可能导致地球上生命大幅度减少甚至消亡。比较明显的几种可能：

1. 较大的彗星或小行星的撞击造成地球的毁灭。一个大约足球场大小的小行星就可以毁灭地球上的任意一座城市，而地球如果遭到5到10千米直径的小行星撞击，就可以造成生物的大灭绝——恐龙的灭绝可见一斑。

2. 超新星的辐射毁灭地球的生物。距离100光年以内的超新星爆发会释放出足够的辐射，就足以造成地球生物的整体灭绝。

3. 超大型的火山爆发，海啸。2011年日本的一次海啸就几乎毁灭了日本整个东北部地区。

4. 板块活动造成地质灾害和气候异常造成地球毁灭。在几亿年的时间内，地球的各个大陆板块可能重新合并成一块超级大陆，这伴随着不可预测的气候和生态变化。

5. 地球产生新的冰川期。地球历史上有过5次大的冰川期，未来的4万到10万年内更多的冰川期有可能出现。

6. 地球南北磁极的异常、移位，轨道及地球自转轴的变动而导致气候异常，造成地球生物的毁灭。

7. 全球性的气候变异，包括人类活动产生的气体的温室效应。

8. 人类自身的不稳定因素，比如核战争、基因战争、气候战争等。

第三节　人类是宇宙"独苗"吗

主动探索，不能坐等

　　我们人类探索外星球有多难？美国国家射电天文台的弗兰克·德雷克曾经这样做过比较，他说："我们就像大海捞针一样要探测整个天空，即使是阿雷西博这种高灵敏度的射电望远镜，也将指向2000万个方向。"

　　2000万个方向！可见宇宙是多么的浩瀚和广阔。这吸引了无数的科学研究者进行着对未知的宇宙世界进行探索。

　　在靠近地球的星球中，火星在很长一段时间内被认为是最有可能出现类似于人类

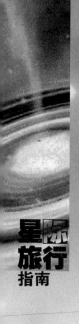

这样高级生命的星球。

如果地球和火星互换位置，起码"火星人"会很高兴

木星强大气流形成的"大红斑"直径是地球的三倍，这里真的不会孕育出"风之子"

人类眼中的"火星运河"只是火星上的一条峡谷

　　1877年，意大利天文学家夏帕勒里用天文望远镜里发现了火星表面具有非常奇特的线状结构，看上去就像是一条运河。从此，"火星运河"的说法被流传开来。有"运河"的地方，当然就会有"人"的存在。从地球上看去，这条"火星运河"是一个如此浩大的工程，所以不少科学家也认为这个"火星运河"是由火星人建造的，其智慧超过地球人（这让苏杭、开罗大运河情何以堪）。

　　一直到了1976年的秋天，美国发射的"海盗1号"以及"海盗2号"航天飞船才在火星上登陆。经实地考察后确定，火星上并未发现有高级生命存在的迹象，更别说是火星人了。至此，"火星热"才开始了逐步冷却的趋势。

　　火星上既然没有生命迹象，那么不甘寂寞的地球人，很快就把目光瞄向了第二颗有希望找到生命的行星——木星。然而，人类的一厢情愿又被木星上的大气环流给吹得烟消云散，由于木星上存在强大的大气环流，有机化合物会很容易被卷进热区继而

在太阳下"裸奔"的水星

瓦解。接下来，正如我们今天所了解的那样，科学家几乎"猜"遍了太阳系内的各大星球，但他们的运气从来都没有站在人类的这一边。

不信的话，让我们继续前往下一个星球——水星。那里会有生命吗？水星表面只有极其稀薄的大气。其向阳面的温度常高达三四百摄氏度；背阳面的温度又低的吓人，在零下200℃左右。如此严酷的环境，生命是不可能生存下来的——至少人类不具备这样的生命承受能力。而"水手10号"飞船的考察结果也完全证实了这一点。

天王星、海王星、冥王星同样给热情的寻亲人类浇了一盆冷水。由于它们离太阳都很远，其表面温度一般都在零下200℃左右。这样长期的低温肯定不适宜生命的存在。当然，以上这些对于太阳系星球生命的探测都仅仅局限于人类的局限意识，都是基于氧气、水、适合的温度等地球生命存在的基本条件。但是谁又知道茫茫宇宙中会不会有一种不需要水，不需要人类适宜温度甚至不需要空气的生物存在呢？这一切的谜底只能等待人类在自我成长的过程中去一点一点地破解了。现在，我们唯一能寄希望的是人类可以更主动地去寻找外星生命，而不是相反的，闭门造车。

窥视宇宙

美国西弗尼亚州绿岸国立射电天文台见证了使用技术手段探索地外文明的新纪元

1960年4月8日凌晨4点，美国国家射电天文台的弗兰克·德雷克开始了人类历史上第一次在宇宙空间寻找外星人的计划——著名的"奥兹玛计划"。这个所谓的"奥兹玛计划"是通过一个直径约为25.9米的射电望远镜，对与太阳类似且距地球相对较近的两颗恒星鲸鱼座 τ 星和波江座 ε 星进行监听。

不过，从"奥兹玛计划"的开启到今天，几十年过去了，却一直没有任何关于外星人的信息。可以说，"奥兹玛计划"已经彻底失败了。

但是，天文学家们没有放弃搜索外星生命的努力，在"奥兹玛计划"之后，他们又启动了更先进的搜索计划，分别是美国哈佛大学和阿根廷于1985年开始的"米塔计

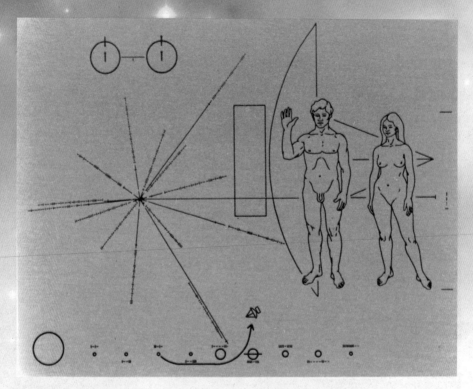

冒然将人类的信息发向宇宙，会招来朋友还是"掠食者"

划"和美国加州寻找地外文明研究所1994年开始的"凤凰计划"。这个"米塔计划"
比"奥兹玛计划"先进得多，这架25.6米口径射电望远镜和800万频道接收机，其规模
相当于1分钟完成100万个"奥兹玛计划"。而"凤凰计划"更先进，它的探索频道增
至5600万个，搜索目标涵盖1000颗恒星，相当于1亿个以上的"奥兹玛计划"。

　　1999年5月24日，一个名为"相遇2001"的公司借助一架直径70米的射电望远镜，
向着4颗距离为50~70光年外的类太阳恒星发射了一系列射电信号。它包含了一系列的
界面，有地球和人类的详细资料、基本符号、用逻辑描述的数字和几何、原子、行星
及DNA等信息，并在三小时内重复发送三遍。为什么要发射这些射电信号呢？因为科学
家们认为，如果外星人能够截取并记录下这些信号，那么就会了解太阳系、地球、人
体、人类文化和技术水平的大致状况。

将"人类"介绍给宇宙

　　当然，我们人类不能老是"隔山打牛"似的监听地外文明的信号，也要主动地迈
向太空，去搜寻他们。

　　1972年，美国发射了"先驱者10号"飞船，它在15年后，也就是在1987年成功
地飞出了太阳系，迈进了太阳系外的外太空，"先驱者10号"飞船也成了人类历史上

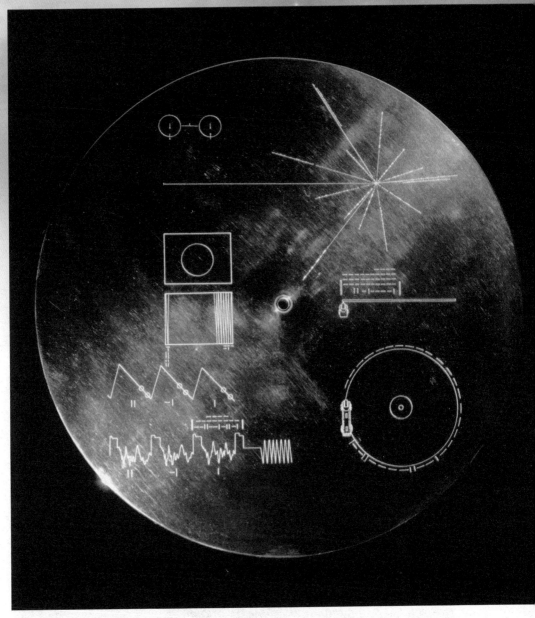

希望外星人能看得懂，当然最重要的是能有"人"看得到

第一个飞出太阳系的人造物体。"先驱者10号"身上携有一块载有人类讯息的镀金铝板，铝板上绘有一名男性及女性的图谱，氢原子的自旋跃迁和太阳、地球在银河系中的区域。2003年1月22日，"先驱者10号"飞船与地球失去联系。不过在这31年来，它一共从地球上接收了98900个数据指令；向地球传输了1260亿个信息单位的数据以及图

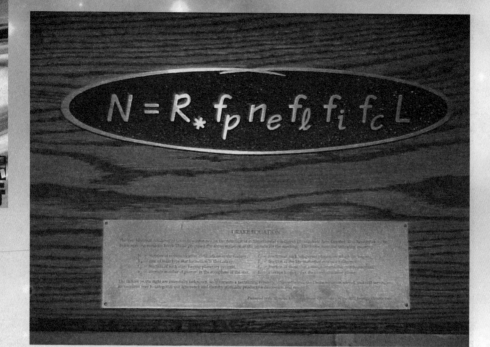

绿岸公式

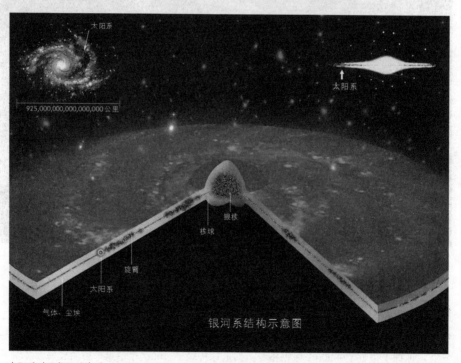

银河系结构示意图

太阳系对于银河系来说，只是一粒尘埃，等待我们去探索的实在太多太多，太远太远

像，例如木星的壮美景观就是它拍摄并发回地面的。

除了主动探索的"先驱者10号"飞船，1977年9月5日，美国的"旅行者1号"也给外太空带去了更丰富的信息，这些丰富的信息装在磁盘内，包含了人类用55种语言录制的问候语和各类音乐，旨在向外星人表达人类的问候。其中英语的问候语翻译成汉语是："行星地球的孩子向你们问好。"要是外星人听不懂怎么办？不用担心，磁盘中的内容还用象形文字进行显示，相信外星人的理解能力不会太差。

磁盘上的内容还包括当时美国前总统卡特的一份致意信，上面写着："这是一份来自一个遥远的小小世界的礼物。上面记载着我们的声音、我们的科学、我们的影像、我们的音乐、我们的思想和感情。我们正努力生活过我们的时代，进入你们的时代。"而在这之前，这位美国总统公然宣称自己是真正经历过"外星人事件"的。

磁盘上同时还携带了一段90分钟长的声乐集锦，主要包括雷声、海浪撞击声、鸟鸣等地球大自然的不同声音以及27首世界名曲，在这27首世界名曲中就包括了中国京剧和古琴曲《高山流水》。此外，磁盘上还有115幅图像，内容主要为太阳系内各大行星的照片、人类的生殖器官图像与说明等。

可能存在智慧生命的外星球会有多少？

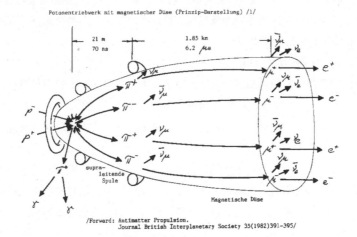

麻省理工大学的光子发动机手绘图。虽然连NASA都已经加大了对光子技术的投资，但人类的每一次提速，都意味着一次安全隐患来临

047

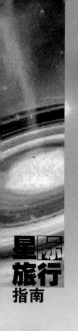

1961年11月，美国天体物理学家德雷克提出了一个著名的方程，后来被称为"绿岸公式"，这是对探索地外智慧生命做定量分析的第一次尝试。

"绿岸公式"：N=R×fp×ne×fl×fi×fc×L。其中，N代表银河系中居住着和人类一样有智慧的生命体的星球数，它取决于等式右边7个因子的乘积。

公式中R代表银河系每年诞生的恒星的数量，fp为该恒星拥有行星的概率，ne是其中每颗恒星周围具备生命诞生条件的行星数，fl是行星上生命诞生的概率，fi是该生命进化成智慧生命的概率，fc是这一智慧生命拥有与其他星球进行通信技术的概率，L则为该技术文明能够存在的时间。

当然，这个公式的因子中，有些可取近似值，有的属于主观。中国南京大学天文学系教授肖耐园就用过这个公式来计算存在外星生命的星球数。他的计算结果为，银河系内有生命存在可能性的类地星球大概为200颗。

按照肖耐园教授的话，我们假设的确在银河系有200颗外星人星球，且均匀分布在银河系中，但是就算这样的话，最近的那颗距离地球也有15000光年。在如此漫长的距离中，无线电波不等到达就已经衰竭殆尽了。

肖耐园教授指出生命的形式应该是丰富多样的，其他星球上的生命不一定就跟地球上的一模一样。地球生命以碳元素为基础，与氢、氧、氮等元素形成长链分子。其他星球未必就跟地球一样，我们不能以自己的认知去揣测外星球生命。比如在地球上，人类呼吸氧气再自然不过，但有可能在别的星球上，氧气对生命可能是有毒的。

对于人类怎么更加快捷地到达外星球，肖耐园教授认为人类要想到达太阳系外的行星，首先必须制造出光子火箭。

什么是光子火箭的运行原理呢？

肖耐园教授指出，物质的原子包括：质子、中子与电子，上述粒子都存在其对应的反质子、反中子、反电子。正粒子组成正物质，反粒子组成反物质。正电子与反电子相遇，就会湮灭，产生光子，同时释放大量能量，以接近光速的速度前进，从而产生推力。

不过，肖耐园教授认为光子火箭目前仍然只是一种设想。因为制造它的前提是，人类必须能够独立地制造出反物质，并且使湮灭反应可控。虽然科学家已经在实验室制造出反氢，但是大量生产会耗费巨大能量，贮存、运输还有很多难题。因为这一反应不是人类可控的，巨大能量的光子束会给地球环境造成破坏。

第四节　提前学好外星话

如果我们到一个地方旅游，不懂当地方言那会是一件很痛苦的事情。

这一问题，一直被星际"驴友"们挂在心上。一些专家曾多次聚在一起研究如何

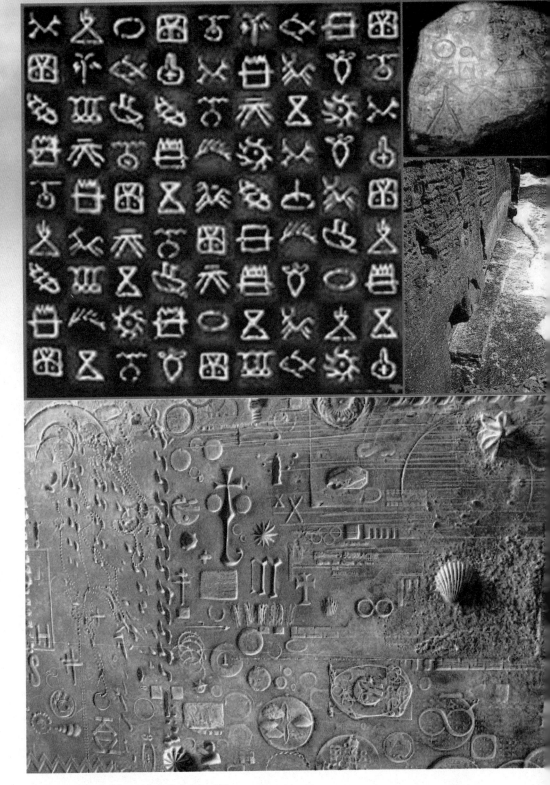

外星人已经在地球上留下了他们的"到此一游"

1977年8月15日，SETI收到了来自太阳系之外的一组信号，这组信号持续时长72秒，大约1420.456 赫兹。时称史上最强、最明确的外太空信号

学好外星语，虽然在这之前他们连外星人都没见过。

为了解决跟外星人语言沟通的问题，2010年巴黎举行了一场关于星际语言的聚会，会议的目的是为了解决地球人在以后星际旅行中无法跟外星人沟通的难题。聚会由美国SETI（搜寻外星智慧）协会星际信息小组的负责人道格拉斯·瓦孔奇主持，这是一个兼具精英分子沙龙性质的科普科幻研讨会，有来自世界各个国家的天文学家、科学家家、画家、音乐家等，齐聚温暖的客厅里讨论如何与外星生命聊天的问题。

这次关于星际语言的聚会，是在一座已经去世的美国喷气动力学先驱弗兰克·马立纳曾居住的房子里进行的。这些全世界各地的科学家和艺术家齐聚一堂，讨论该如何跟外星人交谈以及发送信息。

房间的天花板上播放的幻灯片写满了数学公式，这些科学家和艺术家交谈的内容既有关于复杂的科学现象的专业话题，也有关于人的存在和人际关系的高深哲学问题。

这些话题主要包含：我们碰到外星人，应该跟他们聊什么？我们应该向外星人展示人类审美和艺术的哪些方面？

科学家认为，如果SETI（搜寻外星智慧）收到的是无线电信号，因此断定发送信号的外星人极有可能具有同人类相似的技术水平，可以分享我们的物理和数学知识，能够用一种类似于数字以及公式的形式进行对话。

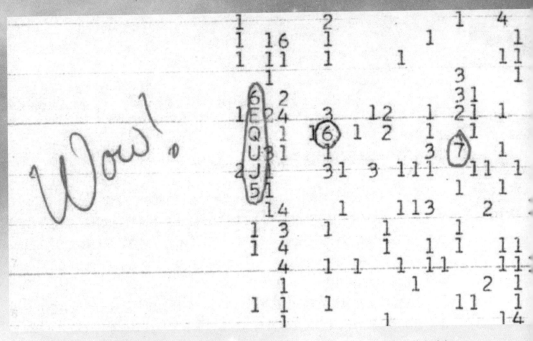

通过解码，工作人员破解了这组信号所要表达的是"哇"，当然也有人称这是用人类落后的技术对高端外星信息的又一次"亵渎"

　　一名画家提出了自己的建议：通过彩虹来比喻人类的多民族大团结，同时彩虹谷还象征了和平与桥梁。他主张传送具有色彩波长的数学公式，教外星人自己制造彩虹。

　　而理论电脑科学教授则主张通过音乐作为沟通方式，协助外星人了解星际沟通的语言代码，他还采用了一种特殊的印度尼西亚民间鼓乐，并在与临场出现故障的录音机开关"斗争"一番后，做了现场演示。

　　除了科学家、画家、电脑科学教授，其他方面的专家也谈到了用代数通信法和模拟人类生理反应的计算机系统来实现和外星人的交流。

　　著名科学家道格拉斯·瓦孔奇指出，在研究了外星生命以及它们同地球人可能的共同点和不同点，通过比较后，地球上的种族、文化、国家、性别等各方面的差异显得太微不足道了。

　　同时，他还指出了人类的目的并不是要尝试探索最佳的信息或者最智能的信息。而是要发出成千上万，尽可能多形式的信息，让外星人自己来鉴别，哪一种信息是被他们所理解的。道格拉斯·瓦孔奇断言随着电脑和其他技术的发展，人们寻求解决这一问题的机会即将到来，只要人类还持续着与外星生命沟通的愿望。

第三章　一路畅想

越来越多的人对宇宙产生着疑惑，而与此同时也会惊叹它的浩瀚与无穷，深深地被那漫天繁星的广袤夜空所吸引。我们情不自禁地要问一句："我们来自何方，又将去往何处？"

第一节　宇宙的诞生

关于宇宙的诞生与起源，现在比较流行的一种说法是"大爆炸"。这个理论的主要内容是：大概在200亿年之前，宇宙的最初形态是混沌不清的。这种混沌的情况慢慢地变成了一块具有超密度的物质——全部密集在极小的空间内，我们称之为"宇宙原点"，后来在一种力的作用下便产生了强大激烈的爆炸，继而让"宇宙原点"中的所有物质由此飞向四面八方。

这一爆炸虽然发生在约200亿年前，但宇宙整体的膨胀过程始终没有停止，宇宙在不断地膨胀着。根据天文学家们的观测，很多恒星目前仍在持续地向外移动。

宇宙大爆炸模拟图

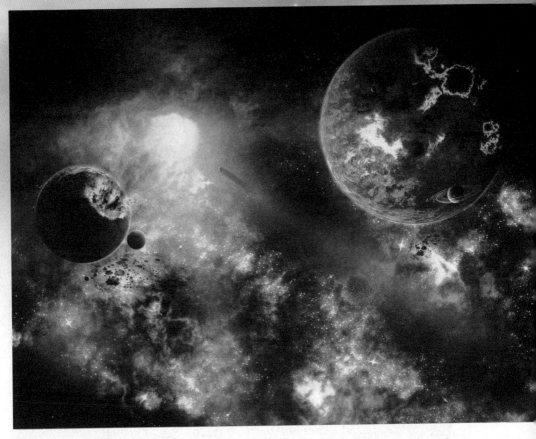

据说宇宙是被"炸"出来的

1929年美国天文学家哈勃就探索到了银河系以外的星系大部分都存在着"红移现象"（星体向远方移去的现象）。除此之外，粒子物理学试验也支持了这种大爆炸理论。这种理论与爱因斯坦在1916年发表的广义相对论相类似。截止到目前，与宇宙起源的假说和理论有关的观点已不下40余种，而且说法不一，但较有说服力的还要首推大爆炸理论。

宇宙大爆炸时的"宇宙原点"，可以分为时间原点和空间原点。大多数人相信，在爆炸最初的1秒之内所产生的各种粒子、射线、辐射光子，就由此确立了今天宇宙的各项基本特性。

宇宙中同时存在着正物质和反物质，反物质较少。爆炸1秒钟后，在1分钟~3分钟内形成了各种金属原子核；3分钟~10000年间，物质粒子取代光子而形成物质时代。空间充满原始物质团。10亿年后，宇宙物质尘埃云集而凝结成星系。

所以说，宇宙星系在190亿年前便开始形成，再过20亿年，第一代恒星诞生，恒星内部发生着剧烈的热核反应，重元素开始诞生。这个阶段共花掉了100亿年的光阴。

太阳系起源

　　50亿年前，太阳系星云开始收缩，开始形成像地球这类的太阳系内的行星，整个太阳系结构也正是在这一时期初步定型的。又过了20亿年，即30亿年前，地球上开始现出现微观生命体；4亿年前，海洋中开始出现贝类，陆地上出现动物并开始繁衍生息。到2亿年前，哺乳动物出现在了地球上；5000万至6000万年前，最早一批灵长目动物开始进化成型；几百万年前，类人动物诞生；接下来原始人类开启了地球的新篇之旅，但在最初，他们依然过着茹毛饮血的生活；几十万年前，人类可以掌握 "火"，并可制造和使用简单的石器工具，智力开始突飞猛进，数万年前，人类有了图画，结绳记事，开始走上了文明之途；一万年到数千年前，人类又步入到了一个新的阶段，智慧之窗大开，懂得了农业耕作，了解了天文地理变换规律，掌握了天象学（也有人提出此时是受天外生物启发和交配传下后代所至）。

直到今天，人类在经历了数次大革命（工业革命、电能和原子能革命）后，见识度和操控力又得到了质的蜕变。他们已经懂得了使用无线电，发明了计算机，人类的文明社会开始向更高级阶段迈进。尤其在20世纪60年代开始尝试并完成了宇宙探索之旅，实现了登月同时启动了开发宇宙的计划。这就是地球人类文明进步的明确写照。

有一种可能，其他行星上的生物进化比地球要早几千年、几万年甚至几百万年。当然还有另一类行星，它们的生物进化论落后于地球或者进化在其地表几乎为零。宇宙中除行星外，还有能发光发热的恒星和其他各类星体（包括彗星、暗星、类星体及星云等）。这就是至今为止我们所能看到的宇宙及其起源经过。

第二节　到达宇宙的中心

无可争议的是，太阳是整个太阳系的中心，太阳系中所有的行星都绕着这个绝对中心旋转。同样的，银河当然也有自己的中心，在它的周围，所有的恒星也都要绕着这个中心旋转。我们将范围在扩大一步——那么宇宙有中心吗？一个让所有的星系簇拥的中心点？

寻找宇宙的中心？好像自从人类诞生，这个神圣而又实用的问题就一刻不停地萦绕在求知者的心中。

中国古代盘古开天的混沌宇宙图像，西方的叠乌龟驮天地的宇宙图像等，都体现着人类探索宇宙的求知欲望。

公元前340年，希腊哲学家亚里士多德发表了《论天》一书。他提出了地球是球形的理论，与此同时，他还提出了被质疑千年的伪命题——地球是不动的，地球是宇宙的中心。后来的托勒密描述出了最早的完整宇宙模型——一个八天球的宇宙图像。后来基督教"窃取"了这一图像，他们认为这与《圣经》很吻合，因为这正好可以让人们随意想象在固定恒星球之外的天堂和地狱。

此后，哥白尼、开普勒、伽利略相继提出了太阳中心论，这让人类第一次把自己地盘的中心地位拱手相让。再后来出现了牛顿以及他的万有引力定律。在这个定律的支配下，人们曾一度认为宇宙是无穷大的，而其中的每一点都可以说是宇宙的中心。因为对无穷大内的每一个点来说，无论哪个方向都是平权的，不存在任何差异。不

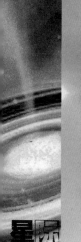

过，在这之后源于人类对宇宙认识的持续拓展，无限静态宇宙模型随即被打破。

随着爱因斯坦的广义相对论的发表，1922年，俄国物理学家亚历山大·弗利德曼阐述了如下设想："我们不论往哪个方向看，也不论在任何地方进行观察，宇宙看起来都是一样的。"1929年哈勃证实了这个假设，而且有了一个重大的发现——宇宙在膨胀。同时他还观测到无论从哪个方向来看宇宙膨胀速度都是等同的。这下人们困惑了，难道地球仍是宇宙的中心吗？事实上，这种情形就像是一个画有好多斑点的气球被逐渐吹胀。气球膨胀的过程中，任何两个斑点之间的距离都在加大，但是没有一个斑点可以被当做是膨胀的中心。换句话说，宇宙没有中心！

先让我们的宇宙中心回溯之旅到此为止。但是，切忌千万不要认为我们已经得到了最终答案，就像英国物理学家霍金在他的著作《时间简史》里所阐述的那一段令

亚里士多德的例子告诉我们，找一个从来没有去过太空的导游是多么不靠谱

人深思的内容："也许有一天这些答案会像我们认为地球绕着太阳运动那样显而易见——当然也可能像乌龟塔那般荒唐可笑。不管怎样，唯有让时间来判断了。"

第三节 寻找宇宙的边缘

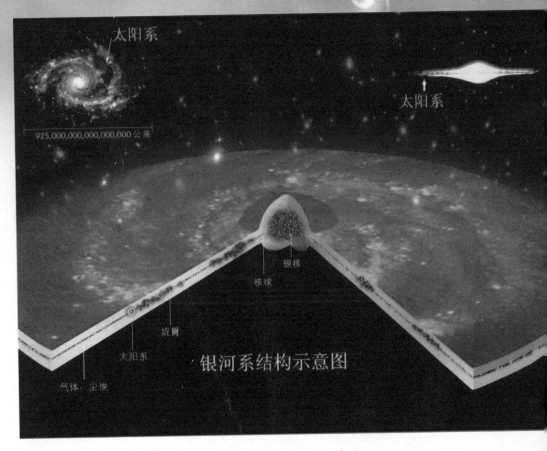

银河系示意图

在太阳系中，地球，金星，火星，木星等大小不同的行星在不停地运转。那么，在太阳系以外，又是一个怎样的领域呢？在银河系内，聚集着约2亿颗像太阳一样的恒星，同时银河系本身也是宇宙的一部分。这就是银河系。银河系的整体形状就像一面凸镜，但，这个"镜头"的直径却足足有10万光年，中心部分厚度为1.5万光年。

1光年是30万千米/秒的光，用一年时间到达的距离。因此，光若从银河系一端出发，需10万年才能到达它的另一端。

而在10万光年之外，突破这个银河系，我们又将抵达哪里呢？在那个区域，将有

057

无数个像银河系一样的系统，被称为星云。穿越银河系，我们第一个达到的地方应该是仙女座流星群，它和银河系在大小、形态上都大致相同，约聚集着2000亿颗恒星。

假如我们可以画出一个20亿光年的大球，那么其中就可以容纳大概30亿个星云，这些星云聚集在一起，形成一个系统就是宇宙。接下来，我们要做的就是穿过层层"云雾"去触碰宇宙的边缘……

1929年，美国的哈佛尔观测到了一个奇特的现象：所有的星云都在慢慢地远离我们。比如说，距我们约2.5亿光年的一团星云正以每秒6700千米的速度"抛弃"着我们，5.7亿光年外的狮子座星云也以每秒19500千米的速度向外扩散，此外还有12.4亿光年外的牵牛座星云以每秒39400千米的惊人速度离我们远去。

假如这种情况继续下去的话，不难推断，星云一旦抵达100亿光年以外的地方，它的速度就会达到每秒30万千米。换句话说，它将自动切换为"光速模式"。在这种"模式"下，所有星云的光永远照射不到地球上来，它们将永远地消失在人类的视线之外。因此，100亿光年的彼方将是人类所能触目到的大宇宙尽头。当然，这只不过是从人类能力所承受的范围去界定的。

当然，对于宇宙的边缘还有其他不同的解释。

大宇宙就像一个气球，它会不断膨胀，在不断膨胀的界面上，星云会随之离我们远去。但到一定的时候，"气球"又会收缩，此时星云也会随之接近我们。

大宇宙像一个马鞍，它依然不断地朝着鞍的四个边缘方向扩展。按照这一解释，在遥远的将来，人类所能望见的天体将逐渐远离，夜空将变得单调寂寞。

当然了，还有另外一种相反的理论认为大宇宙是永恒的。纵使它可以无限地延展，但是在延展过后的空间内还会产生新的天体，所以，无论大宇宙怎样膨胀，空间都不会荒寂。

宇宙的"边缘"在哪里，人类一直在探索，而人类现在所能得知的是宇宙由各种天体所组成，那么测量天体间的距离就成了寻找"尽头"的第一要素。

天体距离测量

当观测天体时，它们的谱线并不是在标准波长的位置上。所有谱线的波长都加长了，也就是说谱线是向红端移动的，这种现象叫做谱线红移，它是由多普勒效应引起的。随着天体或观测者的运动，天体发出的光和电波的波长都会发生变化。如果天体向着观测者运动，距离就将持续缩短，波长也会变短；假如天体背离观测者运动，那么距离就会持续加长，这时就会出现波长同时加长的情况。天休谱线红移表明天体背离我们向远方运动。

现在，我们用"Z"来代表红移的程度，那么红移是"Z"的天体发出的光和电波，在地球上观测时，波长就变成原波长的1+Z倍。举个例子，红移为4的天体中，氢

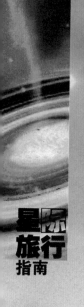

原子发出的波长为1216埃的紫外线，当时在地球上观测到的波长就会是6080埃的红光，这是眼睛可以看到的可见光了。按照多普勒效应，背离的速度越大，红移也就越大。这样的话，就能够根据这点算出天体离开我们的速度了。

用光谱分析法分析，可以检出氢、氧、碳等原子发出的、特定的、经过红移之后的波长，由此能够计算出这些特定波长发生的红移程度。根据多普勒效应，天体红移代表着宇宙在膨胀，广义相对论的引力场方程也有"膨胀的宇宙学"的解释。"宇宙膨胀论"也就这样形成了。当然还有一些其他的宇宙论，例如"稳恒态宇宙论"。这类宇宙论的基础也都是建立在主张宇宙膨胀之上的。采用把红移换算成距离的方法，得出天体到地球的距离，随着所采用的宇宙模型不同而不尽相同。

确定了宇宙模型，我们还有两大法宝——从观测求出用哈勃常数表示的现在宇宙膨胀速度和通过"减速参量"代表的宇宙膨胀减速率。

通过宇宙起源之后就急速膨胀的宇宙模型，假设哈勃常数为50千米/秒，100万秒差距(1秒差距约为3.26光年)，"减速参量"为0.5。就能够推算出宇宙的年龄了，而这个数值就是130亿年，地球到宇宙的"边缘"的距离，从理论上来讲应该是130亿光年。

目前为人们所知的宇宙"边缘"是距地球117亿光年的天体——[4G41.17]。它是在1988年8月，由美国约翰斯•霍普金斯大学的钱伯斯以及宇宙望远镜科学研究所的乔治•麦里发现的。

对氢原子以及碳原子发射光谱测定的结果显示：[4G41.17]就是红移为3.8的天体，根据之前的宇宙模型，这个天体离地球是117亿光年。在此之前，确定的[0902+34]天体与地球的距离是115亿光年。

光与电波以光速（每秒约30万千米）传播。距离地球117亿光年远的[4G41.17]发出的光和电波经过了117亿年才可以抵达地球。所以说，我们现在看到的实质是117亿年前[4G41.17]的景象，这让我们一举两得，不仅观测到了"远方的宇宙"，还观测到了"昔日的宇宙"。而对于人类而言，我们目前迫切希望看到的是相对"新鲜"的天体奇观，或者说，有一天我们可以现场"采集"。

第四节 宇宙的未来

宇宙是被"热死"的

"热寂"理论是19世纪中期的英国物理学家开尔文与德国物理学家克劳修斯依据热力学第二定律所作的宇宙学推论。

它的大致主张为，整个宇宙是向着一个方向变化的，宇宙内所有能量，最后统统会转化为热能。而热又存在着"热传递"的特性。所以，按照克劳修斯的说法，"宇

宙的熵趋向于极大。宇宙越是接近于是熵这个极大的极限状态，进一步变化的能力就越小；如果最后完全达到了这个状态，那就任何进一步的变化都不会发生了，这时宇宙就会进入一个死寂的永恒状态"。

围绕这一推论的正确与否，也在科学界和哲学界引起了一场不小的争论，而且持续了一百多年。由于涉及宇宙未来和人类命运等重大问题，所以，它也逐渐成了近代史上一桩最令人懊恼的文化疑案。

在这桩绝对令人懊恼甚至绝望的疑案面前，很多大师级人物也难免不受到情绪波动。

大哲学家罗素说："一切时代的结晶，一切信仰，一切灵感，一切人类天才的光华，都注定要随太阳系的崩溃而毁灭。人类全部成就的神殿将不可避免地会被埋葬在

宇宙大爆炸概念图

崩溃宇宙的废墟之中——所有这一切，几乎如此之肯定，任何否定它们的哲学都毫无成功的希望。唯有相信这些事实真相，唯有在绝望面前不屈不挠，才能够安全地筑起灵魂的未来寄托。"

控制论之父维纳这样的科学巨匠也说过："我们迟早会死去，很有可能，当世界走向统一的庞大的热平衡状态，那里不再发生任何真正新的东西时，我们周围的宇宙将由于热寂而死去，什么也没有留。"

当然，对于"热寂"说也有相当一部分人在质疑。20世纪六七十年代以后，"大爆炸"宇宙模型逐渐得到天体物理学界认可，"热寂"令人抑郁的浮云终于受到了冲击。人类曾经一度阴郁覆盖的心头终于迎来了一片朗朗晴空。

从"大爆炸"宇宙模型得到的观点是，宇宙大约是在100亿~200亿年以前，从高温高密的物质与能量的"大爆炸"而形成。随着它的不断膨胀，温度不断降低，密度也不断减小，逐渐形成了众多星系、星体、行星等，直至出现生命。

实际上，解决宇宙"热寂"难题的关键，应该从宇宙是否存在热平衡态切入。目前看来，大爆炸理论直接证明了宇宙在膨胀，而宇宙在膨胀则是热力学和宇宙学都能接受的关键词，那么在这个不断膨胀的宇宙中是否存在着热平衡态呢？

宇宙膨胀的原因是引力作用。在经典热力学中不考虑引力，加热则体系升温，冷却则体系降温。不过，在一个自引力体系中状况却恰好相反，加热则体系温度降低，放热则体系温度上升，热容量为负值。在一个体系中，如果同时具有正热容物体与负热容物体，那么很明显的，这个体系是非常不稳定的。稍有扰动，平衡就会彻底崩溃从而产生温差。只要有自引力体系存在，原则上就不存在稳定的热平衡，宇宙内的天体或天体体系大部分就是这种自引力系统。

虽然，自引力系统内熵是增加的，但是，因为没有热平衡，所以熵的增加是没有界定的，永远都不存在极大值，这样的话，宇宙就永远无法达到"热寂"状态。这种状况在静态宇宙模型内是不会发生的，这也正是开尔文和克劳修斯等人的漏洞所在。

于是，人类终于从百年的噩梦中清醒，并爆发出了热情的狂呼。

"宇宙不但不会灭亡，相反的，还会从早期的热寂状态（热平衡态）下生机盎然地复苏。"

"热寂说的一页，已被翻过去了！"

宇宙生死共存

但是，人类的欢呼显然来得太早了。尽管热力学意义上的宇宙"热寂"将永远不会到来，不过，宇宙的未来却不会因为这样而变得丝毫乐观。宇宙的未来完全受限于它的原始状态，宇宙的起源与终结始终紧密相连。大爆炸理论发现了宇宙起源的真相，解决了"热寂"阴霾，但同时也预言了它遥远的未来。

在大爆炸理论看来，宇宙的未来完全取决于宇宙密度的一个临界值。如果宇宙密度小于这个临界值，表明宇宙是膨胀的，并且会一直膨胀下去。如果这样的话，未来所有恒星上的热核反应都会慢慢地停止，剩下的会是各种各样的宇宙"熔渣"——黑矮星、中子星以及黑洞，而宇宙的背景辐射温度也将不断降低，直至无限接近于绝对零度，最终达到另一种意义上的"冷寂"。

假如宇宙的密度大于这个临界值，那么就将代表宇宙最初是膨胀的，达到一定的时间后，就会由膨胀转化为收缩。当宇宙不断收缩至愈来愈接近它的最后阶段时，环境条件同大爆炸后不久起支配作用的那些条件越来越相似。在宇宙暴缩的最后一刻，引力将发挥绝对优势的作用，所有的物质都将挤压而彻底消失，包括时空本身在内的一切有形的东西统统将被消灭，只剩下一个时空点。所以说，无论宇宙最后出现哪一种状态，其结果对人类来说都将是场灾难。

正如玛雅预言预言了地球的末日一样，大爆炸理论也预言了宇宙的未来。由于这

回到最初

一理论同样不符合人类美好的期望，因此，自它提出之日起同样也遭到了来自各方面的质疑，有人甚至认为它是一个"倒了头"的宇宙"热寂"说。

当然，我们还有一些其他并非毫无科学根据的宇宙模型，也许会带给人类新的光

明和希望。而且，宇宙的末日并非那么急不可耐，我们的后代还有数十亿年甚至数万亿年的时间来"等待"最后时刻的到来。在这段时间里，生命足以扩展到整个宇宙，并对它加以控制，因此留给人类的时间还有很多，我们可以调整自己的心态，发展自己的科技，支配一切可能的资源来对抗这场大危机。

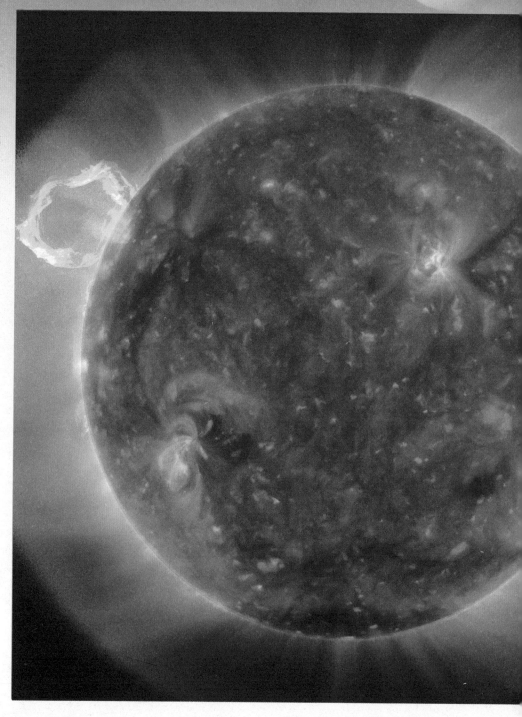

NASA于2010年3月30日用最先进的航天器拍摄的太阳图片。红颜色显示温度为80000℃，而绿色表明温度为1000000℃

第二篇 第一站，太阳系

第四章 太阳——绝对巨星

太阳表面温度约5500℃，中心温度高达2000万℃。就现实条件来看，人类所能想象的任何旅行工具，还没接近太阳就融化了，更不可能居住在太阳上。但这并不意味着我们的旅途就可弃太阳而去，太阳是太阳系的中心天体，太阳系质量的99.87%都集于太阳一身。了解太阳，我们才能更好地了解太阳系，从太阳系其他星球中寻找更好的生存空间。

第一节 再不看看就晚了

太阳不是永恒的，像人类一样会衰老，同样不能避免生老病死。

在茫茫宇宙中，太阳只是一颗很普通的恒星，它的亮度、大小和物质密度都只是中等水平。地球人之所以觉得太阳是最大、最亮的天体，是因为太阳是离地球最近的恒星，其他恒星，即使最近的，距离也比太阳远27万倍，人们只能看到一个闪烁的光点而已。如果我们现在能跳出太阳系，恐怕一向被我们崇拜和爱戴的太阳，它在我们心中的形象会下降很多。

根据放射衰变方法测定，地球上最古老的岩石年龄略小于40亿岁，月球上最古老的岩石年龄为45亿岁，太阳系中一些陨星样品年龄也超过40亿岁。这些资料显示，太阳系目前的年龄大约是46亿岁。

恒星也有自己的生命史，也要经历诞生、成长、衰老、死亡几个阶段。恒星内部无时无刻不在进行着热核聚变，把每四个氢原子核结合成一个氦原子核，释放能量（地球就是靠这种方式接受太阳的光和热），同时形成辐射压。处于主星序阶段的恒星，核聚变主要发生在中心的核心部分，辐射压刚好与恒星自身收缩的引力相平衡。

随着氢的不断消耗，中心形成的氦核不断增大，久而久之，氦核周围的氢会越来越少，中心核产生的能量便不足以维持辐射，原有的平衡就被打破，引力大于辐射压力。恒星便会在引力作用下收缩，密度、压强、温度都会逐渐升高，形成内核收缩、外壳膨胀的结果，内核越来越热，外壳温度

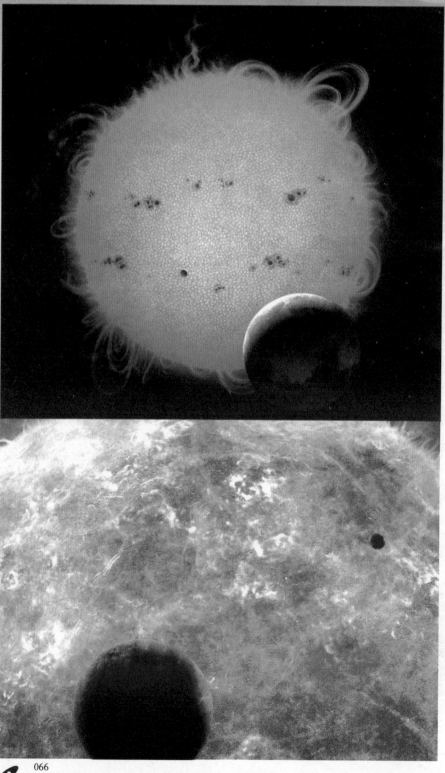

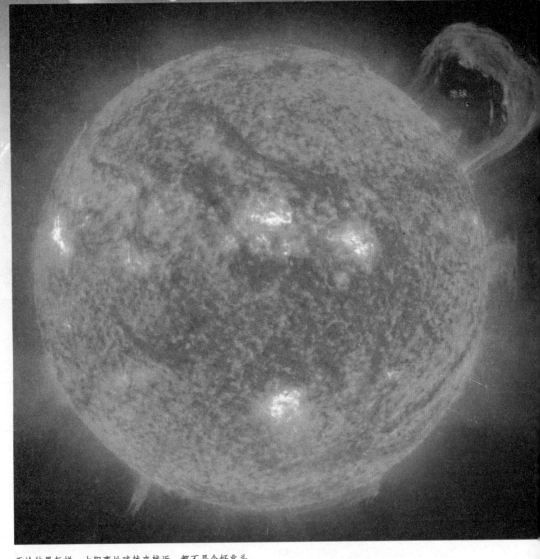

无论结果怎样，太阳离地球越来越近，都不是个好兆头

越来越低。这个过程持续数十万年之后，恒星就会变成一颗红巨星，红巨星又逐渐演变，中心变成一颗白矮星——一种低光度、高密度、高温度的恒星。

　　现阶段的太阳，大部分的氢正在慢慢燃烧转化为氦，这表明，它正处于最稳定的主序星时期。从大约45亿年前进入主序星阶段到现在，太阳光的亮度增强了30%，此后还会继续增强，地球的温度也会不断升高。当热核聚变进行到一定阶段之后，太阳的氢原子核减少，太阳衰老。65亿年之后，太阳的亮度会是现在的2.2倍，地球的平均温度将升高60℃左右。

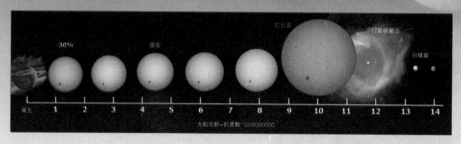

太阳进化刻度表

很难想象人类能在这样的环境下生存下去。最终的结果，地球会被炽热的太阳膨胀物吞噬，或者最终被蒸发干净，紧挨着地球的火星也会面临被烧焦的命运。不过，如果仅仅考虑平均温度，火星反而可能成为最适宜人类居住的星球，木星和土星周围的温度也会升高，不过，木星的冰卫星与作为土星特征的星环都将被蒸发得毫无踪迹。

另一方面，太阳变成红巨星时，由于不断膨胀，半径会超过1天文单位，超出地球目前的轨道，因而地球很可能会被太阳吞噬、熔融。

但太阳在衰老的同时，质量也会减少，引力会因此减弱，一些行星开始远离太阳，行星轨道将会外推。当太阳的质量减少到原来的60%以后，水星和金星基于与地球同样的原因，可能会被吞没。地球因为引力缩小的缘故，和太阳的距离要比现在扩大70%，也有可能不被吞没而幸存下来，火星等外围行星也会存活下来，依旧围绕着太阳运行。但太阳到最后已经变成外层冷却的白矮星，随着白矮星的逐渐冷却、暗淡，行星们也会逐渐被冻结，太阳会在寂静中结束一切。

也就是说，太阳衰老之后，地球人要么被炙烤干死，要么"最终被炽热的太阳膨胀物吞噬后来个彻底的'油炸'"，无论哪种结果，对我们都是可怕的，人类逃离太阳系是一种必然。

太阳的寿命约50亿年左右，目前它还处于青壮年时期。大约在9亿年之后，太阳会更亮，表面温度会更高，变成一颗红巨星，地球的表面温度会持续升高。在它从红巨星迈向白矮星的时候，我们是被烧焦，还是被吞没？不得而知。

第二节　对太阳"察颜观色"

人有七情六欲，太阳也有，只是它的情欲要剧烈得多，哪怕只是轻微的愠怒，例如爆发太阳黑子，轻则会干扰我们的通讯，重者引起火山爆发、地震乃至人类心脏和神经系统的疾病。人类对太阳要学会"察颜观色"，将灾难降低到最小。

古代欧洲坚信"上天完美"，一度认为太阳是一个光洁的白玉盘，完美无瑕。直到17世纪，伽利略用望远镜发现太阳上有一些黑暗的点，但受传统的影响，还以为这

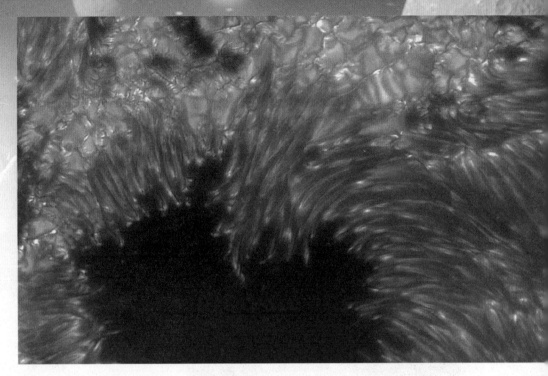

清晰的黑子与"怒火中烧"的纹理，相信我太阳是不会一个人生"闷气"的

只是水星或者金星凌日。所幸中国人没有这种"上天完美"的狭隘思想，虽然战国时期的甘德度一度认为是日食现象，不过公元前28年，在《汉书·五行志》中，中国官方就对太阳黑子做了最早的记载："河平元年三月乙未，日出黄，有黑气，大如钱，居日中。"此后《淮南子》和《春秋·无命苞》也有对太阳黑子的记载。

1610年以后，伽利略通过反复观察，才发现黑子是一种太阳现象，而非行星现象。1612年，他在提交的报告中提到："反复地观测最后使我相信，这些黑子是日面上的东西，它们在那里持续地形成，也在那里不断地消失，时间上长短不一。因为太阳的自转周期大概为一个地球月，它们也被太阳带着转动。黑子本身固然很重要，而其意义则更加深远。"这是人类第一次明确提出太阳黑子的概念。

经过数世纪的研究，截止到目前，人类对太阳黑子的研究已经有了一定的成果。概括来说，可以总结为以下几点：

1. 太阳黑子是太阳表面温度相对较低而显得"黑"的区域。

2. 太阳黑子有一定的周期性，平均周期为11.1年。黑子产生后几天到几个月会消失，然后产生新的黑子。

3. 黑子对地球的磁场和电离层会造成干扰，指南针不能正确指示方向，动物迷路，无线电通讯会受到严重影响，甚至中断，直接危害飞机、轮船、人造卫星等通讯

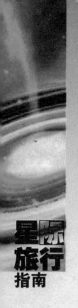

伽利略（Galileo，1564~1642）

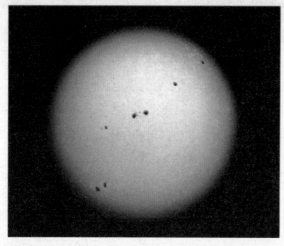

虽然不知道伽利略当年看到的景象如何，但是目前的我们想看到清晰的太阳黑子还是不难的

安全。

4.对人体健康有一定危害。

在公元1173～公元1976年的803年间，地球上发生了56次流行性大感冒，这56次都出现在太阳黑子活跃的年份，而且在太阳黑子活动高峰时期，死于心肌梗死的病人数量也急剧增加。

太阳黑子活动的高峰期，太阳会发射大量的高能粒子流与X射线，引起地球磁暴现象，导致气候异常，地球上微生物因此得以大量繁殖，这就为流行疾病提供了温床。

同时，太阳黑子的活动，还会引起生物体物质出现电离现象，引起感冒病毒细胞中遗传因子变异，或者发生突变性的遗传，产生强感染力的亚型流感病毒，形成来势汹汹的流行性感冒，或者导致人体的生理发生其他复杂的生化反应，影响健康。

因此，太阳黑子量达到高峰期时，人类要及早预防流行性疾病。

有趣的是，一位瑞士天文学家发现，太阳黑子多的时候，气候干燥，农业丰收，黑子少的时候，暴雨成灾。地震工作者发现，太阳黑子数目增多的时候，地球上的地震也多。植物学家发现，植物的生长也随着太阳黑子的出现而呈现11年周期的变化，并且黑子多的年份生长快，黑子少的年份生长慢。医学工作者则发现，人类白细胞的数目变化，也有11年的周期性变化。还有一些人统计了一些地区降雨量的变化情况，发现也呈现11年的周期性变化。

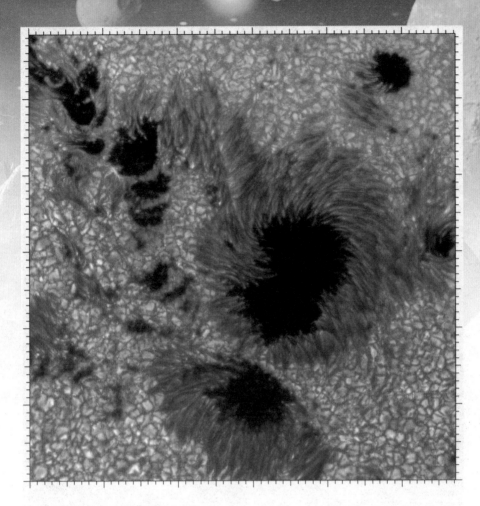

黑子虽然"黑",但是它的亮度是满月的10倍

星际旅行指南

总之，地球上的一切，都是要看太阳的"脸色"的

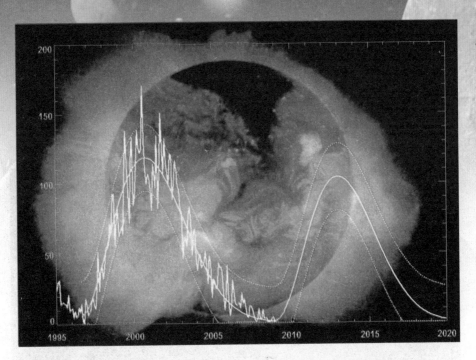

太阳黑子周期表

据传，2012年将有一场特殊的太阳黑子爆发，冲击着地球磁场

第三节 当地100枚氢弹的"迎宾礼"

2011年，美国宇航局（NASA）公布了一则耸人听闻的警告：两年后，即2013年，全球将陷入大停电，网络电子通讯将无法使用，人类生活将发生历史性的大倒退。

这个结论的得出，基于地球磁气圈的变薄。磁气圈就是包裹着地球周围一层看不见的带电粒子，相当于地球磁场的保护层，它可以阻挡来自太阳的带电粒子流，使地

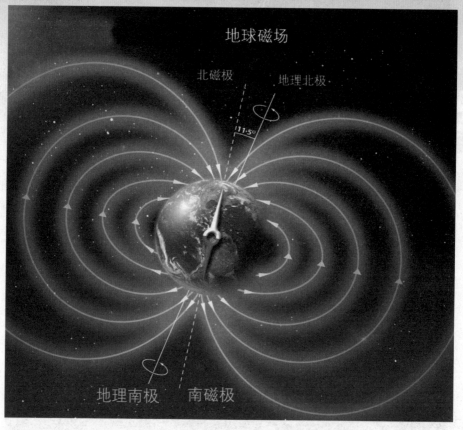

地球磁场

球免受太阳风的冲击，又承担着避免带电粒子流能量传输到大气层气体分子的责任，从而使气体分子无法逃离地球的引力，维持现有的大气层。

早在几年前的2008年，美国宇航局（NASA）就发现地球的磁气圈上面破了一个洞，而且，令人感到恐惧的是，这个磁气圈上面的破洞随着外层空间有害粒子的不断冲击，正在逐步变大。科学家们预计下一次太阳风暴，预测就在2012年9月22日，届时，会有相当于100枚氢弹爆炸的威力撞击地球磁气圈。

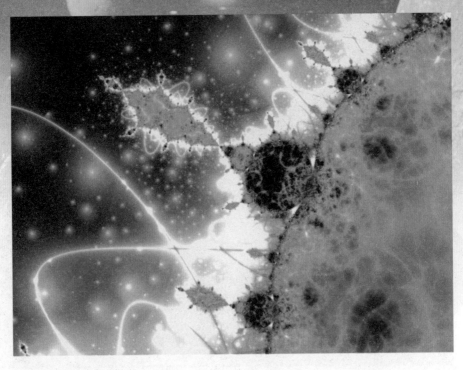

太阳风暴将强烈冲击地球

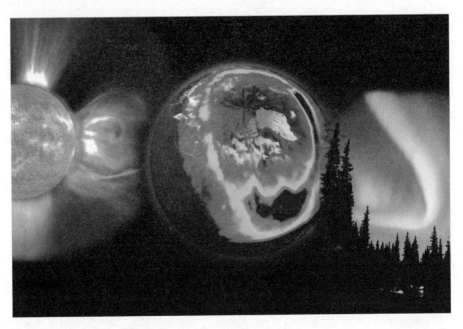

风暴来临，有时很美，有时很恐怖

极光是地球磁层的具象表现

如果一切诚如警告所说，那么到2013年，我们的生活将变得无法想象：医院、银行、机场无法运作，个人的电脑、电视、手机都无法使用，一些产业可能会因此衰落，那些需要时刻保持通讯的飞机、船只一下子变成了"瞎子"和"聋子"，人们生活质量将大大倒退。

美国宇航局的太阳动态观测卫星已经于2010年2月11日从佛罗里达卡那维尔角的空军基地发射升空，准备24小时观测太阳。业界科学家也相聚一堂，商讨应对措施。

太阳风暴究竟是什么物质？先让我们看看历史上的太阳风暴带来了什么——

1989年3月13～14日，太阳风暴造成加拿大魁北克地区电网停电，日本一颗通讯卫星异常，美国一颗卫星轨道下降，全球无线电通讯受到干扰。

1991年4月29日，太阳风暴发生后，美国缅因州核电厂发生灾难性破坏。

1994年1月20～21日，两颗加拿大通讯卫星发生故障。

1997年1月6～11日，AT&T公司通讯卫星报废；

2000年7月14日，欧美的GOES、ACE、SOHO、WIND等重要科学研究卫星都遭受了严重破损，日本ASCA卫星失控，AKEBONO卫星计算机遭到破坏。

2003年10月28日，欧美GOES、ACE、SOHO、WIND等重要科学研究卫星同时遭受了不同程度损害，日本"回声"卫星彻底失控。

美丽的极光现象

极光的美丽超越了人类的一切想象力

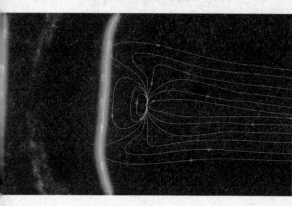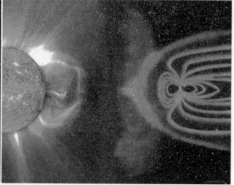

地磁场对付强大的太阳风暴就像在"练太极"

　　太阳风是20世纪空间探测的重要发现之一，人类也只是认识它40余年而已。

　　太阳黑子活动高峰时期，会爆发太阳风，释放出大量带电粒子所形成的高速粒子流。这种电子流会破坏臭氧层，干扰无线通信，对人体健康也有一定程度的影响——一次太阳风的辐射量相当于一个人多次进行X线检查量。另外，也会导致人体免疫力下降，引起病变，或者使人情绪激动、车祸增多。

太阳风带给人们也不只有灾难，还有美丽的视觉享受。当太阳风到达地球时，会引起磁暴和强烈的极光。很多极区探险者和旅行家只能以"无法以言语形容"、"再也找不出合适的词句加以描绘"之类的语言来形容极光之美，人类所能想象的赞美，在极光面前都显得异常寒酸。

总体说来，短时间内，太阳风对地球构不成致命的危害，只是破坏通讯系统而已，因为地球有自己的保护伞——地磁场。20世纪的几场太阳风暴危害，只是基于少部分漏网之鱼使然，只要地磁场依然牢固，太阳风对通讯的影响，还不足以让世界末日到来。

不过，由于研究时间较短，人们对太阳风的了解还很有限，比如人们仍然不清楚太阳风是如何起源以及如何加速的，也不知道太阳风是如何得到等离子体的供给及能量的供给的，这些问题都需要后来人的努力。

现在的我们已经处于所谓的第五太阳纪，地球经历过四个太阳纪，而在每一纪结束时，都会上演一场惊心动魄的大毁灭

第四节 "五星"级耀斑

让我们再来回顾一下之前提到过的一条末日说：2012年是玛雅人所预言的"世界末日"，当玛雅第五太阳纪结束的时候（第五太阳纪开始于公元前3113年，一个玛雅大周期为5125年，即终于2012年），会发生太阳消失、地球摇晃的大悲剧，地球会因此毁灭。

且不论这个预言是否可靠，科学家认为，玛雅人这个预言场景还是有一定的科学根据的。太阳消失、地球摇晃这个说法，起码与太阳耀斑所产生的效应有一定的相似性。

太阳耀斑是一种最剧烈的太阳活动，它是太阳黑子群上突然出现迅速发展的亮斑闪耀，其周期类似太阳黑子，也是约11年。太阳耀斑闪耀时间很短，通常只有几分钟到几十分钟，但这短短的"惊鸿一瞥"，却能对地球造成极大的危害——爆发一次太阳耀斑，太阳会释放出相当于0至100万次的剧烈火山爆发的能量综合或是相当于上百亿颗百万吨级的氢弹爆炸。不仅如此，还可能会引起能量特高的宇宙射线射向地球。

如此强大的破坏力，可以想象耀斑发生的那一瞬间的景象：一个燃烧着巨大火焰的太阳，一个无法想象的地球，这正是玛雅人的预言。

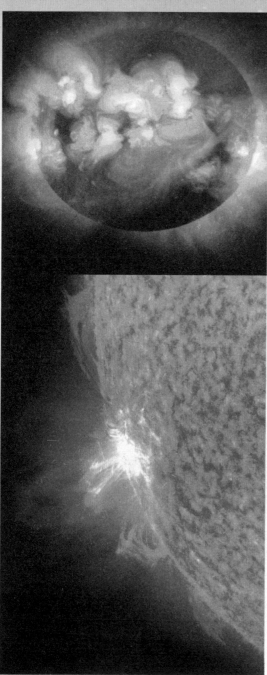

太阳耀斑

太阳每一次的"惊鸿一耀"，都会让地球感到"压力山大"

科学家根据太阳耀斑强度，将之分为A、B、C、M、X五级。

当发生强度比较小时，它所发射的高能带电粒子流与地球高层大气作用，干扰地磁场，影响无线电短波通信。据说二战期间，一位德国司令部报务员布鲁克正在操纵无线电台，突然爆发了太阳耀斑，他耳机里突然没有声音了，无论他怎样改变频率，都无法改变这一状况，而电台是完好无损的。这几分钟的混乱，致使正在吃紧的前方战事突然群龙无首，战役以失败告终，布鲁克也因此被德国军事法庭判处死刑，可惜他到死都不知道是怎么回事。

太阳色球层一旦发生耀斑，太阳就会发出大量的高能粒子到达地球轨道附近，对地球空间环境造成很大影响，还会严重危及宇宙飞行器内的宇航员和仪器的安全。

宇宙空间又没有大气层的保护，经常会有粒子等物质的轰击，所以一般情况下，国际空间站上的宇航员会躲在防护较好的服务舱中保护自己，许多科学卫星和通信卫星也会暂时关闭。

2003年11月爆发过一次高强度的耀斑：带电粒子瀑布般地倾泻而出，即使在地球上也能看得清清楚楚，它所携带的能量和破坏力可以想象。好在这些粒子与太阳风狭路相逢，这才有效减轻了它们对地球的破坏。

2011年8月10日也发生了一场强度罕见的太阳耀斑，它将100亿吨高能粒子抛入太空，以每小时超过500万英里的速度前进。好在这次耀斑爆发并非面向地球，地球上的

星际
旅行
指南

NASA耀斑爆发录像高清截图

卫星和通讯系统没有因此形成太大的干扰。

在大耀斑爆发的时候，最大的破坏可能是"日冕物质抛射"，即那些高速射离太阳外层大气的物质，这可能会导致巨量的电离气体被送到与地球相撞的轨道中，其危

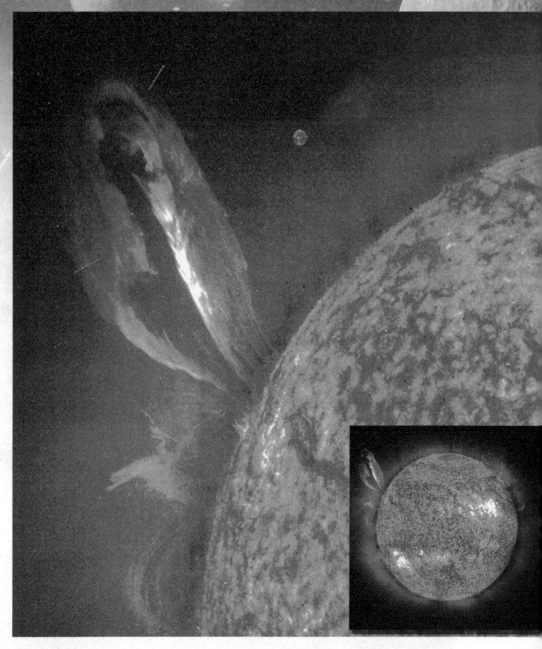

地球、太阳大小对比

害不亚于小行星撞地球。

　　加之耀斑爆发对通讯、气象、健康等方面的影响，人们对耀斑爆发的探测和预报的关切程度与日俱增。

星际
旅行
指南

各种观测仪器下的太阳日冕拼图

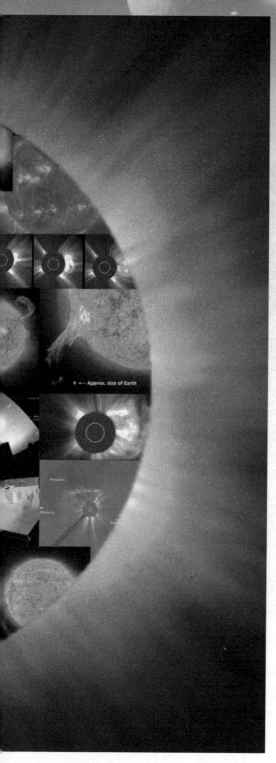

2011年，首位进行太空行走的女宇航员萨莉在联合国日内瓦气候会议上说过："问题并不在于大规模太阳风暴是否会袭击地球，而是这样的风暴何时会袭击地球。"类似的观点其他科学家也都曾提到过。

2011～2012年是太阳活动相对活跃的时期，被称作太阳极大期，这是太阳每11年一次循环周期的规律使然，2011年的现实已经说明这次比之前2002～2003年的高峰期释放更多的能量，这令科学家和执著于预言的人都激动不已。

末日来临，最剧烈的太阳活动形式太阳耀斑，我们人类会无动于衷吗？

第五章　月球——不到背面非好汉

　　月球，俗称月亮，古称太阴，是环绕地球运行的一颗卫星。它是地球唯一的一颗天然卫星，也是离地球最近的天体（与地球之间的平均距离是384400千米）。1969年尼尔·阿姆斯特朗和巴兹·奥尔德林成为最先登陆月球的人类。1969年9月美国"阿波罗11号"宇宙飞船返回地球，美国"阿波罗"登月计划至"阿波罗17号"结束。

"阿波罗16号"镜头下的从月球观望地球

第一节　朝圣之旅

月球起源

　　月球是如何诞生的呢？对于这个答案，科学家曾经提出过3种理论。第一种理论

科学家还曾一度认为：地球和月球是在一场2个约火星至金星大小的天体剧烈撞击之后所形成的

是"同源说"，月球和地球在同一时期，都是于46亿年以前从一团宇宙尘埃中生成的。第二个理论是"母子说"，认为月球是地球的"孩子"，可能是从太平洋地区被"抠"出去的。第三种理论是另一种假说，即"俘获说"，月亮是在一次偶然的情况下闯入地球引力场，继而被锁定在了目前的轨道上。

星际"采石工"对人类的认知意义重大

美国宇航局月球微型车的原型

　　但是，这些理论都存在着缺陷，直到"阿波罗"登月探索之后，地球和月球之间的误会才大白于天下，之前占主流地位的"同源说"、"母子说"以及"俘获说"也都不成立了。上述3种理论全都难以站得住脚。月球起源至今仍然是谜团。

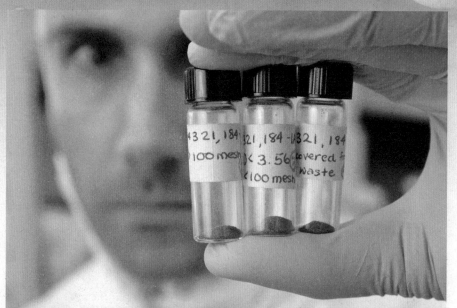

自从"阿波罗"从月球上带回了土壤和岩石后，它们边成为了NASA试验室中的"常客"，它们是为月球
做"亲子鉴定"的重要材料

由于含"金"量很高，在月球上仅凭人工开采是非常困难的

月球年龄

想知道月球的年龄，最直接的办法，就是查一查月球的岩石年龄。人类通过分析从月球带回的岩石标本，发现其内的99%的年龄要比地球上的90%年龄最大的岩石更加年长。这就是说，月球有可能比地球还年长一些，是地球的哥哥。

第一个登上月球的美国宇航员阿姆斯特朗在月球"寂静海"降落后，拣起了第一块岩石，这块岩石后经测算年龄有36亿岁。其他三块被阿姆斯特朗一同带回来的岩石年龄分别为43亿岁、46亿岁和45亿岁——与这几块石头形成对比的是，地球上最古老的岩石才37亿岁。更令人难以置信的是，这些古老的岩石采集区，被科学家认为是月球上最年轻的区域。很多科学家由此认为，月球在地球形成之前便已在宇宙中形成了。

所以，我们的重中之重是如何把采矿场搬到月球上来，没准下一个"矿老板"就是你

土壤和岩石

不过，和这些古老的岩石比起来，月球的土壤就更加老的惊人了。据样本分析，月球土壤的年龄至少比岩石大10亿年！大家先不要忙着惊讶，因为更匪夷所思的是，在科学家们测定了岩石和土壤的化学成分之后，他们震惊地发现，这些土壤与岩石无关，倒更像是从别处来的。

月球资源

在美国"阿波罗"飞船按计划进行月球登陆时，废弃的火箭第三节推进器当时轰地一下撞在了月球表面。当时这种响声，听起来仿佛更像是一个大铃铛的声音。当宇航员降落在颜色特别黑的月球平原上时，他们发现要在月球表面上完成打孔是件非常困难的工作。在好不容易取得土壤样品并仔细分析过后，科学家惊喜地发现其中居然含有大量地球上稀有的金属钛（它被用于超音速喷气机以及宇宙飞船上）；另外一些硬金属，例如锆、铱、铍的含量也十分丰富。而且更让人百思不得其解的是，这些金属在通常情况下只有在很高的高温——约华氏4500度下，才会和周围的岩石融为一体。

"光秃秃"的月球上空没有大气层导致了月面上发生了许多极端的现象，例如：昼夜温差极大；缺乏空气的调节，亮暗分明；声音无法靠空气传播，死寂无声

不锈铁

月球的奇怪现象可远远不止我们刚刚提到的那几件，例如，在带回来的月面岩石样本其中还被查出含有纯铁颗粒，这些纯铁颗粒在月球上放7年居然还不生锈。而不生锈的铁可是人类在此之前闻所未闻的。而且，科学家们还一直坚信它们不是来之陨星，而是月球本身的产物。

放射物质

美国"阿波罗15号"的宇航员们在月球表面使用温度计时，发现温度指数高得惊人，并且探测到在月球厚度为8英里的表层中具有放射性物质，这同样是一个惊人的现象。由此得出月球核心一定比月球表面更热的结论。在经过测定后得到的答案再次令人惊讶——月心温度并不高。所以，留给人类的另一个疑问也随之而来——月球表面这些放射性物质（铀、铊和钚）是从哪里来的？

水汽团

有人曾主观地以为月球比非洲的撒哈拉沙漠还要干燥100万倍。而在此之前美国"阿波罗"登月研究也证实月球是个干燥的星体。不过令人惊奇的是，"阿波罗15号"的科学家却探测到了月球地表有一处面积有100平方英里的水汽团。起初，科学家们也以为这块水汽团是美国宇航员废弃在月亮上的两个小水箱漏水造成的。但是，随即他们便否定了自己，试想两个如此小的水箱怎么能产生面积达100平方英里的水汽？现在看来这些水汽倒很有可能来自月球内部。

玻璃状物质

经历过探月计划的科学家曾说过："月球上铺满玻璃。"

起初人们都不相信，但是根据"阿波罗"传回来的客观信息表示，月球表面有许多地方覆盖着一层玻璃状的物质，经过进一步研究判断，月球表面似乎被炽热的火球烧灼过，而留下来了这些玻璃状物体。但是，还有一些人持相反的观点，他们认为这层玻璃状物质并不是巨大的陨星的撞击产生的，而是某种微型新星状态产生的后果。

磁场现象

在最早的几次月球探索中人类下的结论为：月球几乎没有磁场。

可是，当科学家们通过对月球岩石的分析却证明了它曾有过强大的磁场。这个结论一旦被证实的话，那么就说明月球应该在月心有个铁质的核心，不过在经过反复求证后，人类得出又一结论——月球不可能有这样的一个核心；月亮也不可能从别的天体（诸如地球）获得磁场，那么留个人类的另一个观月"看点"就是——月球的磁场到底是哪里来的呢？

物质聚集点

1968年，绕月飞行的探测器第一次发回月球信息证明，月球的表层下存在着一种"物质聚集结构"。当探测器飞越这些结构的上空时，由于它们具有强大的引力，探测器的飞行轨道会稍微低于之前预定的轨道，而当飞船离开这一区域时，探测器又会自然加速，毫无疑问，这些现象表明"物质聚焦结构"的存在以及它们巨大的引力。可以把这些结构看成一只牛眼，它们由重元素构成，隐藏在茫茫"月海"的下层。

第二节　这里特产"波罗蜜"

提到"登月"，大家首先想到的就是美国的"阿波罗"登月计划（Apollo Project），又称"阿波罗"工程，这项计划是美国从1961年至1972年间的一系列载人登月航天的全部任务的统称。它是世界航天史上具有划时代意义的一项成就。

"阿波罗"登月计划于1961年5月开始，到1972年12月为止，第6次登月宣告成功结束，这场历时约11年"月球旅行"，共耗资255亿美元。在工程高峰时期，参与到这项工程的就有2万家企业、200多所大学和80多个科研机构，总人数超过了30万。

"阿波罗7号"在太空拍到的早上的太阳

美国的探月历程

1958年8月18日，美国发射第一枚月球探测器，不过因为第一级火箭在升空时爆炸，此次发射半途夭折。在此之后，美国又相继发射了3个"先锋号"探测器，遗憾的是均告失败。直到1964年1月30日，"徘徊者6号"终于在月面静海地区着陆。但这次虽然着陆月球，由于电视摄像机出现故障，"徘徊者6号"并没有拍回照片。同年的7月28日"徘徊者7号"发射成功，并在月面着陆，这次拍摄到了4308张月面特写照片。在随后1965年2月17日发射的"徘徊者8号"和3月24日发射的"徘徊者9号"，双双成功登月并且分别传输回了所拍摄的7137张以及5814张月面近景照片。

1966年5月30日发射的"勘测者1号"新型探测器，在经过64小时后，也在月面风暴洋成功着陆，并向地面发回了11150张月面照片。到1968年1月1日发射的7个"勘测者"探测器中，只有2个宣告失败，而有5个成功着陆。在此之后，美国又相继发射了5个月球轨道环行器，这些前期的探月工作，其实都是在为"阿波罗"载人登月做好数据采集准备。在经历了一系列的无人探测之后，人类终于对月球表面有了初步的认识。

"阿波罗10号"登月舱在进行轨道分离

登月前的准备

　　1966~1968年期间，美国一共进行了6次不载人飞行试验，在这些飞行试验中，美国人做了近地轨道鉴定飞船的指挥舱、服务舱和登月舱的工作，他们还实践考验了登月舱的动力装置。1968~1969年，美国航天局发射了"阿波罗7、8、9号"飞船，首次进行了载人飞行试验。

　　以上几次的旅行目的主要是：环球探测，月球飞行，模拟登陆试验，轨道内实地飞行，模拟回合，模拟登月舱与指挥舱的分离和对接。

　　1969年5月18日，"阿波罗10号"飞船成功发射，之后进行了登月全过程的演练航天，一共绕着月球飞了31圈，并且在此飞行中的两名宇航员乘在月舱中下降到了离月球表面15.2千米的高度。

"阿波罗11号"成员合影。左起：阿姆斯特朗、柯林斯、奥尔德林

登上月球

　　1969年7月20至21日，"阿波罗11号"飞船载着三名宇航员终于成功地完成了登月任务，首次实现了人类踏上月球地表的夙愿。在这之后，美国又相继发射了6次"阿波罗"号飞船，其中共有5次成功。总计有12名航天员先后登上了月球。

　　1969年7月16日，由"土星5号"搭载的"阿波罗11号"飞船升空。当第三级火箭熄火时，飞船被送到环绕地球运行的相对低的高度轨道停泊。待第三级火箭的第二次点火加速，将飞船送进了地—月过渡轨道。在此之后，飞船正式与第三级火箭分离，飞船沿着这条轨道飞行了两天半之后后开始接近月球，服务舱内的主发动机开始减速，以便飞船进入环月轨道。

　　宇航员阿姆斯特朗和奥尔德林进入了登月舱，开始启动登月舱与主船分离，接下来，他们要下降至月面直至着陆。与此同时，另一名宇航员仍然待在指挥舱里，继续着在环月轨道上飞行。

"阿波罗11号"从月球返回地球途中

　　登陆后，宇航员们首先在月球表面上展开了太阳电池阵，安装设置月震仪和激光反射器，采集了22千克月球岩石和土壤样品，随后驾驶登月舱的上升级返回环月轨道，最后与母船成功对接，登月舱随即被抛离，进舱之后，宇航员开始加速飞船，进入月—地过渡轨道。在接近地球时飞船进入载人轨道，抛掉服务舱，在强大的气动力作用下，逐渐减速。在进入低空时，指挥舱弹出了3个降落伞，增加阻力的同时进一步降低下降速度。7月24日"阿波罗11号"飞船指挥舱在太平洋夏威夷西南海面降落。

　　从1969年11月至1972年12月，美国陆续发射了"阿波罗12、13、14、15、16、17号"飞船，在这6艘飞船中，除了"阿波罗13号"因为服务舱液氧箱爆炸而不得不结束登月任务外，其他飞船均成功完成了登月任务。

第三节　到月海"冲浪"

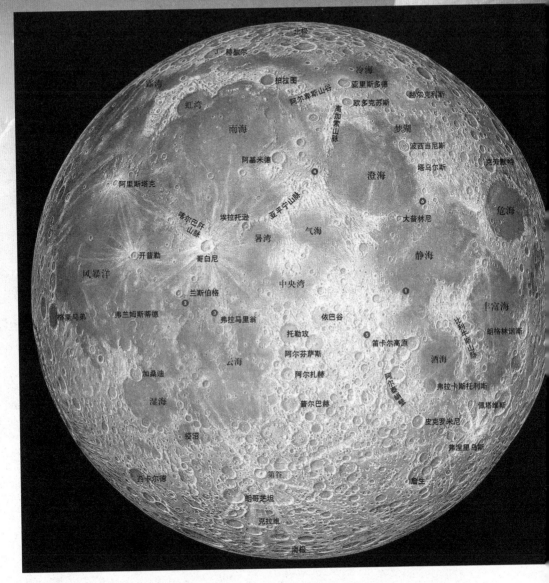

月球导游图

　　月球上共有22个"海"，这个海跟地球的海可不相同，月海指的是月球上比较低洼的平原。22个"海"中向着地球的这一面有19个，背着地球的是3个。月海上面最大的海是"风暴洋"，面积约500万平方千米，差不多有半个中国这么大。月球上大多数月海具有圆形封闭的特性，四周是山脉。不过，有些圆形的月海是相互连接着的。月

星际
旅行
指南

千疮百孔的月球表面，造就了一个又一个的月海

海的海面大部分要比月陆低很多，例如"静海"与"澄海"就比月球的平均高度低了1700米左右，月面最低的月海则要数雨海东南部，海底深可达6000余米。

月球除了"月海"以外，还有被称为湖的"月湖"，月海伸向陆地的部分称为"月湾"和"月沼"，都分布在正面。在这里做一个统计归类：

月湖：梦湖、死湖、夏湖、秋湖、春湖等。

但有的湖比海还大，比如梦湖面积4.7万平方千米，比月球的汽海等还大得多。

月湾有五个：露湾、暑湾、中央湾、虹湾、眉月湾。

月沼有腐沼、疫沼、梦沼三个。

月球上面22个月海是怎么形成的呢？部分科学家认为月海的形成是彗星、陨星等小天体撞击月球时，撞破月壳，使月幔流出，玄武岩岩浆覆盖了低地，形成了月海。也有部分科学家则认为彗星、陨星等小天体撞击月球和玄武岩的喷发是同时发生，才导致月海的形成。

科学家根据对月球各种岩石的组成元素、结构和成型年龄的研究，认为月球大概诞生于45.6亿年前。月球诞生之后曾经发生过规模比较大的"岩浆洋事件"，通过岩浆的熔离过程以及月内构造的调整，在41亿年前终于形成了斜长岩月壳、月幔以及月核。又在40至39亿年间，遭受到了月外小天体的猛烈撞击，从而形成了分布广泛的月海盆地，这段历史则被称为"雨海事件"。在39至31.5亿年前，月球还发生过很多次强烈的玄武岩喷发事件，大量的玄武岩喷发后填充了月海，厚度可达0.5～2.5千米，这段历史则被称做是"月海泛滥事件"，月海因此而成。

月海可谓是月球的聚宝盆，里面填充着大量的玄武岩，这些玄武岩富含钛铁矿资源，这些矿产资源有可能用于人类以后的生活。根据科学家的模拟计算，月球一共约有体积为106万立方千米的玄武岩分布在月海平原或盆地上，而这些玄武岩中钛铁矿达到开发程度的资源量大于100万亿吨。更为重要的事，钛铁矿不光是生产金属铁和钛的原材料，它还是生产水与火箭燃料——液氧的主要原料。这意味着对月海玄武岩的探测尤为重要。不过由于受到科学技术的限制，现阶段，对月海玄武岩总厚度的探测程度仍然很低，这就影响到了月海玄武岩体积总量的精确计算，从而衰减了钛铁矿开发利用前景预测的可靠性。

第四节　但愿你的旅游团里没有开发商

我们进行星际旅行的目的有很多，但是但愿旅游团里没有开发商。因为月球有丰富的矿产资源，这些对地球的开发商而言是最令他们心动的。月球的引力很小，大约只有地球的六分之一，在那里建造发射基地向宇宙发射载荷成本会非常低；没有大气，在那里建造天文台的话，也会观测到更远、更清楚的外星球；在那里建造

月球开发基地概念图

太阳能发电站效率高；月球有丰富的矿藏，能造福人类……总之，月球有着巨大的开发价值。

除了上面我们说到的钛铁矿资源，月球上面还有众多的稀有金属。月球上的岩石

潜在"开发商"们在月球北极地带发现的水冰

主要有三个种类：

第一种，富含铁、钛的月海玄武岩。

第二种，富含钾、稀土和磷等斜长岩，主要散布在月球的高地上。

第三种，主要是由0.1至1毫米的岩屑颗粒组成的角砾岩。

月球岩石中含有地球中全部元素和60种左右的矿物，其中6种矿物是地球没有的。月球的矿产资源极为丰富，在地球上十分常见的17种元素，在月球上也是到处都有。拿铁做例子，在月面表层5厘米厚的沙土中，就富含上亿吨的铁，要知道，整个月球表面的沙土平均厚度可是有10米的。月球表层的铁不只是非常丰富，而且还非常方便开采与冶炼。据介绍，月球上的铁大部分为氧化铁，只需要把其中的氧和铁分开来就可以了；除此之外，科学家已经发明了通过月球土壤与岩石做水泥和玻璃的技术。不光是铁，在月球的表层，铝的含量也是丝毫不逊于铁含量的。

月球土壤中还有另一种含量丰富的珍贵资源——氦－3，通过氘与氦－3进行的氦聚变可以用来做核电站的能源，这种聚变不会生成中子，所以是绝对的安全无污染，这种核聚变容易控制，不光能用在地面核电站，还非常适用于宇宙航行。据介绍，月球土壤中氦—3含量的估计值为715000吨。从月球土壤中每提取1吨氦—3，就能获得6300吨的氢、70吨的氮以及1600吨的碳。通过现阶段掌握的月球能源资料来看，因为月球上的氦—3蕴藏量非常大，对于未来势必会发生能源危机的地球来说，这无疑是在雪中送炭。很多航天大国已经把开采氦—3作为开发月球的重要目标之一。

虽然月球只是宇宙中浩瀚星辰的其中普通一颗，但是它的意义并不在于永远当地球的卫星。我们可以将月球作为星际旅行的前哨战或者中途加油站，也可以作为资源存储的大仓库。因为月球上的资源对人类来说价值惊人。将来人类肯定能直接采用月球的岩石产生水、液氧燃料等资源，而且地球上稀缺的铀、稀土等日益减少的资源，在月球上却相当充足。特别是月球土壤中特有的氦-3，势必会转变人类社会的能源观。月球表面土壤中储存着几百万吨的氦-3，这是一种高效、清洁、安全的核聚变燃料，1吨的氦-3所产生的电量足以供全人类消耗1年。月球上丰富的硅、铝、铁等金属资源一样也是未来地球矿产资源的巨大应急仓库。

可以说，月球的意义在于未来可以成为地球资源的采掘场地——这也是月球开发商兴奋的所在。

开发月球的第一步必须是先建立基地。这点美国人走在前面。

1970年，美国航天局就制定了一项庞大的月球基地计划。该计划提出，将分3阶段建成月球基地。我们先不论最后有没有在时间节点之内完成计划，单从人类对月球充满着无限畅想中，就可知道科学先驱们是多么迫切地想为地球找一个"备胎"。

第一个阶段是对月球进行无人探测，测绘月面图，进行月球化学研究，寻找月球水源，深入研究月球环境，并选定月球基地点。

第二个阶段是在2000年至2005年载人重返月球，并带来科学与生活设施，开展科学实验、制氧试验，并最终建立生活、居住和研究区。

第三个阶段是2005年至2010年一步一步地建立起月球可永久居住使用的基地，其中包括了闭环生活系统，可以做科研、技术实验、矿产开发、材料加工等。

20世纪80年代末期，国际宇航科学院的科学家们认为，人类要开始进行征服月球的计划。他们建议在今后的25年内，包括中国在内的各个国家应携起手来，共同努力在月球上搭建一个永久性的生活区以及工作站。这个基地会是一个可以为50100人提供居住的生活区，同时也可以为这些人提供一个科研站、天文台以及生产基地。从远景上来看，月球基地的建设也是为人类探索火星提供更近的出发点。相信在21世纪结束之前，人类一定会建造一个具有高度供给能力的月球居民区。

这个计划听起来似乎像是天方夜谭，但是科学家认为，建立月球基地和开发月球不存在很大的技术难题。一些发达国家已经开始新一轮月球探测，并且取得了振奋人心的重大发现。

1990年1月24日，日本继美、俄之后，发射了第一颗月球探测器"飞天"。 而三年后，即1994年1月25日，美国成功发射了"克莱门蒂1号"月球探测器。这是自"阿波罗17号"发射之后，时隔22年后的美国发射的第一枚月球探测器。

日本"飞天"和美国"克莱门蒂1号"探测器在月球的重要探测结果是令人振奋的，因为第一次在月球上发现了有冰的存在，这对于搭建月球基地有着非常重要的意义。

1998年1月6日，美国又发射了一枚名叫"勘探者"的月球探测器。美国宇航局公布探测数据时说："月球表面南北两极有大量的冰，贮量可能高达60亿吨，在极区甚至有冰湖存在。"这个探测结果可信度非常高，因为就连科学家都开始激动不已了。

月球上有大量的冰，意味着月球上有水，水对于建造月球基地和开发月球有巨大意义。因为水是我们人类生活和植物生长的必需品，水经过电解产生的氧和氢，又是火箭发动机的推进剂。一旦水的问题得到了解决，月球基地的搭建以及人类在月球上的可持续生活，就都有了可靠保障。

截止到2012年5月，美国航空航天局已宣布2018年启动共耗资1040亿美元的"新登月计划"。根据该计划，宇航员将在月球住上1个星期左右，建设月球基地。

我们已经进入21世纪。在新世纪的入口，人们将有幸看到：月球基地的建设和月球资源的开发，序幕已经徐徐拉开……

第五节　背面到底有什么？

月球总是以一个面看着地球，因为月球的公转和自传的周期相同，我们只能看到它的一张脸，而它的另一张脸是什么模样呢？我们人类对于月球背面充满了好奇跟疑问。难道月球的背面住着外星人？

美国的"阿波罗"探测器发现了很多月球怪异现象，如突然发光、磁场变异、奇怪阴影、不明飞行物活动、几何图形的出现与消失等，这些怪异的现象至今没有揭开。

月球金字塔

1966年11月20日，美国航天局发射的"轨道2号"在进行月球表面探测时，发现了月球一些类似于埃及金字塔的建筑物。这些金字塔建筑群角度明显运用了几何学原理。排列方式与埃及三座大金字塔的顶点排列方式如出一辙。

月球曾经人工改造？

科学家们通过对"阿波罗"探测器上拍摄的一些月面环形山的照片发现，月球的

月球表面非自然的建筑景象难道真是"人"的

现在几乎所有的人都相信在NASA的"保险箱"里整放着更多更真实的月球不明物遭遇实况

部分环形山上留有人工改造过的明显痕迹。我们可以在戈克莱纽环形山的内部看到一个直角，这个直角每个边长为25千米。另外在地面及环壁上，有很多类似人工的整修痕迹。另一座环形山更令人称奇，整个山呈几何图形，仿佛是工程师画出来的几何平

107

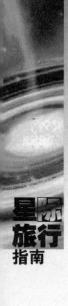

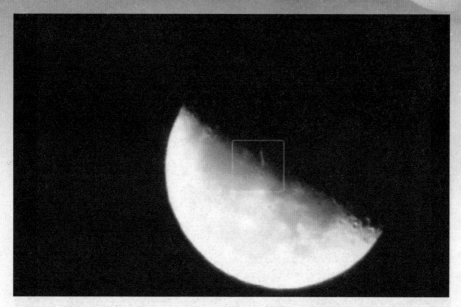

被曝光的月球基地塔

分线，该山外侧有一个倾斜的坡面，它的形状就像一个完整的正方形，在这个正方形的内部存在着一个十字，把正方形成等份对称地分成了四部分。这个正方形是干什么用的呢？至今无人解答。

UFO和城市

20世纪80年代，一张月球背面的照片由于疏忽公之于众——全世界都哗然了！这张照片的由来是：1968年12月25日，当"阿波罗8号"飞船载着指令长弗拉克·鲍曼及他的两位助手在进入月球背面通过肉眼观测时，就曾发现了飞碟的降落，而且还拍下了照片。后来由于政府对消息的控制，一直以来都没有外流。这张照片到底拍的是什么，竟能使全世界都哗然！这张照片是在月球背面离地表100千米处用望远镜头拍摄的。通过揭秘的照片我们可以清楚地看出：一个巨大的飞碟正在向左下方的月面降落，飞碟的舷窗清晰可见。在飞碟行将着陆的月面上，有看似起重机般高高竖起的吊臂，吊臂下矗立着一排外形像纺锤形的物体，它们的高度一致，呈等距排列，有点像机场跑道两侧的标志塔。还有一座大概3千米长、1500米高的"桥"，有2个像旗子一样的东西和一个类似人物雕像似的东西，有三根非常大的平行管道一直通往火山口，地面上同时矗立着很多或圆或方的形状奇特的建筑物。

这张月球背面飞碟照片的偶然公布，证明了月球背面确有飞碟起降基地，而且也证实月球背面建有城市，完全印证了瑞典科学杂志报导的苏联早在1964年发射的"月球9号"航天飞船在月球背面拍摄到了"一个飞碟基地和由形状奇特的高大建筑物组成

登月现场，通过对照片的分析，科学家下的结论是：当时只有两个宇航员在场，但是脚印的轨迹却绝对不只两条那么简单

的城市"的真实可靠。这张照片中一些像机场跑道标志塔一样的建筑物则是用来引导

宇宙飞船起降或是把外星飞船引向月球内部的"路标"。

人类脚印

　　月亮背面除了城市和UFO这些至少还不能准确确认的东西外，还有人类的脚印。早

在1969年，美国"阿波罗11号"航天飞船第一次在月球登陆时，宇航员在月球的表面

"阿波罗11号"宇航员在月球留下的脚印

就发现了23个人类的赤脚脚印，而且还用照相机将它们拍摄了下来。在过去的50多年里，美国当局出于避免人类产生恐慌的目的就对此一直持保密姿态。直到近期，在一群飞碟研究人员的强烈要求下，才迫于舆论压力而公开了这一惊天秘密。美国物理学家康姆庞认为在月球上发现人类的赤脚印是令人吃惊的，说明有人在美国之前已登上月球，而且不穿宇航服。

据登上月球的宇航员称：这些脚印无可置疑是属于人类的，而且留下的时间不久。这是真的吗？如果是真的，究竟该如何解释呢？因为常识告诉我们，地球人是不可能赤着脚登上月球的，也不可能不靠运载工具而自行飞到月球，而美国"阿波罗11号"首次登月宇航员始终穿着宇航服和登月靴，那么留下这些赤脚的脚印只能是地球以外的"外星人"了。

美新登月计划：一睹月球背面的风采

月球上面有美丽的嫦娥，所以人们很想一睹月球的芳容，但是很遗憾，人们看到的只是月球正面，而一直看不到月球的背面，月球的背面究竟有什么？我们不能再道听途说，要开展实地考察了。就在最近，美国航天局公布了一项非常具有挑战性的新登月计划，在未来的10年内，美国将运送宇航员登上月球背面，去一睹月球背面的风采。

首度面世的月球背面

　　美国新的登月计划怎么实施呢？首先，美国航天局将建造一个有史以来最大的火箭帮助人类抵达月球的背面。其次，负责运载母船以及登月车的这枚巨型火箭会和另外一枚运载宇航员的小型火箭在地球的轨道区域对接。再次，在对接成功以后，宇航员会乘坐母船直接奔向月球背面。

　　关于这个新登月计划的内容，其第一批4名宇航员将登上月球背面，收集月球上的岩石标本，开展科学调研，宇航员在月球登陆后收集到的岩石标本与开展的科学研究会对人们了解月球的诞生与发展提供帮助，证明在月球上搭建人类家园的条件是否充足。除了岩石，宇航员最主要的任务是考察月球背面是否真的具有水或是冰，因为水相对于未来月球基地的搭建起着至关重要的作用。当然了，此次美国的新登月计划的规模要比"阿波罗计划"大很多，全部计划实施起来的话，要至少耗资大概560亿美元。

除了月球背面之外，美国宇航局还将把宇航员运载到月球表面的山地以及南、北极地区。这样的话，美国将完成一个可以把宇航员运到月球表面任何区域的系统。

月球背面是如此一块神秘的地带，以至于美国要花费如此巨资去实地勘察。这个新的登陆月球计划也有一定的风险，神秘的月球背面还布满了巨大的陨石坑，在50年前的"阿波罗登月计划"中，因为受到科技条件的限制，所以根本不可能在月球背面登陆。更危险的是，航天器在月球背面着陆时，将失去和地球的无线电通讯联系。不过，美国宇航局将克服上述困难，让登陆月球背面成为现实，所以我们在接下来的时间内拭目以待吧。

第六节　拜访"当地人"

1969年7月21日，在一场关于人类第一次登上月球的全世界电视的直播中。正当飞船内将要登陆的美国宇航员阿姆斯特朗正在侃侃而谈，突然他大声惊叫说了一句："难以置信！月球上还有其他宇宙飞船，他们正注视着我们。"

阿姆斯特朗大声惊叫这句话全世界收视观众都听到了，但一说完，电信信号被掐断，至今，美国宇航局仍未对此事做出任何解释。

"我在月球上接触过外星人。"——埃德加·米切尔（登上过月球的"阿波罗14号"宇航员）

"月球是外星人的基地，这是毋庸置疑的事。"——阿姆斯特朗（第一个登上月球的地球人）

"月球是外星人的宇宙飞船，它被有意的置放在地球上空。"——柴巴可夫（前苏联权威天文学家）

"月亮在天空中出现是很晚以后的事情了，在人类的早期天空中没有月亮。"——阿纳克·萨格拉斯（古希腊著名数学家、天文学家）

从1969年7月19日，美国"阿波罗11号"太空船搭载着阿姆斯特朗和他的同伴登陆月球后，直到今天，人类的太空人登陆月球已有43年了，人类对月球的了解并没有随着时间的增加而增加，反而因为月球的谜团增多，让科学家愈来愈迷惑和不解，我们人类的科学家真的很想对着月亮大喊一声：月亮，你可不可以告诉我你的真相？

我们来数一数这几百年来月亮的那些谜团：

1671年，科学家卡西尼就观测到月球上出现一片云。

或许某些外星人的基地就藏在像利尼坑这样的月坑深处

　　1786年4月，现代天文学之父威廉赫塞尔观测到月球表面好像有火山喷发，不过现在的科学家更愿意相信月球早在过去的30亿年前已没有了火山活动，那么这些"火山"是什么呢？

　　1843年，绘制过几百张月球地图的德国天文学家约翰·史谷脱，观测到了月球表面原来大概有10千米宽的利尼坑正在慢慢地变小，现在，利尼坑仅仅是一个小点，四周全都是白色沉积物，难道月球的内部也存在板块运动？

　　1882年4月24日，科学家观测到了月球表面"亚里士多德区"出现了不明飞行物。

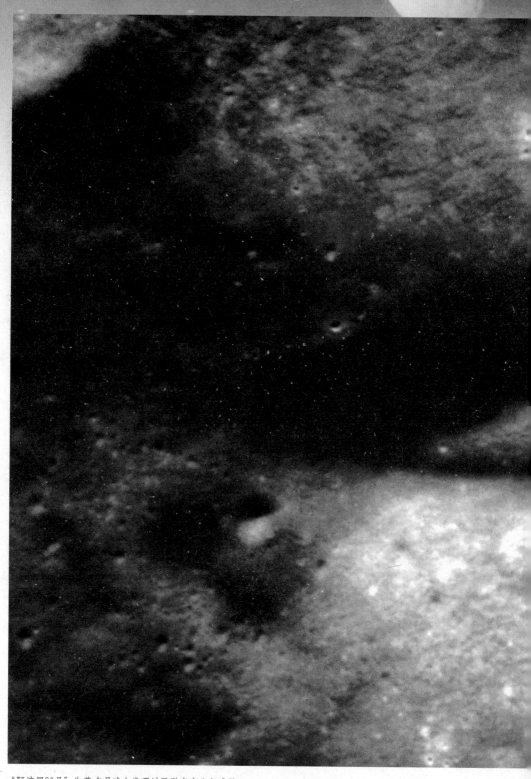

"阿波罗20号"也曾在月球上发现过巨型宇宙飞船残骸

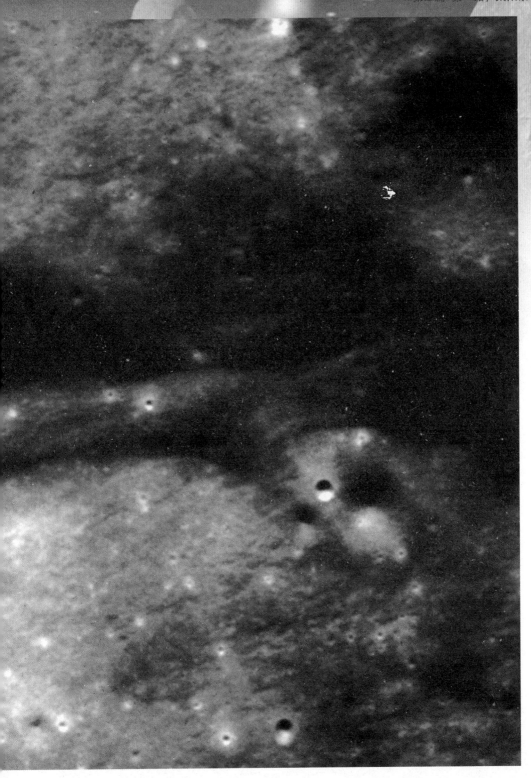

1945年10月19日，月球的"达尔文墙"出现三个明亮光点。

1954年7月6日晚，美国明尼苏达州天文台台长和他的助手，观测到"皮克洛米尼坑"里面出现一道黑线，过不久就消失了。

1955年9月8日，"泰洛斯坑"边缘发生过两次闪光。

1956年9月29日，日本明治大学的丰田博士观测到月球表面有好几个黑色物体，好像是在排列DYAX和JWA字形。

1966年2月4日，苏俄无人探测船"月神9号"成功登陆"雨海"后，拍到了两排塔状结构物，大约有15层楼高，并且成几何形式排列。科学家认为这些塔状结构物能形成很强的日光反射，很像跑道旁的记号。1966年11月20日，美国"轨道2号"探测船在距"宁静海"46千米的高空中，拍摄到了好几个金字塔状的形结构物，科学家估计高度在15至25米高，也是呈几何形式排列，而且颜色比周围岩石和土壤要淡，显然是人工建造的。

1967年9月11日，有天文学家组建的蒙特娄小组观测到了"宁静海"附近出现的"四周呈紫色的黑云"。

1968年11月24日，"阿波罗8号"航天飞船在调查月球预备登陆的地点时，遇到一个巨大的，面积约10平方英里的大幽浮。这个幽浮是什么？至今没人知晓。

1969年7月19日，"阿波罗11号"太空船载着三位宇航员奔向月球，他们成为了首批登上月球的人类，不过，在向月球奔袭的途中，宇航员看到前方出现过不寻常的物体，一开始他们还以为是"农神4号"火箭推进器，于是就呼叫太空中心进行确认，哪知道太空中心却跟他们说，"农神4号"推进器离他们还有6000英里远呢。宇航员们用双筒望远镜观察，那个物体的形状像"L"，阿姆斯特朗说："像个打开的手提箱。"宇航员又用六分仪去看，这个物体又呈圆筒状。另一位宇航员艾德林说："我们也看到数个小物体掠过，当时有点震动，然后，又看到这些较亮的物体掠过。"

7月21日，当艾德林进入登月小艇做最后一次的系统检查时，突然发现了两个幽浮，其中较大的非常亮，速度也很快，自前方平行飞过后就消失不见了，几秒后再次出现，当时两个物体的中间部分射出了光束互相连接，然后突然分开，用超快的速度上升并消失。

在宇航员准备正式登陆月球地面时，控制台却突然呼叫："那里是什么？任务控制台呼叫'阿波罗11号'。"

而"阿波罗11号"却是这样回答的："这些宝贝好巨大，先生……很多……噢，天呀！你无法相信，我告诉你，那里有其他的太空船在那里……在远处的环形坑边缘，排列着……他们在月球上注视着我们……"

苏俄科学家阿查查博士说："根据我们截获的电讯显示，在太空船登陆时，与幽浮接触之事马上被报告出来。"

1969年11月20日，"阿波罗12号"宇航员康拉德和比安登陆月球，也发现了幽浮。

1971年8月"阿波罗15号"、1972年4月"阿波罗16号"、1972年12月"阿波罗17号"……的宇航员都宣称自己登陆月球时见过幽浮。

这些幽浮究竟是什么？是不明飞行物吗？还是月球"当地人"呢？

第九位登月的太空人约翰·杨格说："如果你不信，就好像不相信一件确定的事。"

1979年，美国太空总署前任通讯部主任莫里士·查特连表示"与幽浮相遇"在总署里是一件很平常的事，并说："所有太空船都曾在一定距离或极近距离内被幽浮跟踪过，这种事情每次发生，宇航员便和任务中心通话。"

几年之后，阿姆斯特朗向公众透露了一部分内容："它真是不可思议……我们都被警示过，在月球上曾有城市或太空站，是不容置疑的……我只能说，他们的太空船比我们的还优异，它们真的很大……"

数不清的月球神秘现象，例如神秘闪光、白云、黑云、结构物、幽浮等，全都是天文学家与科学家们共同见证过的事实，这些神秘现象一直以来都没有被赋予一个合理、较官方的解释。

但是，不可能否认的一点是，这些奇异的现象，统统都是从天文学家以及科学家又或是现场宇航员告诉给大家的。这就至少意味着：月球上确实有人类未知的神秘。

第七节　警告！我们可能上了贼船

我们尚未知道月球的起源，这也成为了月球最大的谜团。早在1970年，俄国科学家柴巴可夫以及米凯威新提出了一个让人震惊的"太空船月球"的观点，他们指出月球其实就是一个大的圆的太空飞船，这个太空飞船肯定不会长期地做地球的卫星。这两位科学家认为要挖掘这艘太空船，因为里面是空的，且内部载有许多该文明的资料，月球是被有意置放在地球上空，因此所有的月球神秘发现，全是至今仍生活在月球内部的高等生物的杰作。

这个说法被其他国家的科学家嗤之以鼻，为什么呢？因为月球上至今还没有找到高等智慧的外星人，怎么会是一艘太空船呢？不过，嗤之以鼻之外，绝大部分科学家都赞同月球应该是"空心"的。

那么，月球究竟是不是一艘巨大的，内部空心的太空船呢？科学家们通过使用"月震仪"来进行检测，结果令人吃惊的是，"月震仪"发现月球震波只是从震中向月球表层四周扩散出去，而没有向月球内部扩散的波——这个证据显示月球内部确实是空心的，因为，如果月球是实心的，震波也应该朝内部扩散才对，怎么只在月表扩

作为空间站的航天器

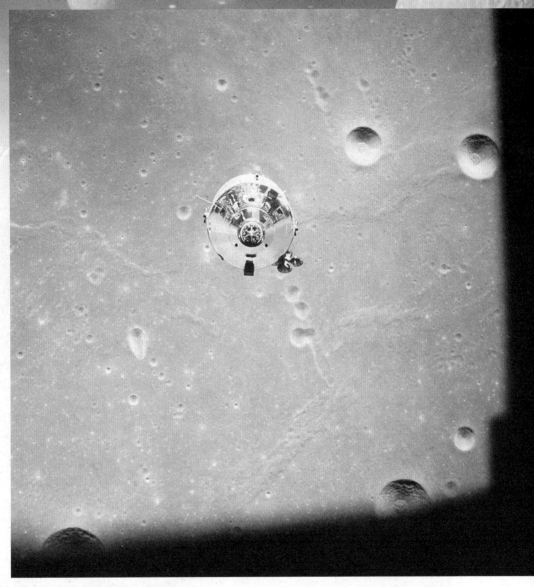

但愿我们的各种登陆，没有打搅到"邻居"

散呢？

　　让我们把月球中空的假设暂且放在一边，先看一下月球的实际状况，看过之后会得出什么结论。

　　我们先来探测和推算一下月球的密度，通过对"阿波罗"登月计划带回来的月球表面岩石密度的计算，发现月球的岩石密度远远大于地球岩石。月表岩石的密度为每立方厘米3.2～3.4克，而在地球上，岩石的密度却是每立方厘米2.7～2.8克，并且越

星际
旅行
指南

人类登月

120

往月球下方，它的密度也越高得惊人。首次登月的宇航员，为了把美国的国旗插进土里，曾着实费了一番大力气，两个宇航员轮番铲土，却也只能把旗杆插进几厘米深的土里。之后的几次登陆宇航员则是带着电钻去的，不过，最深也只能打进75厘米，假如在地球上的话，他们则可以毫不费力地打进360厘米，由此可见，月球密度真是大得惊人。

科学家们认为，月球的中心应该是一个由大密度物质组成的内核。月球的总质量肯定比现在计算的要大得多，引力会比我们想象的大许多。可是，为什么月球的引力只有地表引力的1/6呢？为什么月球的引力看上去跟它的密度、质量毫无关系一般。这只有一个解释，那就是月球其实是一个巨大的空心球体。

1969年，"阿波罗"登月飞船搭载的阿姆斯特朗和他的同伴奥尔德林在首次登月中，在月表安放了月震侦察测量器，在这之后的几次登月中都安放了这种仪器。为什么他们俩要安放这样的仪器呢？他们是想把测量到的月球数据传回地球，这样人类就可以直接掌握月球的震动情况。不过，不可思议的事情发生了。

当"阿波罗13号"宇宙飞船在进入月球轨道，准备用飞船的第三级火箭撞击月球来制造一次人为的月震的时候，令人感到惊奇的事情发生了，这次人为制造的月震竟然持续了3个多小时，直到3小时20分钟后月震才渐渐消失。

为什么这次人为制造的月震能持续长达3个多小时呢？科学家们开始不相信这个推断，又用"阿波罗14号"上升段的火箭去撞击月球，不过，结果还是一样，又引发了一次长达3个多小时的月震现象。

我们来看一个小实验，我们拿锤子以相同的力量去敲击两个悬空的金属球，一个实心球，一个空心球。实心球能够发出"嗡"的一声响，震动在短时间内就会停止，而空心球不会这样，它"当"的一响后，震波沿着壳体会反复震荡，持续较长的时间。科学家用"阿波罗"登月火箭的残体去撞击月球跟这个实验非常类似。通过这几次人为制造的月震表明，月球内部的结构肯定跟实验的空心球一样，不然不会发生长时间的震动。

当然，面对这样的事实，一些保守的科学家则认为月球内部存在着一些空洞，但还是不能证明月球是空心的。

我们再来看不是人为制造的月震，看月球上面发生的陨石撞击，其产生的震动是不是一样持续很久呢？这样的机会不多，但是不代表

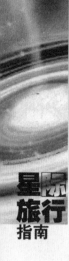

星际旅行指南

探月人员正在布置月震仪

没有。

1972年5月13日，一颗来自银河系质量较大的陨石撞击了月球表面，其能量相当于200吨TNT炸药爆炸之后所产生的能量。参加"阿波罗"计划的科学家将这颗陨石称为"巨象"。

"巨象"造成的强大月震的确传到了月球的内部，假如月球是个实心的球体，那么，这种震动将会反复数次。不过，现实再一次让科学家们失望了，"巨象"所造成的震动传入月球内部后，就像泥牛入海，毫无回应。能发生这种状况，只有一种解释就是，震动的纵波，在传入月球内部后，被巨大的空间给"吃"掉了。

看到这里，我们不需要再进行更多的证明了，很显然，月球非常有可能是个内部空洞的空心球体。但是自然形成的卫星，不应该存在内部空洞，这是违反宇宙星球行成理论的，因为自然形成的星球绝不会是个空心球，而且科学家们也坚信这个理论。

我们假设月球就是一个空心球体，那么在月球35～40千米的月壳下面，存在一个中空的空洞。那这么一个巨大的空洞里面究竟有什么？他们是月球当地人吗？他们跟我们人类一样具有高等智慧吗？他们为什么待在里面？他们会不会突然袭击地球，杀害人类呢？……

如果月球真是内部中空的一个星球，那我们只能相信月球是一艘巨大的宇宙飞船——因为除此之外，没有任何的解释。

第八节　是"旅游胜地"还是地球"寄生虫"

人类都很仰慕月球，特别是我们中国人，在古代就有很多赞美月球的诗歌和词，比如李白的"举头望明月，低头思故乡"等。

可是月球真的像我们诗歌中描写的那般美丽和美好吗？让我们先看俄罗斯科学家的研究吧。近期，几位俄罗斯科学家认为，月球是地球许多自然灾害的根源所在，建议俄政府实行一项令人不可思议的建议——用原子弹摧毁月球。摧毁月球只需要在俄罗斯的"联盟"型火箭上装上6000万吨级的核弹头。

这几位俄罗斯的科学家认为月球强大的引力导致地球自然灾害不断，是地球的一只无比恶心的寄生虫。

很多读者看到这里，也会觉得很愤怒，要怀疑提出这一建议的那些科学家到底是个什么玩意，难道是"砖家"？不过，那几位疯狂的科学家则不认为自己的提议很疯狂，他们坚信只有炸毁月球，地球的自然灾害才能

遥望月球，看似很远很圣洁，但其实它与人类的关系正发生着微妙的变化

大幅度减少。而且，他们认为自己有着充分的根据，是他们多年研究后得出的结论。

这几个俄罗斯的科学家坚定地认为，摧毁月球，将使整个地球成为人类生存的天堂，俄罗斯寒冷的冬季会因此一去不复返，到处鸟语花香。这几个科学家中领头的克鲁因斯基表示，大部分人在听到毁灭月球的想法后都会大吃一惊，这自然是能够理解的，毕竟数千年来，月亮在人们的心中已经占据了一定的地位。不过，但凡有点天体物理学常识的人都明白，月亮其实就是地球的累赘，它好比是一个链球，紧紧地拖着地球，将地球的自转速度变慢，让海潮起伏不定。因此，说月球是地球的一只体格庞大的寄生虫也实不为过。

自然灾害，都是月球惹的祸？

好吧，不管这几个俄罗斯科学家说的靠不靠谱，让我们先听听他们说的，炸毁月球后，对地球有什么好处吧。克鲁因斯基对于炸毁月球的好处时说："消灭月球，人类就消灭了饥饿，消灭了地球上许多灾难与痛苦。月球强大的引力将地球拉歪了，使得地球在自转的同时，用一种蠢笨的倾斜的姿势围着太阳运转，也源于此，让地球上的气候发生着变化。在俄罗斯，每年的冬天，都是非常寒冷的，在这里，几乎所有作物全停止了播种与生长。与此同时，旱灾则会在非洲大陆肆虐。如果把月球摧毁，地

如果真的有这么一天，地球将受何波及？又或者月球真的是地球的一根"盲肠"

球也就不会倾斜了。假如地球的倾角变成0度，这就代表着季节变化将会从地球上消失，整个地球就会拥有宜人的气候，一些地区就会存在永远的春天。到了那个时候，目前的沙漠将会变成绿洲，农作物就可以茁壮成长。全球的孩子们也就不会再忍饥挨饿，他们的脸上会重现灿烂的笑容。"

摧毁月球的难度不大

说的确实挺美好的，好吧，假如全人类都允许你们几个科学家去炸毁月球，你们说说怎么炸吧。在人类现有的条件下，是否有可能使月球从宇宙蒸发呢？

克鲁因斯基认为，摧毁月球在技术上不是难题，现在的问题不是人类有没有能力摧毁月球，而是俄罗斯与其他国家会不会同意如此做。他表示，毁灭月球的行动并不复杂，只需要通过核武器，就可以将地球从月球的"阴霾"下解脱出来。

克鲁因斯基透露，毁灭月球对于现阶段的地球人来说，简直是"小事"一桩。我们只需要在俄罗斯的"联盟"型火箭上装载上6000万吨级的核弹头，然后把它们射向月球就可以了。

月球对地球影响最明显的当然要属潮涨潮落

俄罗斯最大的核武器5700万吨的沙皇炸弹爆炸效果

他还说："我们（俄罗斯）现在拥有成百上千枚核武器，这些可怕的武器不仅没有多少实际用处，关于裁减核武器的谈判还耗时费力。用它们来摧毁月球，也算是为人类造了福。"

据悉，这5名科学家已经将他们的这一建议郑重地提交给了俄罗斯官方。克里姆林宫一位不愿透露姓名的内幕人士针对这一提议就爆料过："这一建议不仅让政府高层觉得新鲜，也给他们留下了深刻印象。"

俄罗斯人做事的疯狂也给全世界人深刻印象。政府向这些科学家许诺，将对这一建议的可行性进行认真研究。

"伽利略"号拍摄到的"月球"正在窥视着地球

超级月亮

第六章 金星——去"阿姨"家串门

金星是太阳系中八大行星之一，按离太阳由近及远的次序是第二颗。它是距离地球最近的行星。中国古代称之为长庚、启明、太白或太白金星。公转周期是224.71地球日。夜空中亮度仅次于月球，排第二，金星要在日出稍前或者日落稍后才能达到亮度最大。它有时黎明前出现在东方天空，被称为"启明"；有时黄昏后出现在西方天空，被称为"长庚"。

"水手10号"探测器1974年拍摄的金星全貌

第一节　地球比金星幸运

中国有句古话是说，一将功成万骨枯。同样的道理，我们生存的这个地球也是在几十亿年的生命进程中，靠着无数存在过的生命的尸体构成了我们立足的基石。如果现在还是原始地球，我们人类肯定无法生存。

地球的生命是以碳作为最基本的分子结构的，而这当中，碳酸钙就是生命的尸体，否则它们会成为二氧化碳。这其中的原因是，在自然界中二氧化碳是不可能被无机物所吸收的。如果地球不存在生命的话，那么地球会成为一颗满是二氧化碳的星球；换种说法，地球上过去存在的二氧化碳含量是今天的20万倍，温度也比现在高100多℃。

我们地球所在的太阳系里，就目前而言，最有可能拥有生命的就应该是金星了。因为它的大小和地球几乎完全一样，引力和地球一样。星球存在生命的需要条件之一是水，这个在金星上面也是具备的。可以说金星就是一个备用的地球。但是为什么太阳系的生命会存在地球，而没有降临金星呢？是因为我们地球确实比金星要幸运。太阳系的星球能够产生生命，要取决于太阳的状态。假如我们的太阳比现在要小一些，那么很有可能幸运的就是金星，而不是我们地球。太阳的状态，指的是它的引力和温度。目前太阳的温度对金星来说，确实是过热了，但是对地球就非常合适。但是，只要太阳的温度稍微发生一点点变化，不需要多，只要20℃左右，就会更适宜金星的而不适宜地球了。怎样才会产生温度变化呢？一般来说，只要太阳的质量大小发生变化，比如说，太阳比目前小1/10，那么现在的太阳系，诞生生命的星球可能就是金星而不是地球了。

地球和金星起初的温度差别也不大，因为早期地球的表面温度也不低，但是在地球上，那些在厚厚的大气中游荡的水分子最终还是幸运地掉了下来，落到了地表上面。尽管40亿年前的地球上雨水几乎像热水浴一样，但毕竟是能够落下来了。在很早的时候，地球上的二氧化碳非常浓，氧气却很稀少，地球上的大气压也远远高于今天，所以水只有达到150℃以上才会沸腾。

地球不断开始衍生生命的过程就是不断消灭掉地球上存在的二氧化碳的过程，因为有了太阳，而阳光就是使地球能够消化二氧化碳的发酵剂。通过光合作用，二氧化碳被分解成为早期生命需要的碳和不需要的氧，而氧气随着时间慢慢向前推移也渐渐增多。不过正是这一简单的分离，造成了40亿年之后，宇宙中的智慧生命诞生了。

地球早期的生命不断地消灭掉二氧化碳，不断地产生氧气，这些丰富的资源使地球的早期生命繁衍得很快。在现在的我们来看，整个地球的地貌都普遍存在着喀斯特地形，即在地球早期，二氧化碳几乎为今天的地球铺上了地板，我们现在就是站在早期二氧化碳形成的地板上仰望星空和宇宙。

地球化之后的金星

　　为什么地球就比金星幸运呢？也许就是地球下了第一场雨，而金星没有下，这场至关重要的雨可能落到离金星地面还有几十米的时候就蒸发了。就差这么一点点，金星的生命连挣扎的机会也没有了。因为水才是万物之源，再坚强的生命想要生存下去，必要的条件是：水。

第二节　能目测到的金星"烟花"

　　在一个晴朗的天气里，在天空中，除了太阳和月亮外，我们所能看见的最亮天体就是金星了。让我们来做一个假设，假设在一个没有月亮和灯光的夜晚，只需要金星的光芒，人们就可以在地上看到自己的影子。金星相较于其他行星对于地球来说亮度是惊人的，在天文学上，科学家们通常用星等来表示星体的亮度，星等的数值越小，

难得一见的金星半月奇观，从中我们可以看出来就算是在地球夜空最大的天体旁边，金星的亮度也毫不逊色

星体的亮度就越高。在黑夜中，人肉眼能看到的最暗的星是6等星。6等星的亮度大概是1等星的一百分之一，此外还存在着0等星，比0等星更亮的星就用负数来表示了。例如，太阳的绝对星等是4.83，视星等是-26.7，满月视星等为-15，金星最亮的时候甚至可以达到-4.4等。

金星为什么看起来这么明亮呢？这主要有两个原因，一是因为它离太阳比较近，平均距离仅为1.1亿千米（地球离太阳的平均距离为1.5亿千米），接受到的阳光比地球多1倍。第二个原因是金星的大气中包裹着很厚的浅色云层，这些白云可以很好地反射阳光，反射率高达76%。而地球的云层反射率才39%，月球更低，只有7%，只不过，由于月球离地球很近，所以晚上看上去要比金星亮的缘故。

金星上面存在着明亮的斑点和暗色的斑点。2009年7月，美国天文学爱好者弗兰克·梅利罗观测到了浮现在金星表面的明亮斑点。就在同一天，一位澳大利亚的天文学爱好者发现木星表面存在一个暗色的斑点，他推测那个暗斑很可能是由于陨星碰撞造成的。

金星的这些或明、或暗的斑点早已引起了天文学家的注意。天文学家也在积极地

金星云层反射实况

寻求答案，来解释为什么金星会存在着这些不可思议的斑点。近期欧洲宇航局发射的航天器"金星快车号"探测器就拍摄到了一个明亮的斑点，这一事实证实了那些天文爱好者们的观测结果是对的。

有部分科学家认为，金星上的火山喷发也是导致光斑出现的原因。我们大家都知道，金星曾被天文学家们称为太阳系内地表火山最多的行星。

这部分的科学家的证据是在金星表面覆盖的玄武岩火山熔岩流达到90%以上，虽然金星目前在仍旧活跃的火山中还没有喷发山灰尘的"烟枪"，不过，这样的火山一旦释放的话，那么，它的强大力量足以穿过金星大气层中的密集层，并在金星表面64～70千米的高空处形成一个明亮的斑点。

如果这个说法是正确的，那么金星明亮斑点的主要成因就是火山的爆发。当然，要对这个说法进行调查取证将是非常困难的。虽然欧洲宇航局的"金星快车号"探测器上的两个分光仪能够揭示大气层中分布微粒的大小变化，以及大气层中分子的浓度变化，比如可以暗示火山喷发活跃性的二氧化硫的浓度，但是这些二氧化硫很可能是由于阳光分解了金星云层中的硫酸所致。即使"金星快车号"探测器在大气层中发现了高于平均指数的二氧化硫，这项观测还能够利用非火山活跃性来诠释，并不是百分之百的与金星光斑相关。因此，截至目前，金星的斑点之谜还需要更多的时间去金星证实。

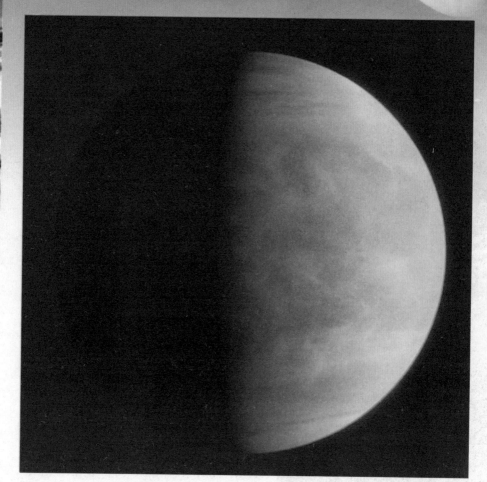

金星

"先锋号" 1979年拍摄的金星云

第三节　到金星看什么

对我们这艘驶往宇宙的飞船来说，金星是一个神秘的世界。金星有太多的秘密等待我们去发现。

那么，我们的星际旅行要飞去金星看什么呢？金星有很多有趣的事情，我们一起去看看吧。

不会燃烧的纸

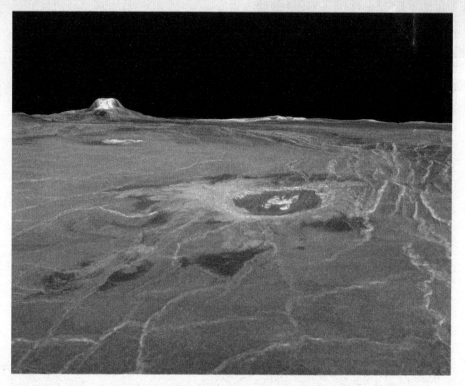

根据"麦哲伦"探测器发回的数据模拟而成的金星表面高3千米的Gula火山

金星上面没有氧气，绝大部分的气体是二氧化碳，二氧化碳是金星大气层的主要成分，占96%，而地球大气中的二氧化碳只占0.033%。

其实早期的地球跟金星一样，大气中也是弥漫着二氧化碳，但是如今地球大气中的二氧化碳几乎全部禁锢在碳酸盐岩石中。金星上的二氧化碳一直以气态形式存在。所以就算是把纸铺满整个金星，在缺氧的情况下它也不会燃烧。但是金星大气中会有水汽和硫酸，在这种环境下，纸会被脱水，然后变成炭黑。

金星上的"滚滚红尘"

整个金星水含量只相当于3厘米深的水洼

金星与地球如此的相同，却又如此的截然不同，对于地球的人类来说，金星无疑是地狱，而地球则算得上是天堂了。金星的地表环境非常残酷，它的表面平均温度比要比我们厨房里的烤箱还要高。谁愿意整日生活在一个烤箱内呢？偶尔去星际旅行一番还差不多。

欧洲宇航局"金星快车号"计划的相关负责人汉坎·斯维德赫姆表示，假如把金星的大气层里的水蒸气浓缩蒸发让它落到地面上的话，最多最多只能聚集成一个3厘米深的水洼。虽然金星和地球的基本成分相似度非常高，但是非常明显的差别就是水资源的含量。地球表面遍布海洋湖泊，而金星表面几乎没有水。

有没有可能金星在很久以前存在大量的水呢？

根据欧洲"金星快车号"探测器近日发回来的探测信息，果然，在数十亿年前金星像地球一样拥有大量的水资源。不过这些珍贵的水资源都分解进入到了太空。这是由于太阳的紫外线流照射金星大气层，将水分子分解成原子——一个氧原子和两个氢原子，然后这些原子逃逸进入太空。欧洲"金星快车号"探测器已经分析和测算出氢氧原子的逃逸比率，根据这个逃逸比例，发现氢原子的逃逸数量是氧原子的两倍。科学家认为这些金星向太空逃逸的原子来自水分子。与此同时，天文学家还在金星的大气层最上端发现了一种名为"氘"的比较重的氢原子，这是因为氘这种质量较重的氢原子难以逃离金星的重力束缚，而只能停留在金星大气层的顶端。

法国巴黎的埃里克·夏塞菲瑞现已研制一种计算机模型，根据这个模型的显示，

火星上的火山

金星在很早之前，大气层中存在着非常多的水分子，不过水分子难以在高温的条件下存在，所以，它们就会很快地被阳光照射分离——也就是说金星表面没有海洋。所以，来金星旅行之前，注意一定要带足饮用水。

太阳系最大火山可能在金星

在很多年之前，科学家们曾认为金星是一颗死寂的行星，地球是太阳系唯一一颗具有活跃火山的岩石结构行星。不过，根据欧洲航天局"金星快车号"探测器发现的证据表明，地球并不是太阳系之内唯一一个地质活动非常丰富的星球，在金星，同样有潜在的活火山。在20世纪90年代，美国宇航局"麦哲伦"探测器的雷达发回的观测地图显示，金星可能拥有太阳系内最大的火山结构地形。而且，太阳系最大的火山就存在金星上。金星的火山相对"年轻"，现在仍可能发生火山喷发现象。金星的这些

对于金星上曾经存在过的水资源，我们也可以将其理解成：由于离太阳过近，所以金星被烤干了

金星，我们来了

星际旅行
指南

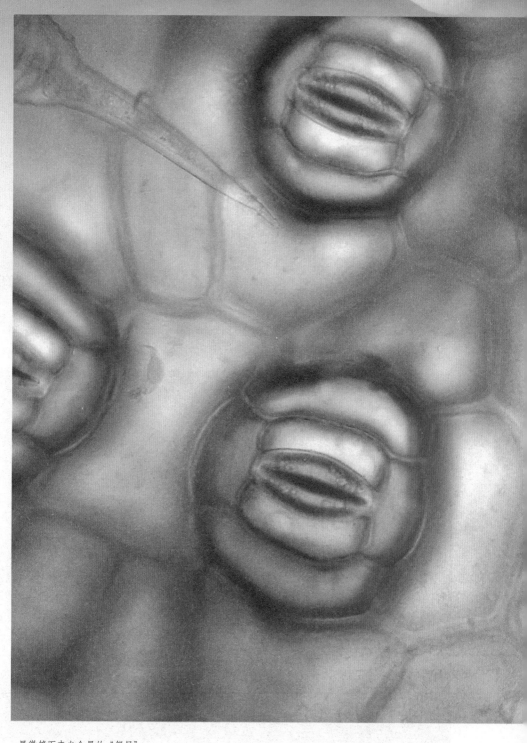

显微镜下来自金星的"邻居"

142

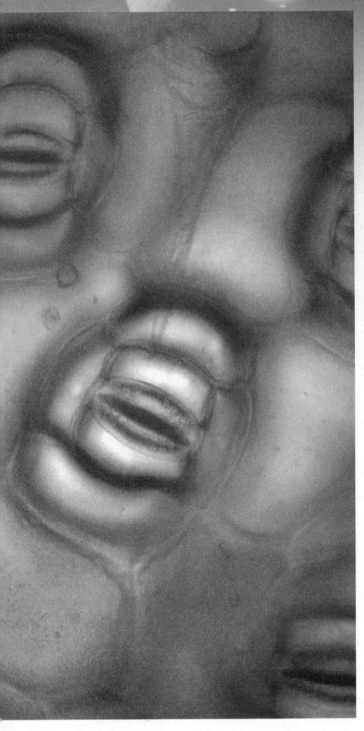

年轻火山的年龄不足250万年，而且大多数熔岩流存在的时间可能还不到25万年。从地质学角度来说，就像是刚刚诞生一样。

金星上的火山可以为我们提供些什么线索呢？科学家认为金星活跃的火山状况可以为它的神秘地质历史提供线索。金星并不像地球有板块构造，这意味着金星的地表面并不是在地幔等缓慢移动的过程中演化而来的刚性板块。当金星从太阳吸收的能量高于它能够反射回去的能量后，金星上失去控制的温室气体效应就产生了，并且这一现象也使得我们能更容易理解一般情况下的气候变化，更确切地说将有助于我们理解火山中发出的气体可能如何影响到行星的大气层。

金星上有生命吗？

地表温度非常高的金星，同样大气压力也很大。大气中有着丰富的具有腐蚀性的酸性蒸汽，并不适宜生命的存在——所以对于金星是否存在生命科学界一直给了否定的共识。但是，美国德克萨斯州大学的一个研究小组却提出了反对意见。他

星际旅行指南

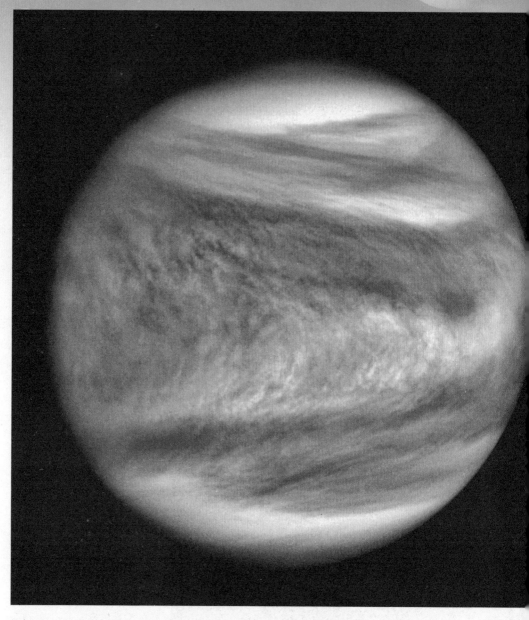

风卷云起，预示着普通生命会在这里接受超难度挑战

们进行了一系列实验，结果令人非常吃惊——金星有可能存在有智慧的生命。这个小组通过研究发现，在金星的大气里有着旋转着的神秘斑块，这些斑块极有可能由微生物群构成。这些微生物云有可能是在金星大气的50千米上空中生存，因为这里有水滴存在，还有适宜生物生存的相对温和的温度——大概在70℃，大气也较类似于地球。这个研究小组最初的目的是在研究的标本里找到由太阳光和闪电产生的一氧化碳，结

果却发现了硫化氢和二氧化硫，一般来说，这两种气体不会一起存在，除非有某种东西生产了它们。正是因为这个原因，研究小组认为，金星上很可能有一种我们还不知道的产生氢和硫化碳酰的物体，但是这两者的产生都依赖催化剂。进而他们对这种情况进行了合理推断，在地球上，最有效的催化剂就是微生物，所以，研究小组认为，这些微生物很有可能利用太阳的紫外光作为自己的能量来源，分解着上述两种气体——同时，这也就解释了为什么金星的紫外图像上会有神秘的暗斑了。

金星大气"超旋"之谜

在金星的云层中存在着比地球上的台风强劲得多的大风，在这种大风面前，台风就只能算是小巫见大巫了。金星常年由东向西刮着80m~110m/s的大风，而金星赤道自转的速度为1.81m/s，仅仅是大风速度的1/60。这种疾风现象被科学家们起了一个专有名词，"超旋"。金星的"超旋"现象在40多年前就被人类发现，只是，至今仍是未解之谜。

逛逛金星的城市

地表温度高达500℃的金星，二氧化碳在大气中的含量也在90%以上。在金星，时常会降落具有强腐蚀性的酸雨，还经常会有比地球上飓风还要猛烈的超大型热风暴，所以，金星的自然环境真的是非常严酷。它的周围有着浓厚的云层，这使得人类从1960年~1981年20年间从地球上发射了20个左右探测器，但仍未认清它的真正面貌。

20世纪80年代时，美国发射的探测器发回了令人震惊的照片——金星上有大量的城市废墟。如照片上所显示的，金星上共有城墟两万余座。更令人惊奇的是，这些废墟建筑呈现出金字塔状，与埃及的金字塔极为相似。照片上所显示出的每座金星城市，其实都是一座巨型的金字塔，没有门窗，也许只在地下设立出入口。这两万座类似金字塔似的建筑，在金星表面组成了一个巨型的马车轮的形状，圆心是大金字塔，辐射出的大道连着周围的小金字塔。为什么金星人会建造如此形状的城市呢？科学家们推断，这些金字塔式的城市也许可以避免昼夜巨大的温差即高温的白天和严寒的夜晚，还有金星上的狂风以及暴雨。

不只是美国，在1989年1月，苏联也对金星发射了一枚探测器。这枚探测器带有可以穿透浓密的大气层的雷达扫描设备，发回的照片上同样也显示着金星有两万座城墟这一重大秘密。这个秘密在一次科学研讨会上首次被披露了出来，举世哗然。

不过很多人在怀疑，认为还不能断定这就是城墟，认为可能是探测器出了问题，也可能是大气层干扰造成的海市蜃楼的幻象。不过随着证据的增多和研究结果表明，这些确实是城市的遗迹，并推测是智能生物留下来的。只不过这些智能生物早已不知去向了。

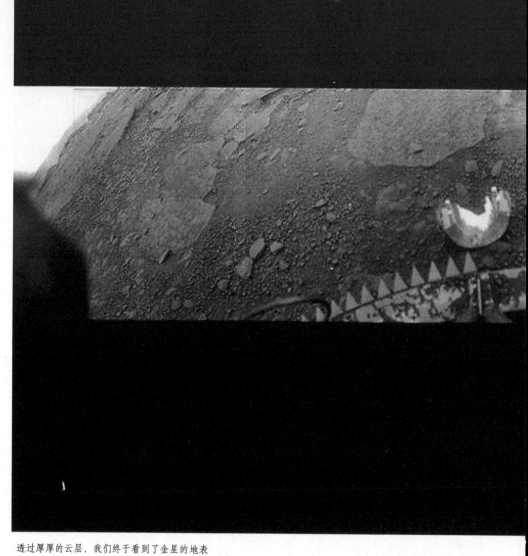

透过厚厚的云层，我们终于看到了金星的地表

人们非常希望知道在金星表面上的那些城市是谁建造的，这些城市也许会是一个非常伟大的文化遗迹，而那些类似马车轮的形状建成的城市的中间轮轴部分就是大都会。科学家认为那里有一个庞大的呈辐射状的公路网将其周围的一切城市连接起来。那些城市大多都倒下或即将倒塌，这说明历史已经很悠久了。现在金星上不存在任何生物，这说明那里的生物很有可能去了别的地方。

截止到今天，人们在月球、金星、火星上都找到了金字塔式的建筑，还有文明活动存在过的遗迹和一些似隐似现的踪影，甚至在原本被认为非常难有生命体存在的距离太阳最近的水星的表面也被发现存在着一些断壁残垣。

将所有的这些联系起来，或许我们可以认为，地球并不是太阳系文明的起点，而是其终点。不过，这是真的吗？我们还需要等待更多的答案。

在那些金字塔形状的城市中，究竟有什么不为人知的呢？这是一种太离奇以及难以相信的事实，所以接下来我们就要单独讲一讲金星的城市规划，走进街头巷尾去看一看。

第四节　去金星做城市规划

人类在20世纪60~80年代是宇宙探索的高潮期，不过进入21世纪以来，人类在宇宙探索上就再没有太多进展——因为比起冒进，积累更多的宇宙探索技术要重要得多。

我们就以进行金星星际旅行为例，宇宙飞船把宇航员和乘客送入金星之前，科学家们需要解决的问题是：保障人类生存所需的氧气、水、食物。如果可以通过浮

刚刚着陆，会不会有些无从"下手"的感觉

土——即金星表层被覆盖的那部分表皮开采到氧气的话，那么从什么地方能够得到水呢？这也正是所有大型宇航机构一直以来探寻的需要被解决的问题，有时某个机构宣称似乎在金星上找着水了，但却通常没有下文。

除了氧气和水之外，吃饭也是大问题。未来金星居民的饮食问题也很重要，人类将来能在金星上种菜、养宠物吗？给植物浇水、植物的生长等都成问题。养宠物就更加不用去想了。

如果我们到达了金星，肯定要进行星球殖民，建立金星的城市。建立金星城市存在着一个非常重要的问题，那就是如何供给能源。不管我们把人类迁移到哪个星体，都首先要保证该星体上有大量的、不间断的能源来满足人类消耗。到现在为止被人们所知的两个太空能量来源只有核能和太阳能。假设我们在金星上可以利用核能，那前提是需要把核能装置运离地球，只是在这个运离过程中，并没有人能够确保装满铀元素的运载火箭在地球发射升空的时候不会发生事故，而一旦发生这种事故，对地球来说将是巨大的灾难。

这样说起来，那使用太阳能或许会相对更简单一些，即人类只要收集太阳能，然后将这些能量发送到前往金星居民需要的地方即可。但是，目前的技术来讲，太阳能电池使用效率较低，同样也很不方便运输。科学家们虽然发现了月球表面的浮土混合物中存在大量的氦-3，但是到目前为止，还没有发明出把这种元素转变成能量的方法，它的使用就更遥遥无期了。

即使解决了能源问题，那人类迁居到金星还有一个基本技术方面的问题不容忽视——建造属于地球人类的住宅。在其他星球房屋设计这一块，科学家们无可避免地

星际旅行指南

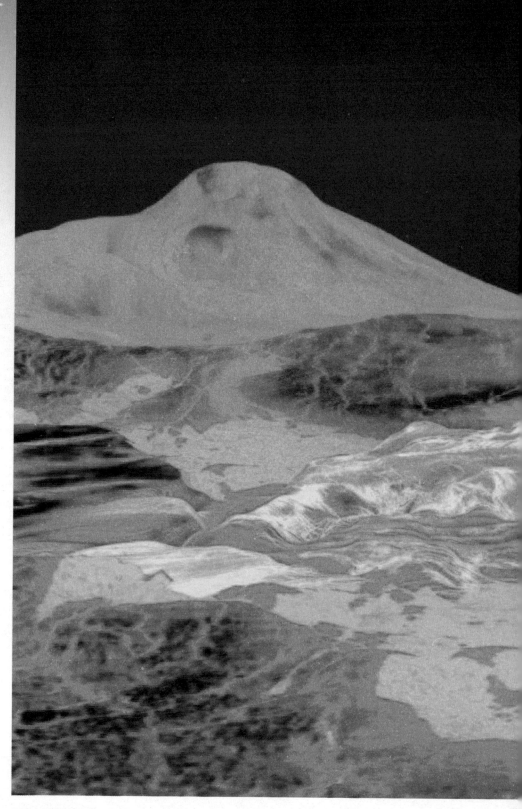

想在金星搞城市规划，方案里怎么可能会少了活火山防灾计划呢

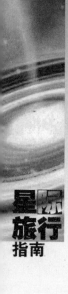

跟地球相比，金星上的一天会非常非常缓慢，按照人类的生活习惯，金星上的一天绝对是超级慢节奏

要面对一个巨大难题——太阳辐射。如大家所知，在地球磁场外的宇宙其他地区，太阳辐射的程度都很高，整个宇宙中对一切生物构成主要威胁的就是太阳辐射。我们在建造宇宙房屋时目前为止只有两个办法可以有效阻挡太阳的辐射——将房屋建造得更

高更大更厚实来抵挡辐射；或者将房屋建造到他星球的地下几米处。

需要说明的是，深入到星球内部几米处建造房屋这个不太靠谱，因为人类不习惯生活在"地下"，并且只有具有大量的建筑设备后，才有可能在别的星球挖地三尺，可是运送大量建筑设备在经济上相当不划算，因此研究者提出的最好方法是把房屋建成球形的充气式风动结构，可以部分地被埋入地下。

科学家们认为，未来的外星星球的殖民城市将是半球状物的集合，人类可以在这些半球状物下建造住房和工厂。科学家们目前选定的外星基地设计材料有纤维、尼龙等。这些有机布匹具有坚韧且体积小的特点，很方便从地球运出。但是，由于这些材料受到紫外线辐射和在真空状态下非常容易损坏，所以必须需要包裹上镀铝的外壳才可以运送。

另外，建造外星星球的城市，比如金星城市，在建造的最初大概会有70至100吨货物运送到金星。但是最早的10年，只有2到6个人，这些人的主要任务是负责安装、对接、检查设备，为了人类下一步的扩张来创造有利的条件。

就让我的子孙住这儿？

当我们在外星球，比如金星上面安全、舒适地居住了下来，那么接下来我们需要做什么呢？首当其冲的就是繁育我们的后代了。

不过在外星球繁衍后代可不是简单的事情，我们以火星为例，火星上的万有引力比地球上小大概三倍左右。在引力较小的环境下，动物将无法在失重状态下正常繁殖，在最开始的幼虫阶段它们的器官和神经系统就会出毛病。所以，怎么让我们的后代也住在这里是个技术活。

就目前而言，最适合我们移居的星球就是金星了。因为金星上的万有引力和地球差不多，就地球生物的观感来说并不会产生特别严重失重的感觉。想要在那里居住并且养育后代又不靠地球的供应，那么引力相当的环境是非常重要的。只有引力相当，动植物在那里才会和自然环境一同生长。

不过，在金星繁育后代也很麻烦，因为金星星球的表面温度太高了，其次是金星自转非常慢。在金星的一天，差不多相当于地球的一年。很有可能我们在金星上面出生的婴儿有可能连凉爽的晚上都活不到。

不过，这难不倒我们的科学家。科学家想出的在金星上面适合居住的办法是改变整个金星上的气候。这可是一项庞大的工程。科学家建议在金星上安装类似于"核能冬季"的装置。其原理就是有针对性地用小行星撞击金星，那么金星表层将会有尘埃浮现，表层温度将会降到需要的温度。

那么还有个问题，怎么提高金星的自转速度呢？科学家的办法是用那些可控的宇宙大石块瞄准金星的赤道切线扔过去，这样能够提高金星的自转速度。这样金星的自转速度就可以和地球的自转速度相当。

　　但是这个工程说来寥寥几个字，看似很简单，不过说真的，人类需要多长时间才能实现如此巨大的工程，科学家们也不敢保证，只能说我们一直在努力。在等待金星渐渐冷却和自转越来越慢的这段日子里，或许我们可以考虑去探索一下更多其他的星球，不是吗？

154

第七章
木星——会成为下一个太阳吗？

　　木星，为太阳系八大行星之一，距太阳（由近及远）顺序为第五，亦为太阳系体积最大、自转最快的行星。木星主要由氢和氦组成，中心温度估计高达30500℃。古代中国称之岁星，取其绕行太阳一周为12年，与地支相同之故。西方语言一般称之朱比特（拉丁语：Jupiter），源自罗马神话中的众神之王，相当于希腊神话中的宙斯。

木星的大，让我们很难找到一张可以看清楚其细节的全景照片，与太阳系内的多数星球放在一起，它在大多数时候都能起到"背景墙"的作用

第一节　小心没有落脚点

　　想在木星登陆，我们的行程或许并不怎么轻松，因为木星是个气体巨行星。气体

星际旅行
旅行
指南

色彩诡异的木星云层，让人心里没底，脚下更没底

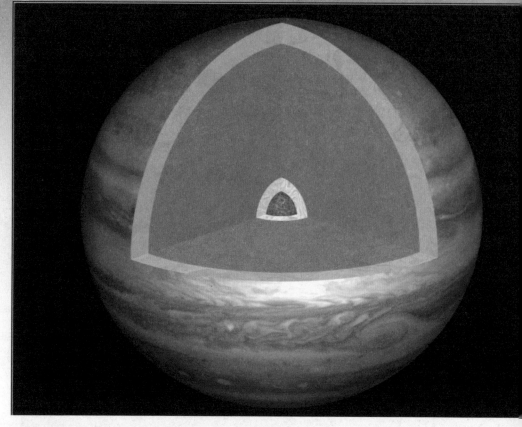

木星的内部结构示意图。由图中可以看出木星主要由液态金属构成

上是没有土壤的，那么，我们要在什么地方登陆呢？木星大气层足足有1000多千米的厚度，在大气层的下方，氢是呈液体状态存在的，再下降大概2.5万千米，氢变成了固体状态，这就是我们平常所说的金属氢。所以说，我们的宇宙飞船是无法在木星上着陆的。

木星（Jupiter）古时人们称它为岁星，是与太阳最近的第五颗行星，也是太阳系八大行星之一，而且是最大的一颗，它比全部其他行星的质量总和还要大2倍，是地球质量的318倍。

气态行星不存在实体的地表，它们的气体状态的物质密度只是因为深度的增加从而持续加大。我们平常看到的一般是大气中云层的最上方，这里的压强比1个大气压稍微高一些。

木星的成分为：90%的氢以及10%的氦，还包括了一些微量的甲烷、水、氨水和"石头"。这与形成整个太阳系的最初的太阳系星云的构成非常相似。土星有一个相似的成分，不过，在天王星与海王星的成分中，氢和氦的量还是会少一些。

目前我们能够得到的木星内部结构的相关资料的来源还是非常间接的，而且存在着时间上的停滞。（来自"伽利略号"的木星大气数据只探测到了云层下150千米处。）

木星或许存在着一个石质的内核，它的质量相当于10~15个地球。

内核上则是大多数的行星物质聚集区域，它们是呈液态氢的状态存在着的。这些在木星看来非常普遍的形式，或许只在40亿帕压强下才可以体现出来，木星内部正是呈现出了这种状态。液态金属氢包含离子化的质子与和太阳的内部差不多的，不过温度要低很多的电子。在木星内部的温度超强压力下，氢气是以液体状态存在，而不是气态，这就使它变成了木星磁场上的电子指挥者以及源头。在这一层也存在着一些氦和微量的冰。

最外层的主要成分是普通的氢气和氦气分子，它们内部是液体状态的，但是在较外部就被气体化了，我们能够看到的正是这深邃的一层的较高处。水、二氧化碳、甲烷和其他一些简单气体分子在此处也有一点儿。

云层的三个明显分层中被指出含有氨冰，铵水硫化物和冰水混合物。但是，来自"伽利略号"的资料显示的初步结果为云层中这些物质非常罕见。但这次证明的地表区域非常不同以往——源于地球的天文望远镜观测和更多的来自"伽利略号"观测飞船的发回的资料证明此次所选的位置非常有可能是那时候木星表面最温暖同时也是云层最少的区域。

来自"伽利略号"的大气层数据同样证实了那里的水比预计的要少上很多，原本我们预计木星大气所包含的氧是现阶段太阳的两倍，但是目前实际聚集的要比太阳少。

第二节　外表美丽，内里狂暴的木星云

木星和其他气态行星表面一样，都存在着高速飓风，木星上风速可以达到每小时400千米，而且还被困在了一个非常狭小的纬度范围之内，在邻近纬度的风向方向又与之相反。因为带有轻微的化学成分以及温度上下浮动所以就形成了颜色多样的地表带，同时这些地表带对整个行星的外貌又起到了支配作用。光亮的地带被称为区，暗的被称为带。这些木星上的带子在很早以前就为人所熟知了，但带子的边界地带的漩涡还是由"旅行者号"飞船第一次观测到的。从"伽利略号"飞船传回到地面的资料显示木星表面的风速要比科学家们之前预料的快很多，而且一延续到很深的区域，大概会向内延伸几千千米。木星的大气层同时被观测到非常的不稳定，这就说明源于它内部的热量就促使飓风在大部分的时间里都在做急速运动，而和地球不同，地球只从太阳那获得热量。

土星飓风代表——大红斑

　　木星表面云层的色彩是由大气中所含有的化学成分之间微妙的差别与相互作用造成的，在这其中还混进还有硫的混合物，所以就形成了五彩缤纷的视觉效果。

　　色彩的变化还跟云层的高度相关：云层的最低处为蓝色，再往上是棕色和白色，等到了云层的最高处又变成了红色。而我们只能通过高处云层中的漏洞才可以看到低处的云层。

木星表面的大红斑早在300年前就已经被人类观测到了，而这项发现还要归功于卡西尼。大红斑是一个长25000千米，跨度12000千米的椭圆，在它的内部完全可以容纳下两个地球。其他一些略小的斑点也已经早在几十年前就被观测到了。人们通过红外线的观测以及对木星自转趋势的一个推测获知了大红斑是一个高压区，在那里，云层顶端比它的周围区域要高很多，而且温度也非常低。与之相同的状况，在土星和海王星上存在着。不过，到目前为止，我们还没有把握来彻底弄清楚为什么这类结构能够持续300年甚至是更长的时间。

第三节　这里是"艳遇"的高发区

由于伽利略卫星形成的引潮力，木星运动同时使卫星的轨道产生了变化，将它们慢慢地抽离于木星。木卫一，木卫二，木卫三因为引潮力影响从而将公转共动关系固定在了1:2:4的状态，并且共同变化。在未来的数亿年里，木卫四也将被锁定，以木卫一的8倍速度来运行。木星的卫星是宙斯一生中所接触的人来命名——大多是他的情人。

木星共有63个情人——已知的卫星。不过我们主要介绍他的主要5个卫星：木卫一伊奥、木卫二欧罗巴、木卫三甘尼米德、木卫四卡利斯多以及木卫五阿马尔塞。

木星的"情人"之一——木卫一伊奥，是木星卫星中最著名的一颗，它离木星很近，深受木星的"宠爱"。伊奥距离木星的平均距离约42万千米。伊奥的体积不是很大，直径大约为3630千米。伊奥的密度和大小与月球相当，呈球体形状，它的整个地表光滑而干燥，具有开阔的平原、起伏的山脉和长数数千米、宽百余千米的大峡谷，还有许多火山盆地。伊奥的颜色特别的鲜红，比火星还要红，极有可能是太阳系中最红的天体，伊奥的上空被稀薄的二氧化硫大气所包围，并有非常频繁的火山活动。在伊奥的表面，探测器"旅行者1号"共发现有9座火山，火山的喷发高度高达为70～300千米，喷发速度达到平均每秒1000米，比地球火山爆发规模大多了。这些火山不停地喷出主要由二氧化硫组成的烟，这些烟降落在伊奥的表面，伊奥表面温度是零下150℃左右，而火山周围大约17℃。这些烟是木星磁层中许多粒子的主要来源，也就是木星磁层内部辐射带最为强劲的区域。伊奥是目前为止在太阳系内所观测到的火山运动最为频繁与剧烈的天体，也同样是航天探测器在地外观测到的第一颗具有火山运动的星体，伊奥的火山活动剧烈是因为伊奥后方的木卫二欧罗巴与前方的木星对伊奥的引力产生的潮汐作用很强，前拉后扯使伊奥内部的物质不断地翻搅，就像一个要被扯破的汤圆一样。

木星的"情人"之二——木卫二欧罗巴，皮肤非常的光滑，被大量的冰覆盖着，像极了一个冰与奶油巧克力混合而成的大球体。欧罗巴是太阳系储水量最大的天体。

161

木星家族略影

欧罗巴是一颗体积比月球略小，密度和月球差不多的天体，欧罗巴的直径为3138千米，如果我们从望远镜中去看欧罗巴，会发现它是一颗显得非常明亮的天体。欧罗巴的冰面上布满了许多纵横交错、密如蛛网的明暗条纹，科学家认为这些条纹很可能是

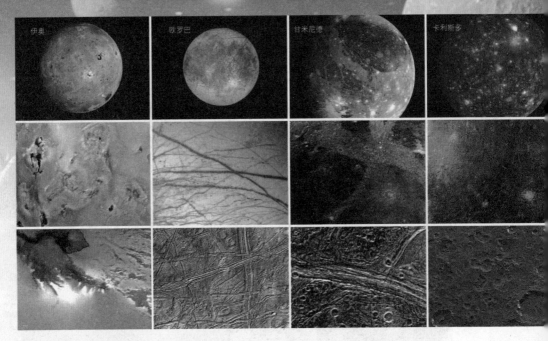

伊奥　　　　欧罗巴　　　　甘米尼德　　　　卡利斯多

"伽利略号"发回的四颗卫星的外观以及地表情况

冰层的裂缝。在欧罗巴的表面覆盖一层50千米厚的冰层，冰层下有一层厚度97千米的海洋，也许这就是欧罗巴的表面如此光滑，反照率又这么高的原因。

　　木星的"情人"之三——木卫三甘尼米德，是木星最大的一颗卫星，它的体积比水星还大，但是质量远不能与之相比。尼米德的直径达到5262千米，而水星的直径为4878千米。尼米德的表面呈黄色，可分为冰上堆积着岩质灰尘的黑暗区和盖满冰层的明亮区。甘尼米德天体上有几处横向错开的断层、线状地形与深沟。这些线状地形互相重叠，显示它们形成的年代不同。我们按照天文学家推断，可以得知在甘尼米德上，可能曾经发生过类似地球的板块活动。

　　木星的"情人"之四——木卫四卡利斯多是个丑八怪，它的表面布满了密密麻麻的陨石坑。木卫四卡利斯多直径4800千米，比水星小78千米。卡利斯多最明显的特征是一个像牛眼似的白色核心，外面被一层圆环包围着，类似同心圆盆地，直径达600～1500千米。卡利斯多除了坑洞，就再也探索不到其他特殊的地形了，正因如此，就可以推断它是太阳系中最年长的卫星表面，在如今还有内部活动。

　　木星的"情人"之五——木卫五阿马尔塞是1892年天文学家巴纳德在木卫一的轨道内发现的。阿马尔塞形状呈卵形，平均宽度98千米。阿马尔塞呈现出浅灰色，上有一个长大概有30千米、宽有200至220千米的微红区域。木星光环正处在木卫五的轨道里。

　　因为木星的情人实在太多，我们就不一一搭讪了。

163

第四节　下一个太阳？

　　科学家近年来研究发现，木星的亮度不仅在增大，而且还正在向周围空间释放出
巨大的能量。天文学家把对木星的新近考察结果进行研究后认为，在木星起源和演化

未来，木星真的会对太阳的系内"霸主"地位产生威胁吗

的历史中，具有和太阳相同的过程。想必，再经过几十亿年的演化后，木星有可能变成太阳。

公元前104年至公元1368年期间天文观测的资料显示，木星的亮度增加了0.024倍。近年来还发现了，它向空间释放的能量是它从太阳那儿所吸入能量的2.5倍。这种"出超"的现象，代表木星是拥有自己的能源的。当木星内的温度达到28万℃以上时，就可以跟普通恒星一样，启动热核反应，成为能自行发光发热的天体，那时它就成了名副其实的太阳了。

现在木星的质量已达太阳质量的千分之一，是太阳系其他八大行星质量总和的2.5倍。目前木星的质量还在"与日俱增"。太阳由于光辐射、太阳风等原因，每秒钟要损失成亿吨物质。这些物质，木星照单全收——这也是木星不断长胖的原因。按照这样的速度，30亿年之后，木星的质量将与当时的太阳相当，完全可以自行演化成能产生热核反应的恒星。一个垂垂老矣的太阳加上一个风华正茂的木星，那时就天悬二日了。

那么木星表面的温度是多少？科学家们根据理论计算得出，木星的表面温度是零下168℃，不过，1974年12月，"先驱者11号"探测器在飞掠木星时，测得它表面的温度是零下148℃，这高出来的20℃来自哪里呢？答案只有一个，这

被木星引力撕碎的"舒梅克-列维9号"彗星

就是木星内部本身具有可以往外发散的能量。近年来，科学家们还测定出木星除了吸收、反射太阳能外，自己还向外发出辐射能。

但是这多余的能量又从何而来？为什么木星可以跟太阳一样往外发光，发出辐射呢？因为按照正常的理论，传统的行星是不能发光的，顶多也是反射太阳光。

对于这个问题，我们先来看木星的大气成分，木星的大气中氢占了82%，氦占17%，这与太阳大气的组成十分相似。木星会成为第二个太阳吗？部分科学家坚信，木星的核心部分不仅正在进行着热核反应，不断向四周散发能量，而且其核心温度还在不断增高，释放出愈来愈多的能量——这也是为什么部分科学家认为木星会成为第二个太阳的原因。

部分科学家认为，随着时间的推移，木星会越变越亮，最终成为一颗真正的恒星，而太阳最终将陨落。

不过，持这种观点的科学家也遭到了部分天文学家的反对，反对的科学家认为，虽然木星是大行星里的巨人，但是与太阳相比，仍然是高子里面的矮子，木星的体积

又显得太微不足道了——木星的体积和质量都只有太阳的千分之一，核心温度也远远低于太阳，这些条件使木星内部不足以产生热核反应，因此木星不具备生成恒星的资本，永远不可能成为恒星。

那么怎么解释木星的能量呢？反对的科学家认为木星的能量可能来自形成之初时从原始星云聚集的热能，随着时间的推移，这些聚集的热能开始挥发出来。

第八章　水星——能相遇，就是缘

　　水星，中国古代称为辰星。是太阳系中的类地行星，其主要由石质和铁质构成，密度较高。自转周期很长为58.65天，自转方向和公转方向相同，水星在88个地球日里就能绕太阳一周，是太阳系中运动最快的行星。无卫星环绕。它是八大行星中最小的行星，也是离太阳最近的行星。

满是"皱纹"的水星

第一节　"信使"等待"信使"破译

　　水星是太阳系中公转最快的行星，它围绕阳一圈约需要88天，因为它的速度极快，就像是着急赶路传递信息的使者——其实，水星的英文名字Mercury来自罗马神墨丘利（在希腊神话中也叫赫尔墨斯），而墨丘利就是罗马神话中的信使。

发射前的"信使"号

在各种图像雕塑中墨丘利所拿的魔杖形状，以线条图形来看，正是一个半圆弧状，交叉线条和直线的组合，而水星的符号便像是魔杖形状的"简笔画"。

早在公元前3000年的苏美尔时代，古希腊人便发现了这颗行星：清晨它与太阳一起出现，为了纪念太阳之神，他们称它为阿波罗。而当它闪烁于夜空之时，古希腊人便又称它为赫尔墨斯，这个"角色"也是罗马神话中的墨丘利，而我们中国则称它为"辰"。正是因为古希腊时期的人们认为水星是两颗不同的行星，所以理所当然地赋予它两个角色。而后来，毕达哥拉斯指出他们实际上是相同的一颗行星。

"信使号"是美国国家航空航天局为了研究水星的环境与特性，在2004年8月3日发射的探测卫星，在经过6年多的长途飞行后，终于在2011年进入水星轨道，这是人类在"水手10号"之后，首次的探测水星计划，而我们也会与它一起开始探寻这颗与太阳之间距离最近行星的秘密。

破解"信使"的6大谜团

因为探测艰难，水星一直覆盖着浓厚的神秘色彩，有太多太多的谜底等待着人类的发掘。

那么，水星这颗行星到底拥有什么样的秘密呢？而为什么我们又要了解水星呢？水星位于太阳系最热的一端，距离太阳非常近，许许多多太阳系形成时期的古老信息都藏匿其中；在太阳系中，水星与地球都是有巨大的固体内核的行星，同属类地行星，与地球有着"亲缘"关系，正因此，它拥有太多我们尚未知晓的秘密，也待我们去发现发掘。同时，作为类地行星，水星有些物理参数接近地球，譬如它的密度和年龄，而水星的表面形状和对阳光的反照率又接近月球。综合种种因素，对水星的探测和研究，可以帮助人类更深入地了解对地球、月球乃至太阳系演化历史和趋势的认识。所有这些探测意义重大，不仅有益于澄清水星谜团，而且有助于破解地球乃至太阳系所有内行星的奥秘。

这次的美国"信使号"的探测任务可以帮助科学家们解答水星纠结已久的6个谜团，这6个谜团是什么呢？

第一、水星有过怎样的地质历史？

第二、水星内核结构如何？

第三、水星磁场有何特性？

第四、水星极区陨击坑中到底有没有冰？

第五、水星密度为何如此之大？

第六、水星上的大气由什么构成？

2011年，美国"信使号"首次对水星进行完整的拍照，并能够给出探测器搜集的有关水星表面构成、地质演变、内核结构、磁层特性和大气层等的详细信息，而研究在水星极区陨击坑中到底有没有冰的存在，一直都是一个极其重要的课题。

根据"信使号"传回的数据显示，水星不仅高温，还一度出现非常剧烈的火山活动

　　1991年，水星两极附近小区域内接收到了一个强烈的雷达回波，这个异常的波动，让科学家们极其惊奇，在全部的假设中排除一切可能，最后的解释直指"水星表面下面可能有冰的存在"的巨大可能性，但还需要进一步的调查论证。

　　最终，人类对水星的探测能否完全解答科学家的谜团呢？我们拭目以待。

"信使号"的遮阳伞

我们已经知道，水星是一个特别难以探测的目标。但即使我们在地面上进行观测，它也很让人感觉到丧气：以地球为中心，水星与太阳之间的角度一般只有28°左右。当在地面附近我们用望远镜观察水星，只能远距离地通过厚厚的空气去观察。而在白天观测时，水星会藏在在强烈的阳光下，让人无法得见。而从望远镜里看到的水星也只是像一颗小得可怜的、没有什么特征的卫星，缓慢地在云雾缭绕的空气中飘摇。

首先，我们要解决第一问题，就是温度，为什么之前的"水手"只能拍摄到44%的水星表面图像呢？因为水星太靠近太阳了，温度太高，会毁坏探测仪器。不过这次的"信使"探测器有一个秘密防御武器——一把能够遮阳的伞。

科学家们为保护"信使号"，特意给它设计了一把遮阳伞。这把遮阳伞大小约为2.4×1.8米。在火星距离太阳最近的时候，这把遮阳伞给"信使号"投下的那个舒适的阴影里，温度仅仅只会是20℃。能够确保探测设备的正常工作。而遮阳伞前没有受到遮蔽的地方气温可能达到371℃。

第二个要解决的是引力问题，为了克服太阳的强大引力，水星探测器不仅要利用月球、地球、金星以及水星自己的引力，还要有强大的控制火箭和足够的燃料。2004年发射的"信使号"重1100千克，其中总重量的55%是推进剂。"信使号"之所以有如此多的燃料装备，主要是为了能够更好地调整它的速度，使之更容易进入水星轨道。

第二节　早穿棉袄午披纱

为什么我们到水星去旅行要早穿棉袄中午披纱呢？因为水星的温差实在太大了！跟新疆那个围着火炉吃西瓜有的一拼。

水星太靠近太阳，几乎水星星球上所有的水都被太阳光炙烤得蒸发掉了，并且水星稀薄到几乎没有的大气层，由于没有植物等储热的物体，导致水星昼夜温差特别大。

由于水星没有大气层，只有微量的大气，也就没有保温功能和反射阳光（防热）的功能，因为距离太阳太近，过近的距离导致太阳的热辐射几乎无损耗全部作用于水星地表。而水星没有日照的地方，由于热量散失很快，导致温差极大。

我们人类生活的地球温度变化只有11K，而水星表面的平均温度约452K，而它温差变化范围从90到700K，温度变化是地球的60多倍，也是太阳系中表面温差最大的行星。而且水星表面的日照比地球强8.9倍，总共辐照度有9126.6W/m²。

水星的大气极其稀薄，并且，水星大气中的气体分子与水星表面频密地相撞，再

"信使号"进入水星轨道实况

加之水星的高温，使得许多微粒原子迅速消散在太空中，综合各种因素，水星被科学家们视为是没有大气的星球。虽然没有大气层，但是水星也是很美的星球，特别是环形山，如果我们能够进行星际旅行，可以中途转站去水星的环形山游览一番。

水星的地形地貌类似月球，它的表面有各种大小不一的环形山、大平原、盆地、辐射纹和断崖的存在。国际天文学联合会自1976年开始为水星上的环形山命名。水星表面最著名的环形山是卡路里盆地，它是一个直径达到1350千米的冲击性环形山，而该盆地也是水星上温度最高的地区。

水星地形起伏较大，原因是几十亿年前水星的核心冷却收缩引起的外壳起皱。水星表面的大部分都会包括两个不同的年龄层；或许是因为熔岩浸入了较早地形的因素，有些更年轻的地表看起来比较平整一些。除此之外，水星还有"显著性"的"周期性膨胀"的习惯。

水星表面一定的区域在1个水星年内一直是白昼，太阳直射处的温度能达到427℃，而接着1个水星年内一直是黑夜，寒冷到−173℃，昼夜变化超过600℃，这是行星中温度变化最大的

第三节　微弱的磁场，强大的吸引力

　　水星的磁场比地球微弱的多，不要说与其他强磁场行星——木星和土星相比了，它磁场的强度大致是地球的1%。我们都知道磁场强度一般用"高斯"的单位来表示，水星赤道上的磁场约0.004高斯，两极约0.007高斯。而地球磁场强度比水星大的多，约是水星的百倍有余。地球表面赤道上的磁场强度在0.29～0.40高斯之间，地球的北极约0.61高斯，南极约0.68高斯。

　　与地球磁场相比，水星磁场强度很低，不过，即使如此低的磁场，在太阳系的其余行星中，水星还是可以称得上是有较强磁场的一颗行星——除了地球、木星和土星

航天飞船在水星过境时拍摄到的环形山结构

外，也算是矮子中的高个了。

水星的磁轴与自转轴并不重合，两者互相交错而形成一个夹角，这个夹角是水星的磁场与地球磁场非常相像的地方，虽然磁场强度比地球的弱，但两者却很相似。水星的这个角度是12度，而地球则是11度多。

我们需要了解一个知识——星球磁场会发挥怎样的作用？磁场在太阳风的作用下会被局限在一定的范围内，这个范围就是所谓的磁层。太阳风基本上不可能进入到磁层里面，这样就保护了磁层里面的生物，这就是之所以地球有磁场，才避免了太阳风的影响。水星和地球都有磁场，也都有磁层，水星磁层朝着太阳那面的边界——磁层顶到水星中心的距离，大概相当于1.45个水星半径，地球磁层顶到地球中心的距离约11个地球半径。不过不一样的是，水星的磁层则是比较对称的，而地球的磁层是不对称的，有点像是条头大尾小的大"鲸鱼"，而且"尾巴"拉得很长。

我们需要先知道的，地球磁场是怎么形成的呢？

科学家们关于地球磁场的成因，有很多说法，众说纷纭。不过从20世纪50年代开始，多数的科学家开始达成共识，广泛认同所谓的"自激发电机"的假说，大部分科学家认为这是一个可以接受的理论。

这个"自激发电机"的假说依据是这样的：

（1）地核物质具有良好的导电性能，因为是流体，并且高温；

（2）地核物质性质在极高的压力下，会发生变化，但在高温时仍能保持微弱的磁性；

（3）地核物质是不停运动和流动着的。地核在弱磁场中的运动，一方面不断地产生电流，同时所产生的电流反过来使原来的弱磁场不断得到加强。这就是所谓的"自激发电机"假说。在这个假说中，地核就好像我们平常所说的发电机。

上面我们知道了，水星的磁场跟地球的磁场有相似的地方，会不会水星的磁场也是像地球的"自激发电机"的效应而产生的呢？

首先我们来看水星跟地球的外观相似度。我们知道，水星的平均密度很大，每立方厘米达到5.46克，其密度在太阳系八大行星中仅仅比地球小一些，这说明水星有跟地球那样的铁核。地球的地核直径约7000千米，占地球体积的16.2%，质量大体是地球总质量的31%。水星铁核包含着水星全部质量的70%～80%。这样的话，铁核的直径就该有3600千米，水星的铁核要比地球的地核大得多。

很显然，水星的核是固体的，而上面说的"自激发电机"假说要求行星的核心物质呈液态，可以说，水星就不可能像地球那样用"自激发电机"的效应来产生磁场。

不过，水星确有磁场，磁场强度是地球的百分之一，这是事实。我们怎么理解呢？

部分科学家认为，水星在形成的早期阶段，它的液态核心还没有完全凝固，在这个时候产生了水星磁场，而且一直保留到了现在。不过，这样的观点受到许多人的反对，认为根本是不可能的。因为即使当时保留了部分磁场，现在也早已消失了。他们之所以反对的理由是：由于放射性元素产生热能，或者其他像陨星袭击等原因，在过去的几十亿年当中，会使得水星内部某些部位的温度上升到使物质能够丧失磁性所需的温度，从而使残留下来的磁场完全消失。

还有部分科学家认为，水星的磁场是因为水星与太阳风持续不断地相互作用，从而产生的磁场。但是这个被更多人反对，因为这种相互作用虽然会由感应而产生磁场，但不可能产生与自转轴平行的对称性磁场。

直到现在，水星的磁场效应的产生原因还是无解。水星磁场到底是什么造成的，这还是个未解之谜。当然，除此之外，或许我们人类是不是要反思一下磁场成因理论，不断地问自己：地球的磁场是如何产生的？为什么许多天体没有磁场？为什么金

少量的大气中存在着高能粒子暴是由于受到太阳风的冲击，相互作用而产生

星有一个比水星更大更热的内核，却没有明显的磁场？而诸如此类的许多问题，也有待我们的发现与解答。

第四节　准备享受视觉盛宴吧！

在以我们肉眼能看到的水、金、火、木、土五大行星中，水星是长期以来最令人

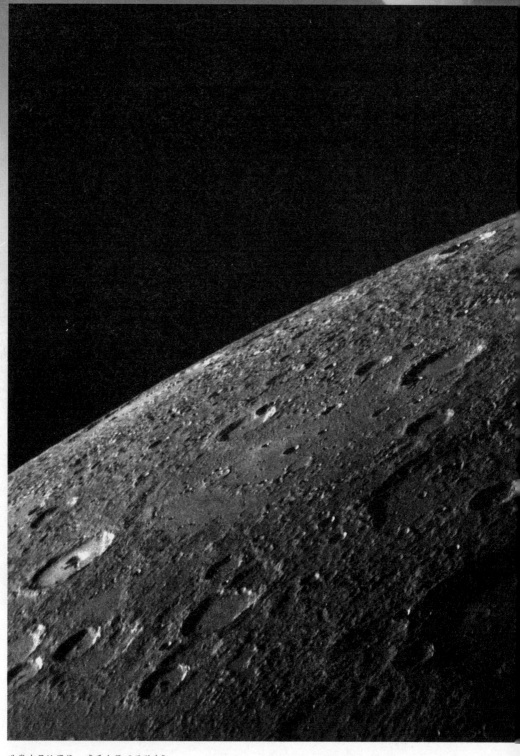

欣赏水星地平线，感受水星"吸引力"

类难以捉摸的行星。而这到底是什么原因呢？水星离太阳特别近，同时，又被强烈的太阳光笼罩或许是因为刺眼的阳光，使得我们更难以看清水星的真面目。波兰鼎鼎大名的天文学家哥白尼，就因为一生都没有看到水星而遗憾终生。

想要看水星，只能偶遇不可强求——除非我们的宇航飞船要飞入水星中。怎样看到水星呢？只有水星从太阳面前经过时，人们可以看见在明亮的太阳圆盘背景上出现了一个缓慢移动的小黑斑，那就是水星。这种现象也叫做"水星凌日"，跟"金星凌日"不可混淆。

只有"水星凌日"才能清楚地看到水星，那么"水星凌日"发生的原理是什么呢？

"水星凌日"的原理与日食相似。因为水星和地球的围绕太阳的运行轨道呈一个7度的斜角，并不在同一个平面上。当水星和地球两者的轨道能够处于同一个平面上，而太阳、水星、地球三者又能够排成一条直线时，我们在地球上观察，可以看到太阳上有一个小黑斑在缓慢地移动，这种现象称为"水星凌日"。因为水星挡住了太阳射向地球的一部分光，我们看过去便形似是一片小小的黑斑。

在地球上什么时间才能看到"水星凌日"呢？时间是每年的5月8日前后以及11月10日前后。地球会在每年的5月8日前后经过水星轨道的降交点，在11月10日则又会经过水星轨道的升交点。想要看"水星凌日"，就不可错过这两个日期。

不过，由于水星绕太阳运行的公转周期为88天，水星和地球的公转轨道存在一定的夹角，水星、太阳、地球排列在一条直线上的几率相对很少，因此这种"水星凌日"的奇异天象每世纪只会出现13.4次。最近几年可能会发生"水星凌日"的日期为：2016年5月9日。

很好奇，为什么我们100年只能看到13次"水星凌日"呢？这有很多原因，不过最主要的原因是因为水星的轨道是倾斜的，大约倾斜度是7度，并未和地球的轨道在同一个平面上。在我们人类看来，这个倾斜度才7度，可能不算什么。但是，要知道太阳系是多么浩渺的空间和距离，就这7度之间的距离该是多大？正因为这个角度，可以使得水星经常从地球和太阳之间的上方或下方掠过，如果水星恰好躲在了太阳的后面，和地球又同在一条线上，被称为高位交汇点。同样，水星也不会正好处在太阳的后面，要么从上，要

水星莅临太阳面

么从下，掠过太阳。

　　我们来回顾"水星凌日"的历史，人类第一次观测"水星凌日"是在1631年。德国天文学家开普勒曾在1629年预言：1631年11月7日将发生罕见的天象——"水星凌日"。1631年11月7 日，法国天文学家加桑迪在巴黎就亲眼看到了水星在太阳上方由东向西徐徐移动的情景。而自1631年至2003年，在近400年的时间里，一共出现50次"水星凌日"，其中，在11月发生的有35次，在5月发生的仅有15次。据记载，每100年平均发生"水星凌日"的现象约为13.4次，这点与理论极其相符。

　　如果我们站在水星上，在那里看太阳比地球上看到的大，因为水星离太阳比地球近得多，大约是地球距离太阳的1/3。当然，因为距离近，在水星上看太阳也更耀眼。因为水星上没有大气，所以在水星看星星和太阳，它们是同时辉耀在天空中。

星际
旅行
指南

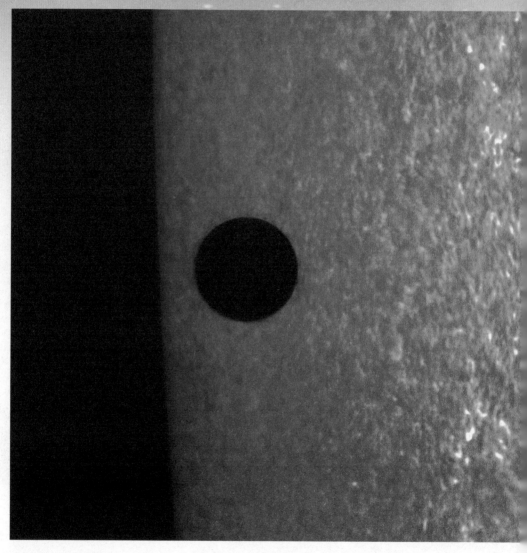

"水星凌日"观测图

第九章
火星——全球点击率最高的星际景区

　　火星是太阳系由内往外数的第四颗行星，属于类地行星，直径约为地球的一半。在西方称为"战神玛尔斯"，中国则称为"荧惑"。橘红色外表是因为地表的赤铁矿（氧化铁）。火星基本上是沙漠行星，地表沙丘、砾石遍布，没有稳定的液态水体。二氧化碳为主的大气既稀薄又寒冷，沙尘悬浮其中，每年常有尘暴发生。火星两极皆有水冰与干冰组成的极冠，会随着季节消长。

火星全景

第一节　恍惚间，好像到了老家

火星表面薄薄的大气层

我们日常生活中，经常提起火星，比如"地球太危险，你还是回火星吧"，"火星文"等。火星是太阳系中第七大行星，也是距太阳第四近的行星。

在太阳系八大行星中，星球的表面最接近地球的是火星。比如，火星的自转速度是1026个地球日，自转轴偏向25.19度，跟地球的23.44度相近，以及表面温度-87～5℃，也与地球的-50～50十分类似。只是火星的大小与地球相差甚远。因此，火星上也有春夏秋冬四季之分，一天的时间与地球相似，很适宜人们的居住。相比较

"探路者"所见到的满是砾石的火星

起来，火星的温度比金星与水星的温度更适合人类生存。

除此之外，火星的大气密度非常小，大约只有地球的1%，而且大气非常干燥，温度较低，表面平均温度在零下55℃，火星的水和二氧化碳易冻结，因此地球上的部分生物可以在火星上面生存——这也是我们口中常说有火星人的证据。

在西方，火星享有战神的美誉，受人敬仰。古埃及人早在希腊人之前曾把火星作为农耕之神来供奉。后来的古希腊人把火星作为战神阿瑞斯，而古罗马人继承了希腊人的神话，将其称为"战神玛尔斯"。北欧神话里，火星是战神提尔。

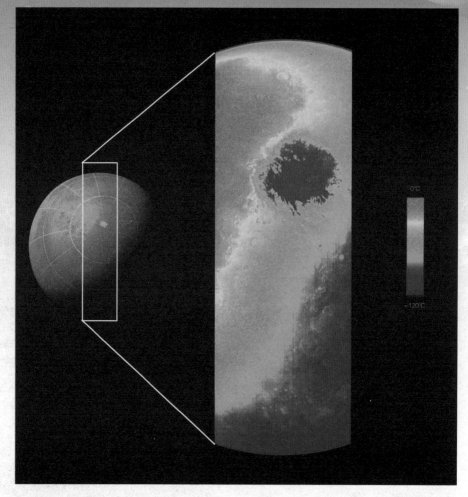

火星背阳温度示意图

　　火星在中国古称"荧惑星"，见《搜神记》。因为火星呈红色，荧光像火，在五行中象征着火，它的亮度时常变化，运动的轨迹也会随时改变，有时从西向东，有时从东向西，毫无规律可言，令人迷惑，所以我国古代叫它"荧惑"，有"荧荧火光，离离乱惑"之意。

　　1965年，美国"水手4号"飞行器开始第一次对火星进行探测。从那年开始，人类接连不断地进军火星，其中1976年就有两艘"海盗号"飞行器想要探秘火星。此后，火星孤独了20年。1997年7月4日，"火星探路者号"终于成功地登上火星。

　　经过对火星的探测，我们可以看到火星是椭圆形的。因此，在接受太阳照射的地方，近日点与远日点之间的温差将近160℃，这对火星的气候产生巨大的影响。火星上的平均温度大约为218K（开尔文，温度单位，即从绝对零度-273.16℃开始的摄氏度）

美国宇航局火星探测器"漫游者号"拍摄到的火星表面

（-55℃，-67℉），但却具有从冬天的140K（-133℃，-207℉）到夏日白天的将近300K（27℃，80℉）的跨度。

虽然火星的质量与地球的质量相差甚远，但它的表面积却与地球表面的陆地面积相当。

跟月球一样，火星的表面也有很多年代已久的环形山，也有不少形成不久的山谷、山脊、小山及平原。环形山的成因有很多：如陨石撞击坑，火山口。

在火星的北半球大多由新近形成的低平的平原组成，而南半球则有着与月球上相似的曲型的环状高地。在火星南北边界上，高度变化有几千米之差，而形成南北地势巨大差异以及边界地区高度剧变的原因还是一个谜——有人推测这是由于火星外层物增加的一瞬间产生的巨大作用力所形成的。

知道了火星的表面，那我们怎么得知火星的内部情况呢？

据目前的探测技术，不能深入火星内部，只能依靠它的表面情况资料和有关的大量数据来推断。一般认为火星的核心是由半径为1700千米的高密度物质所组成；外面包有一层比地球的地幔更稠些的熔岩；最外层是一层薄薄的外壳。而与其他固态行星的密度相比较，火星的密度较低。这表明，火星核中的铁（镁和硫化铁）可能含带

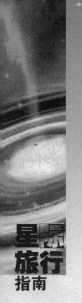

较多的硫。而相对于月球和水星而言，火星也缺乏活跃的板块运动，因此没有迹象可以表明在火星上曾发生过像地球所发生的地壳平移活动。由于火星地壳没有横向的移动，因此在地壳下的巨热地带与地面处于静止状态。虽然，火星可能曾发生过很多次火山运动，但它看来从未有过任何板块运动。

在火星的最初时期，它与地球非常相似。火星上几乎所有的二氧化碳都转化成了含碳的岩石。但由于火星没有板块运动，所以火星上的二氧化碳无法再次循环到大气中，从而无法产生意义重大的温室效应。因此，即使把火星移到与地球距太阳同等距离的位置，它表面的温度仍然低于地球表面的温度。

火星的地面上有一些小河道，十分清楚地证明了许多地方曾受到侵蚀。在过去，火星表面存在过干净的水，甚至可能有过大湖和海洋，也发生过洪水。但是，由于火星引力小，水蒸发成气体，这些东西只停留了很短的时间，而且据估计距今也有大约40亿年了。

第二节　小心被垃圾砸中！

火星探测器雄姿

这些东西来到火星后，立刻变成了当地的潜在垃圾

2010年，美国宇航局（NASA）先后宣布两个火星探测器——"机遇号"和"挑战号"发现了火星曾经存在水的证据。"机遇号"着陆在火星梅里蒂亚尼平原，给人类展示了这10年探测火星的旅程中全新的火星景观，不过，除了发现水，也发现了未知的垃圾——一个4~5厘米大小的"兔子耳朵"形状的物体。让美国宇航局的科学家们对此非常着迷，因为这个未知的垃圾就在距离着陆器不远处。

这个"兔子耳朵"形状的物体究竟是什么东西呢，竟使得科学家们这么着迷？

科学家们对这个"兔子耳朵"形状与周围环境大异其趣的小物体感到惊异。经过分析，这个"兔子耳朵"的质量很轻。由于其重量小，在火星土壤上没有留下任何印痕。并且在火星微风的作用下已经从着陆当天距离着陆器1米左右的距离远离到了5~6米。科学家们在所有"机遇号"传回的照片中惊奇地发现这个物体在距离着陆器4.5米的地方消失了。

这块火星的垃圾究竟来自何处呢？美国宇航局的科学家认为，这块火星垃圾有可能是火星探测器着陆器上掉下的碎片，比如是探测器上面的绝缘棉纱、某些部件的覆盖物、着陆气囊的绑带、或者气体发生器的绝缘毛毡等。

不过，很快科学家便排除了这块火星垃圾来自火星探测器的可能性，因为其颜色既不像染色的尼龙，也不像未染色的尼龙。就此，美国宇航局的科学家通过光谱对比，得出结论，像"兔子耳朵"的这块垃圾的光谱特性与着陆气囊的光谱特性完全相同，而与火星土壤大相径庭。因此科学家更倾向于认为这是"机遇号"着陆器气囊或者其他类似部件的一部分。

事实上，火星探测器在火星表面散布碎片的事情也一直存在。早在1997年，"开拓者号"火星探测器就曾在探测器周围发现了一些怪异的碎片，而这些碎片就是来自探测器本身。

第三节　和"当地人"玩捉迷藏

发现狮身人面像

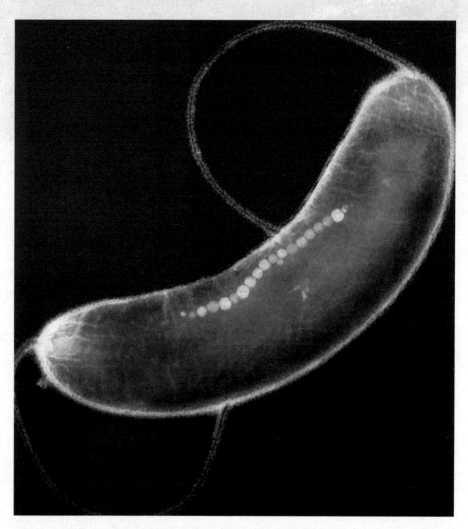

至少我们可以肯定火星上是存在生物的，图为火星陨石中发现的碳酸盐小球

1983年8月，美国有个叫"使命火星"的独立机构报出了一个轰动性的新闻，据说火星上有一个酷似人脸的巨型的极像埃及著名的狮身人面像的凿成物，它仰望天空神秘微笑着。该机构的研究员认为这个狮身人面像是古代火星人的巨型石雕遗迹，是火星上有过生命和文明的证明。他们坚信火星有过或存在着文明。

不过，美国宇航局的科学家却不这么认为，他们认为这只是光和影的巧合。不过"使命火星"的独立机构去跟这些科学家杠上了，他们提出了一个更为新鲜的论据，即在"人脸"不远处有三堵大墙伫立着，三墙以40度、 60度和80度角相接，其外形酷似"金字塔"。这一奇观绝对不是火星上的干燥气候和强风所雕琢的，它们只能出自高等生物之手。

当然，美国宇航局的科学家不会相信，他们仔细研究了不同时间、不同角度拍下的那些"狮身人面像"的火星照片，用计算机处理分辨。结果出人意料，原来被大多数科学家认为是光学干扰形成的"鼻孔"和"项链"依然存在，而且除了原来露出眼珠的那只眼睛，还露出了半张着的嘴中的牙齿。事实证明科学家有可能"看走眼了"，石像有可能是真的。同时"郁闷"的科学家还算出了火星上人面石像的大小，从头发到下巴身长为1.5千米，宽1.3千米，是地球上的人面狮身石像的几千倍。

发现火星城市和金字塔

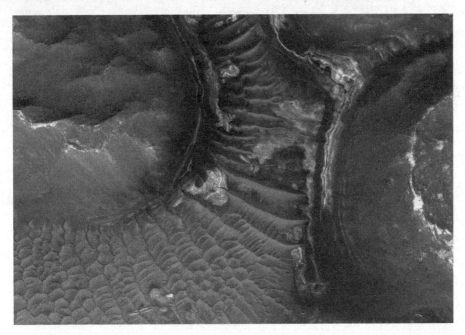

火星探测器拍到的火星地表，这些特殊的结构会否是"人"为的

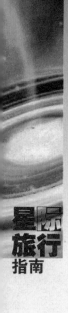

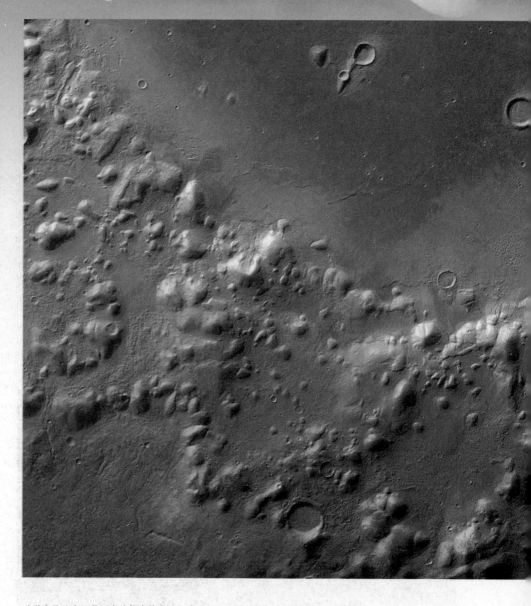

随着火星地表图传回来的越来越多，人类对于"火星生命"的争论就会越来越激烈

　　1987年，前苏联的科学家阿温斯基，在检查火星照片时，曾发现了11座金字塔式的，像极了古埃及的建筑，这次建筑在上述我们说的"狮身人面像"周围。美国科学家对该照片重新进行计算机处理后，不仅11个金字塔清晰可见，而且19座建筑物和复杂的道路，以及一个直径达1千米的圆形广场也被分离出来，从总体上看，相当于一个大城市的规模。这足以证明火星上的确有城市存在过。城市存在，那火星人是不是也存在呢？科学家们从照片上分析，这道路、建筑物的年龄不会超过一万年。为什么这

么说呢？原因很简单，时间太长，火星上的风沙尘埃会将其磨尽的。

其实人类早在古代的时候，就已经认为火星上面住着跟自己类似的智慧人类。科学家发现的火星城市遗迹，说明了至少若干年前火星上存在"人类"。当然，认为归认为，要想确实证明火星上有无智慧生物，还需要我们进一步探索和研究。

因为火星上没有高级生命，这是我们之前确定的事实，不过狮身人面像和金字塔的发现，证明火星上面火星人或外星人确有留下的遗迹。

1971年11月13日称为火星第一颗人造卫星的美国"水手9号"探测器，在它拍摄的火星表面的埃利西高原地区的照片中，曾出现过类似金塔的建筑群，在南极地区有几处构图十分方整的城市遗迹。

这个还不是最怪异的，还有更怪的。

1976年7月20日，美国的"海盗1号"探测器把美国生物化学家吉·利文研制的一台生物实验的仪器带上了火星表面。这台仪器将一种含有示踪元素的液态化学药品注入火星表面九个地点的土壤中，进行检测土壤中生命迹象的信息。结果，吉·利文的仪器探测到了微生物的"打嗝"声。

除了这个怪异的"打嗝"声，吉·利文还仔细地研究了"海盗1号"拍摄的成千上万张火星表面照片。在照片中，他发现了一块奇怪的岩石，岩石上有从黄色渐渐过渡到绿色的斑点，这一抹绿色与火星上的橙红颜色对比是那么明显，因此，这些黄绿斑点是超乎寻常的。600天之后，也就是1978年，吉·利文再次观察了"海盗1号"从同一角度拍摄的这块岩石的照片，他惊奇地发现，黄绿色斑点在形状原来的位置上还稍稍地移开了一点儿。他认为这可能是一种苔藓。那么火星上面真的有苔藓吗？

对此，科学家已通过理论分析判定，蜘蛛、甲虫和乌龟可以分别在火星表面上存活25天、几个星期和6天。小动物能在火星上生存，那么某些微生物和苔藓也可以在火星上生存。

许多科学家认为那些人面石像和金字塔、道路等形象，完全是偶然的，都是经过侵蚀和风化的自然地貌形成的。不过就算持这种看法的科学家，也没有断然否定在火星上曾经存在过火星人和外星人的可能性。因为在历史上也曾经有过一些使人迷惑不解的超自然现象。

比如在1727年，约·斯威夫特在他的《勒皮塔和日本的航行》一书中，就对火星的两颗卫星做了具体的描写，这些描写与我们现在了解的大致相同。

第四节　火星的"山顶洞文明"

阿尔西亚山是火星上组成塔西思火山群的四大火山之一。在火星勘测轨道探测器对其拍摄的照片中发现一个口，它位于阿尔西亚山东北部明亮的火山灰斜坡上，被专家认为可能是一个洞口。据说这个洞口非常的神秘，可能是火星的山顶洞文明，你相信吗？

裸露地表的7个洞穴

2011年，美国宇航局火星勘测轨道飞行器拍摄到火星上的一个黑点，这个黑点是什么呢？科学家认为这个黑点可能是火星表面的一个深洞或地下洞穴的入口。

有峡谷的地方，就少不了洞穴的藏匿

经测量，这个直径有100米的地质奇观，位于阿尔西亚山东北部明亮的火山灰斜坡上。经研究人员推测，生命有可能存在于此，或者在未来成为宇航员的居留地。

这个黑点周围，既没发现隆起的边缘，也没有火山物质喷出的迹象。据此科学家排除了这是一个陨石冲击坑的可能性。科学家猜测这个洞的洞壁可能是完全垂直的，因为看不到这个洞四周的洞壁，也看不到任何其他的东西。而且洞内非常黑，它更有可能呈悬垂状。"高清晰度成像科学实验"图像分析专家称，这是一个非常深的洞，虽然火星上的光相当明亮，但是自然光无法进入洞内，因此无法观测到它的内部结构。

不过除了在这个阿尔西亚山地区发现的黑点洞穴，其他地方呢？

2011年4月，美国宇航局宣布，火星"奥德赛"探测器和热成像系统在火星赤道附近发现了类似的7个黑点，科学家推断它们有可能是火星地下洞穴的入口。

美国亚利桑那大学的科学家阿尔弗雷德·米凯文针对这几个洞穴作出解释，声称如果有可能的话，他们准备在今后几个月内研究火星上的这7个黑点。米凯文说："我们特别希望看到从它的西方拍摄到的倾斜图像，以便查看看它被照亮的洞穴内壁。这或许是一些很深的垂直洞穴，但是可能并不太长。"

注意黑点的周围

　　除了火星"奥德赛"探测器，美国宇航局下一次火星任务——"菲尼克斯号"火星探测器也会对火星洞穴的发现进行实体的探测。"奥德赛"探测器的研究员史密斯发现，越深入火星的内部，温度就变得越高，由此可推断，火星内部液态水可以在某一个温度点上稳定存在着。此外，这些洞穴可能与地下断层相连，因此截流了一部分

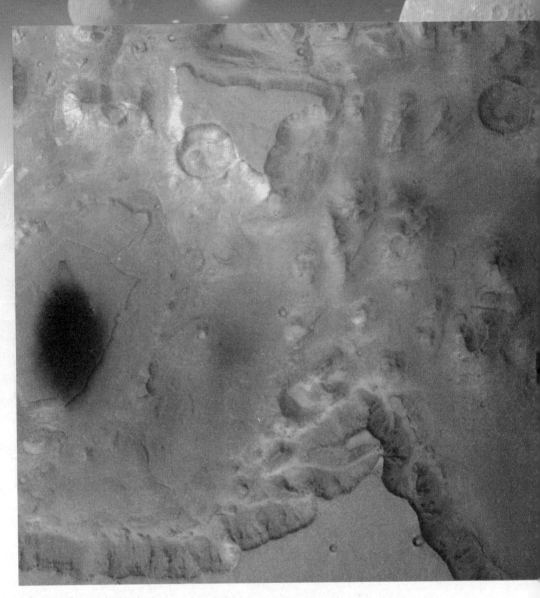

火星上类似的坑洞不胜枚举

水汽，可能那种舒适的环境正是火星生物理想的栖息地。史密斯说："虽然我们还不知道洞里有些什么，但是这些洞穴确实存在，以后的探测将为我们揭开谜底。"

第一批火星地球移民将是"洞穴人"

美国新墨西哥州大学的教授伯史顿参与了所有有关火星洞穴的研究，通过这些研究，伯史顿表示，这些洞穴不仅有可能存在生命，而且有可能成为未来人类探测火星

登陆器正在努力地探索着火星上的生命痕迹，伸出机器臂在搜集着土壤，并向其内部注入水和营养

时的居留地。人类可以移民到火星上，并且建设地下住宅群，来躲避火星上的强辐射照射。另外，洞穴为直接探测和采集生物标本提供了便捷的地下通道，或许我们能从这里获得矿物、气体和冰。

不过，这些只是伯史顿的设想。在美国俄勒冈州尤金市召开的全球火星协会研究讨论会上，科学家们认为，用一些地球上的浮萍和一些可充注气体的膨胀屋，就可以在火星上的洞穴内为未来人类建造出一个生命的家园。

或许，人类移民火星的那天，真的不远了。可是我们愿意做火星的"洞穴人"吗？

从火星的洞穴开始

为了解决这个居住问题，在有数百名科学家参加的火星讨论会上，一些科学家们就认为，火星上的洞穴可以为未来人类移民者提供庇护所，免受宇宙辐射和恶劣天气的伤害和影响，此外，火星洞穴内可能存在大量矿物、水分、冰块，这些足以为火星移民者提供生命支持的原料。

"火星洞穴"主要研究人员、在NASA"先锋观念研究协会"资助下做过大量类火星洞穴实验的美国科学家皮尼罗普·伯史顿说："在这个充满危险的火星星球上，那些火星洞穴将是人类未来移民者一个最安全和最理想的避难所。"

当然，人类开始移民到火星的时候，可以居住在火星的洞穴中，可是我们人类还是向往温暖的阳光和海滩，我们在洞穴中肯定住不习惯。不过还是先忍忍吧，总有出来的那天。美国新墨西哥矿石科技研究协会洞穴研究分部的负责人皮尼罗普·伯史顿认为，他和其他一些火星协会的研究者在一起研究了很长时间，又在地球上的洞穴内进行了多次类火星洞穴实验，希望能为火星洞穴移民创造一个安全可靠的示范实验室。皮尼罗普·伯史顿说："根据我们的研究，火星上的洞穴能成为未来人类移民火星的根据地，人类可以从移民火星洞穴、成为洞穴人开始，发展出一个先进的火星文明。"

火星的空气

好吧，就算我们开始必须居住在火星的洞穴，那么我们呼吸什么呢？这可是个大问题。科学家们正在为我们这些星际旅行的乘客解决这些问题呢。伯史顿与其他火星科学家的"火星洞穴"研究计划最初从火星的大气研究开始，他们最先做了一个空气实验，看火星上的空气是否能够进行化学改变，直到最后可供人类呼吸。据悉，火星上的大气非常稀薄，但却拥有比地球大气更高浓度的氩气。

那么这些氩气对人类有无害处呢？科学家做了一系列的实验。他们首先将混有氧气、氩气和一些其他气体的空气充进一个装有两只蟋蟀的密封容器里，该混合空气有点类似于经过化学处理反应后的"火星空气"。研究显示，这两只蟋蟀并没有任何不良反应。同样的实验又在一个密闭的鼠笼中做过多次，同样的，氩气也没有对老鼠的健康产生任何不良影响。但是，在对人类做出最后实验之前，科学家还是无法确定氩气是否对人体真的无害。

制造呼吸用的氧气

按下氩气是否有害的问题，我们在火星上面肯定需要呼吸氧气。科学家们正在地球做实验，模拟火星的环境，上面制造出氧气来。我们来看这个实验。2011年7月，科学家们在俄勒冈州中部一个密封的火山熔岩洞穴中，为两只老鼠建立了一个模拟的"火星洞穴"环境——科学家认为，这个地球上的火山熔岩洞穴跟"火星洞穴"的环境极其相似。

在老鼠栖居的洞穴的墙上，科学家们放置了一些装满水的盘子，并放有两种水生

火星的早晨很美，虽然空气稀薄，但绝对不容忽视

植物——浮萍和水蕨，就像纸花一样地漂浮在水面上。一个通过洞穴外的太阳能板提供能量的荧光灯为植物的生长提供光合照明。老鼠呼出了二氧化碳，植物们就将二氧化碳转化成了氧气。两天后，当科学家们打开密封的洞穴时，两只老鼠迅速地跑了出来，健康并没有受到影响，但显然有明显的缺氧现象，因为这些浮萍植物还不能产生足够供它们呼吸的氧气。

在火星只能吃素？

除了上面的制造氧气的实验，我们还需要吃东西，不过不用担心，科学家们总会为我们解决这些现实问题。科学家们在2011年9月进行了一场实验，在这次实验中，科学家们在俄勒冈州的火山熔岩洞穴里放入了更多的浮萍植物，并通过化学反应使洞穴保持足够的湿度。此外，研究者们在老鼠居住的地方，注入更类似于未来火星移民者可能会呼吸到的火星混合气体。并且在未来的实验中，科学家们还将让老鼠以浮萍为食。

为什么让老鼠吃浮萍呢？其实是在模拟人类的吃法。因为浮萍将是未来火星人的

理想食物。因为浮萍含有的蛋白质比大豆还要丰富，此外，浮萍生长速度很快，一天中甚至能成倍生长。

看到这里，那些想减肥的人士，总算看到福音了，不过那些嗜肉者也许就不乐见了。

第五节　铁证！水存在过的痕迹

上一节我们讨论了火星的氧气，吃的东西，不过除了这两个之外，还有我们赖以生存的——水。在如今的新世纪，关于火星上是否存在水的话题，已经不再新鲜了，科学家正在积极地寻找火星上存在水的相关证据。截止到今天，对于火星上的发现在日益增多，如今又有了新的发现，天文学家们在火星的最南端，发现了大量的干冰。

很多读者会疑问，什么是火星干冰呢？

科学家们认为火星上的干冰主要是由二氧化碳形成的固体物质，它不是液态形式的水，但是也会蒸发，只不过是由固体直接升华为气体。升华的时间大约是从火星的夏天开始都夏天结束，使得气体充满了一定的空间。专家指出，在早期，存在于火星

火星北极地区春季的沙尘暴

上的大部分干冰很有可能是以气态形成，并漂浮在火星大气中的。今天我们所发现的火星干冰的数量也非常之大，其储量约为1.2万立方米，与地球上一些淡水湖的大小相当。

很遗憾的是，火星的干冰只是暂时的，当气温回落之后，气体再次凝华，而我们看到火星上的一些坑，它们可能都是干冰形成的。

这些干冰坑周围还有神秘的金色外圈，这些金属圈是做什么用的呢？截止到现在，这个答案仍然是个谜。就在不久前，科学家对一些资料进行仔细分析，得出了这样的结论：认为火星原来有一片汪洋。甚至一些科学家则认为早期火星可能被寒冷的冰川覆盖。

按照当前世界上最先进的计算机模拟技术，科学家们判断出在40亿年前火星中部和两极的温差极大。所以火星北部盆地的海洋达到冰点，就像我们地球的北极一样，从而成为冰川。

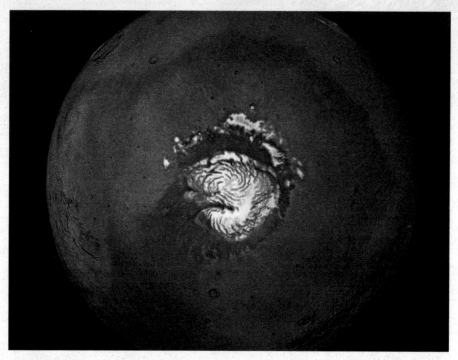

火星上有些地方也很冷，不过图上白色的东西不是水结成的冰，而是二氧化碳结成的"干冰"

美国宇航局博士阿尔贝托认为，火星的温度可能是从赤道两侧开始变化的，早期火星的两极温度很低，由于没有地球赤道到南北极的海洋，导致火星整体的温度是温暖的赤道地区和冰川极地地区。如果早期的火星北部有海洋的存在，它肯定也

干涸的河床，代表着水曾经存在过这个星球上

是很冷的。

　　当然，这个水流极有可能埋在地表之下，而不完全意味着水流暴露出地面，不过它们影响了地表，这使得地表看起来呈现暗色。在火星中纬度地区，由于水中的盐分降低了水的凝结温度，因此，尽管火星温度很低，但是季节性的咸水仍旧可以以液态形式存在。

　　在火星的表面上，不乏小坑洼，这不足以为奇，但是神奇的是在小洼地里存在着丰富的矿物质，并且与那些古老的岩石相比，这些矿物质的年龄显得更年轻。科学家认为这些年轻的矿物质的存在，表明在火星相对较近的历史时期曾经有水的存在。

　　科学家在火星的夜迷宫区域发现了多种矿物质，其中有一种被称为"铁镁蒙脱石"的黏土，它们好像由水冲刷形成。这些黏土比那些古老的岩石年轻得多，这表明相对火星其他地方，这些洼地曾经存在不同的水环境。科学家认为火星类似像迷宫一样的夜迷宫地形是由火星外壳拉伸和碎裂形成的。

　　除了火星上的干冰，火星地表上的干涸河床也证明这里曾有过潮湿的过去。

　　根据火星探测器的照片显示，在凹凸不平的火星表面上，曾存在过干涸的河床。有证据显示这些河床是古代火星的洪水冲刷而成的。

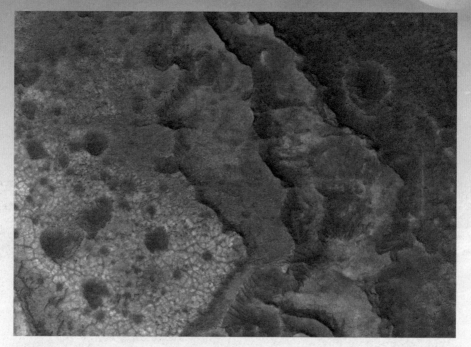

若想探知火星上水的过去，地表上的沟堑、沉淀都可以作为依据

　　1997年7月4日，美国"探路者"在火星的阿里斯山谷登陆。这个探测器也在火星上发现类似的干涸河床。按照照片分析，科学家认为，在至少10～30亿年前，阿里斯山谷曾遭受过火山热袭击，贮藏在火星地表下面的冰被熔化成水，涌出地表，形成了汹涌流动的洪水。

　　不过，原来的那些水去哪里了呢？

　　科学家认为火星的水消失的途径有两条：

　　一个消失途径是进入到地下。跟地球类似的行星的表面都会覆盖着一层地壳，这个地壳是可以吸收水分的——我们见到的温泉就是一个很好的例子。地球由于内部有热量产生，地壳中的水受热变成了蒸汽，于是逸出地面，然后再回到了大气中。火星与地球的不同之处在于，火星的内部极其冰冷，地壳中的水无法再返回地面，有一部分水就藏在火星表面的下面，以冰的形式存在，如果说火星上存在生命，有可能残存在它表面以下的冰层中。

　　第二条途径是在太阳风的吹刮下，它的大气会渐渐向宇宙蒸发，其中的氢非常轻，极易飘散到宇宙空间，而其中的氧和岩石中所含的铁元素相结合，留在了岩石中。这个飘散的过程虽然进行得十分缓慢，但经过40亿年的漫长时间，流失的数量也非常之大。

第六节　两块会飞的大石头

我们都知道，火星有两颗卫星：火卫一和火卫二。1877年8月，美国天文学家霍耳发现了这两颗卫星——两块会飞的大石头。霍耳怎么发现它们的呢？在火星最接近地球时，霍耳用当时世界上最大的折射望远镜首先发现的，并给它们取了名字，火卫一叫做福博斯，火卫二叫德莫斯。福博斯在离火星9400千米的地方绕火星运转，绕火星一周是7小时39分；德莫斯在离火星23500千米处绕火星运转，公转周期是30小时18分。福博斯和德莫斯是两颗很小的卫星，它们都是三轴椭球体形状，直径分别是27、21.6、18.4千米和15、12、11千米；相对于火星直径6790千米来说，这两块大石头实在显得太小了。这同地球和它的卫星——月亮在比例尺度上差别很大，月亮直径有地球直径的四分之一，在火星上看地球和月亮就好像一颗双星。然而，在我们的望远镜里，火星的卫星差不多是看不见的星点，它沉没在火星的光辉里。

除了小，福博斯和德莫斯还非常的灰暗，不过即使灰暗，但是天文学家还是能计算出它们的运动轨道，经过长期的计算和观测，还发现了它们的运动速度有缓慢的变化。人们曾一度认为火星的卫星可能是火星上高级文明生物制造的。这两个"人造卫星"由于受火星稀薄大气的阻碍和潮汐摩擦，它们的速度在缓慢变化。直到70年代，航天飞船探测了福博斯和德莫斯，根据拍回来的它们的照片，人们不再怀疑它们是自然天体了。在它们上面散布着稠密的撞击坑，表面覆盖着一层碳质球粒陨石的物质，这充分说明了火星卫星的古老年龄。小小的卫星也存在着环形山，这正为星球上环形山形成的"撞击说"提供了证据。福博斯和德莫斯同火星的公转和自转方向相同。福博斯公转周期要比火星自转周期24.6小时快三倍多，如果在火星地平上观测福博斯，会看到福博斯从西方地平线上升起，东方地平线上落下的奇异现象，这在太阳系所有卫星中是唯一的。

德莫斯的自转周期只比火星的自转周期长6小时，所以它每次在火星地平上的时间达66小时。福博斯和德莫斯公转的周期和它们的自转周期是相等的，因此在火星上只能看到它们的一面，这同我们在地球只能看到月亮一面原因一样。火星的两个卫星同步自转的现象也正说明了行星对卫星的长期潮汐作用会使卫星的运动起着根本的变化。

从火星的两颗卫星照片上，可以看到它们不是球形的，而是像被撞击后的碎石块。这也许是出乎人们意料的。人们可能认为行星的卫星总是像地球跟月亮那样的。现在，火星的卫星改变了我们原来的看法，它告诉我们：宇宙中的天体形状是多种多样，千变万化的。在太阳系里，火星和木星轨道之间的小行星带里也有类似于火星形状构的小行星，例如最大的几颗小行星：谷神星、智神星、婚神星和灶神星等都是与火星的卫星非常相像的。于是，人们又会认为福博斯和德莫斯就是火星引力从小行星带里"俘获"来的。但天文学家认为"俘获"过来的卫星运转轨道一般是不规则的，

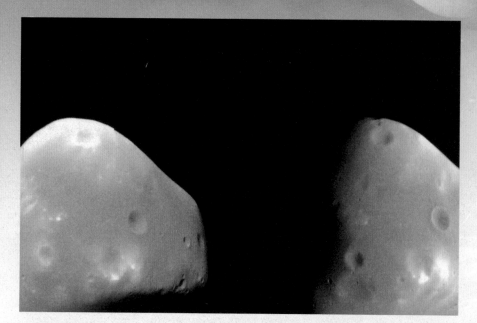

火星的两颗卫星实拍

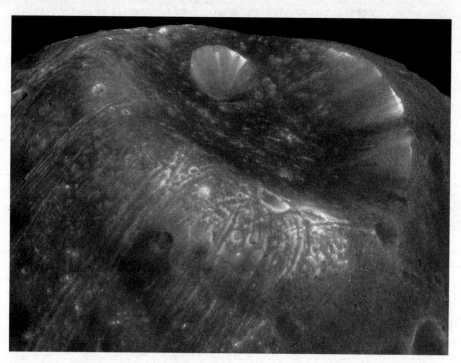

火卫一上的特大陨石坑

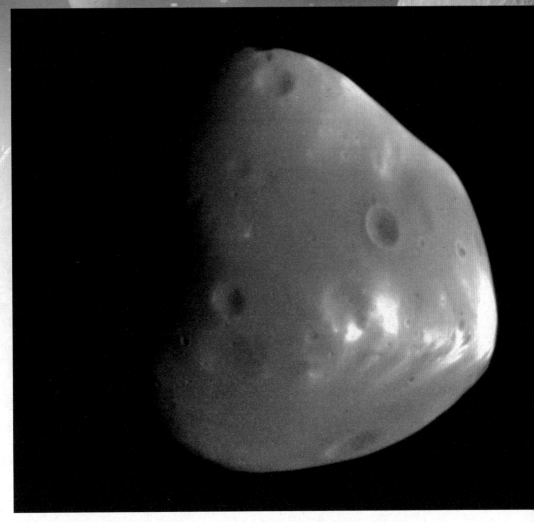

与火卫一相比，火卫二的表面则平滑很多

　　然而火星的卫星轨道却很有规则，它的轨道平面在火星的赤道面上；而且卫星的轨道又是十分接近圆形的，天文学家对这种规则卫星的形成问题，一般认为是在母行星演化过程中逐渐形成的。究竟火星的卫星是"俘获"来的，还是在火星演化过程中形成的，这个问题还有待我们进一步去研究。

　　但是，卫星的形成和演化的问题，是与整个太阳系的演化问题密切相关的。火星的这两颗卫星在形状和结构上都具有独特的风格。除了月球外，它们两个还是离地球最近的卫星，到它们上面去取得原始物质，这将为研究太阳系形成和天体史提供关键性的资料。

第十章　土星——以美搏位

土星古时被称为镇星或填星。赤道直径大概为120660千米（为地球的9.46倍），两极直径大概为108000千米，扁率很大，是最扁平的行星，也是太阳系第二大行星。它与邻居木星十分相像，表面也是液态氢和氦的海洋，上方同样覆盖着厚厚的云层。土星上狂风肆虐，沿东西方向的风速可超过每小时1600千米，是木星的4倍。土星上空的云层就是这些狂风造成的，云层中含有大量的结晶氨。

土星全景

第一节　土星"土"吗？

首先要问的是，什么是土？以地球的土为例，地球上的土是尚未固结成岩的松软堆积物。地球上的土主要为第四纪产物。地球的土与岩石的根本区别是土不具备刚性的联结，力学强度低、物理状态多变等。其他星球上的土的意思大致与地球相似。

那么，我们口中的土星真的是土壤性质的星球吗？它存在土吗？

其实土星表面均为气体和液态氢氦，所以土星上根本没有土！

没有土的土星其实是个气体星球，这些气体是什么呢？主要是氢气、氦气和甲烷，土星的大气中飘浮着氨晶体组成的非常稠密的云。我们从望远镜中看去，就会发现这些云形成相互平行的条纹，这跟木星很像，但却不如木星云带那样鲜艳。

土星云带的颜色主要是金黄色，其他颜色也有淡黄色以及橘黄色等。土星的表面是流体的，这个跟木星一样。土星的赤道附近的气流与自转方向相同，速度可达每秒500米，比木星上的风力要大得多。

土星，这个气体的星球是怎么形成的呢？

绚丽风暴在大气层过境

　　科学家认为土星形成的时候，起先是土和冰等物质的聚积，继之是气体的凝聚。土星有一个直径厚达2万千米的核心，这个核心主要是岩石构成。这个岩石的核心占到土星质量的五分之一，岩石核心以外5000千米是厚厚的冰壳，再往外，是8000千米厚的金属氢层，金属氢再往外，是连绵不断的分子氢层。

　　为了弄清楚土星的结构，1969年，一架飞机在地球高空飞行，开始对土星的热辐射进行红外观测，这次观测的结果表明，土星跟木星一样，辐射出的能量是它从太阳接收到的能量的2倍。为什么自身放出的能量比从太阳接收到的能量还要大呢？这个观测结果显示，土星跟木星一样存在内在能源。

　　这次的观测没完，1973年4月，美国的"先驱者11号"探测器发现土星有一个由电离氢构成的广延电离层，其高层温度约为977℃。土星表面温度较低而逃逸速度又大（35.6千米/秒），使土星保留着几十亿年前它形成时所拥有的全部氢和氦。对此，科

土星是个气体星球，没有坚硬的岩石表面外壳，就像一个软皮鸡蛋

学家认为，研究土星目前的成分就等于研究太阳系形成初期的原始成分，这对于了解太阳内部活动及其演化有很大帮助。

经过天文学家的观测，土星极地有极光，并且呈绿色。火星的极地是整个土星表面最暗的区域。根据土星探测器红外观测得知，土星表面的温度约为-140℃。云顶温度为-170℃，与木星温度相比低了约50℃。

第二节　近看星环

我们来看看这个气体星球土星的星环。首先来看土星的光环是怎么被发现的：

1610年，意大利的天文学家伽利略观测到土星球体旁有个怪异的附属物；

1659年，荷兰的学者惠更斯证实伽利略发现的怪异附属物是土星的疑似光环；

1675年，意大利的天文学家卡西尼发现土星光环中间有一条暗缝，后称"卡西尼环缝"。卡西尼认为这个光环是由无数小颗粒构成。在接下来的两个多世纪时间里，科学家分光观测证实了他的猜测。不过在17世纪之前，天文学家所认识的土星光环通常像是一个扁平的盘子；

1856年，英国的物理学家麦克斯韦最终证实了土星有很多小卫星，就是这些小卫星构成了土星的光环。

土星环是由蜂窝般的太空碎片、岩石和冰构成。土星环宽度从30.2千米到48万千

最近观察土星星环

米不等。科学家以7个英文字母来命名——土星从近到远的土星环分别以被发现的顺序命名为D、C、B、A、F、G和E。

土星及土星环在太阳系形成早期便已经形成，当时太阳被宇宙尘埃和气体所包围，经过一系列的宇宙运动，最后形成了土星和土星环。

土星的光环，按照科学家的话是可分成几个不同的部分，较暗的是C环，最明亮、宽阔的是A环和B环，光环的各部分之间有明显的裂缝，最大裂缝的是A环和B环间的裂缝，它是在1657年被发现的。科学家通过飞船的探测，还发现土星较宽的光环其实是由许多狭窄的小环所组成的。

截止到目前，土星光环的形成原因还无法最终确认，不过科学家推测认为是由彗星、小行星与较大的土卫相撞后产生的碎片组成的。

科学家认为土星光环可能含有大量的水分，这些水分是由直径从几厘米到几米的冰块和雪团构成。美国的天文学家在"旅行者"探测器上发回的卫星照片上发现，土星的B光环上带有放射状的阴影，但在"旅行者"此后拍摄的其他图片中却没有。这一现象可能因为光环在有些时候被带有静电，漂浮在宇宙中的尘埃被吸附造成的。

我们拿光学望远镜观察土星光环，它就像一条平滑的带子围绕着土星，不过要是我们驾驶着星际旅行的飞船经过，近距离观察时，情形就会大不相同了。这个光环是由冰块以及岩石碎块构成，有的碎块小得离谱，跟粉尘一般，有的碎块则像一个房间那么大，而就是这些冰块才让土星的光环闪闪发光，就像土星表面的光亮一样。按照

211

土星光环的分层剖面

这些闪光，科学家认为土星光环可能非常年轻，仅仅几千万光年而已。科学家相信它
们是最近才形成的，也许恐龙早在土星获得光环前就已经游荡在地球上了。天文学家
库兹说："关于土星光环形成的时间是一个我们要解答的大问题，有人认为，它们也
许只有太阳系年龄的10%。"

　　太阳系好几颗行星，比如木星、天王星和海王星等都有光环，不过这些行星的光
环比土星的光环要昏暗得多、老得多。科学家希望通过分析土星光环中的碎片是如何
随着时间发生变化的，来推测它们的年龄以及它们还要在其轨道上存在多长时间，当
然也要推测它们是如何在第一地点形成的。其实，就连光环构成的物质具体是什么也
没有人说得清，也许是某颗卫星的碎片，也许是破碎了的彗星的残留物。

　　土星的光环有多种非比寻常的颜色，好吧，就让我们开始看看土星为什么有这么
多色彩斑斓的光环吧。

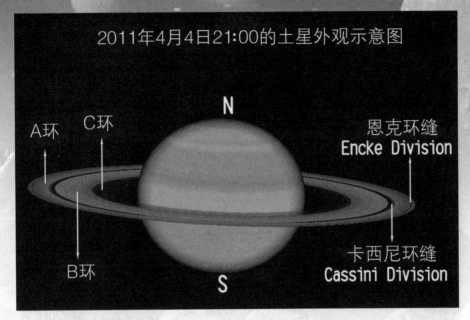

2011年4月4日21:00的土星外观示意图

土星外观示意图

为了解开土星的颜色光环之谜，美国的天文学家用到了一种特别的照相机，这种照相机可以通过15种不同的滤波器来解读颜色，通过分析光环不同的阴影，从本质上"破译"土星光环里到底包含着什么物质。

为什么这样可以推测出所含的物质呢？因为物质的不同分子具有不同的颜色频谱吸收率，通过这个吸收率，科学家们就可以确定哪些是硅酸盐岩石，哪些是冰——因为硅酸盐岩石和冰的光谱吸收率是不一样的。

通过"卡西尼"探测器对土星的探测数据进行分析，土星的最外侧光环F环正不断地遭受着各种小行星的蹂躏。

而在土星周围的那些非常小的卫星会不断地穿越F环。F环所表现出的种种反常现象也与这些微型卫星的引力存在着密切的联系。或许，F环是太阳系中唯一一处每天都会遭到其他天体猛烈撞击的区域。

科学家针对土星F环的研究已持续了很长一段时间。土星的F环除了外形奇特外，其内部结构也在发生着惊人的变化。为什么会发生这样的变化呢？科学家针对这个变化的成因提出了两种解释方案：一种观点认为，在F环的附近分布着大量体积较小的微型卫星，正是它们在不断地与F环中的物质颗粒发生着碰撞，从而导致后者的成分不断地发生改变；而另一种观点则认为，肯定有一个体格较大的直径在100千米左右的卫星影藏在F环的附近，因为这个较大卫星的引力，导致了F环中的物质发生了扰动。

除此之外，美国的天文学家认为土星的F环本身，也是由细小光环交织组成在一起的，进而形成一个完整的系统。科学家经过长期的努力观测，发现土星的F环中有时会

213

出现一些形态类似绳结、圆环以及小球状的奇特结构，不过，还没等科学家来得及记录，这些奇特的结构又都消失得无影无踪。

第三节　家大业大，逐个造访

土星家大业大，真正是群星簇拥

　　如果我们把卫星比喻成一个行星的情妇，毫无疑问，土星是太阳系中情妇数量最多的一个"高富帅"。"高富帅"土星的四周被数不清的大大小小的卫星紧紧包围和环绕，土星和它的卫星之间关系非常融洽，就像一个小的家族。

　　土星有为数众多的"情妇"，不过精确的数量到目前为止还不能确定，截止到2009年，土星的"情妇"已经确认的至少有62颗，其中52颗已经有了正式的名称；还有3颗可能未能确定最终的名字，因为科学家只看到尘埃的聚集体。土星的许多卫星体积都很小，其中有13颗卫星的直径小于50千米，有34颗卫星的直径小于10千米，另外还有7颗卫星质量小到太离谱，都没法控制自身的重力达到流体静力的平衡。

　　土星的情妇有9个是1900年以前发现的。进入20世纪以来，随着观测技术的不断提高，土星情妇的数量也急剧攀升——以前很多隐藏很深的都被观测到。土星卫星的形

"卡西尼号"在约70000千米处拍下的土卫一

态各种各样，五花八门，有大有小，有的漂亮，有的丑，这让天文学家们产生了极大的兴趣。天文学家发现土星的卫星中，"土卫六"上甚至有大气。这个土卫六也是就目前而言，太阳系唯一发现有大气存在的卫星。

　　在这里，我们大略介绍土星的10颗主要卫星：从土卫一到土卫十。土卫一到土卫十按距离土星由近到远排列为：土卫十、土卫一、土卫二、土卫三、土卫四、土卫五、土卫六、土卫七、土卫八、土卫九。土卫十离土星的距离最近，只有159500千米，仅为土星赤道半径的2.66倍。土星的这10大卫星都是在以近圆轨道绕着它不断转动。

　　当美国的"旅行者"探测器1980年抵达土星上空时，在原有的九颗卫星（土卫一、土卫二、土卫三、土卫四、土卫五、土卫六、土卫七、土卫八和土卫九）基础上，又发现了新的八颗卫星。不过我们很难说土星究竟有多少卫星。就像一些组成土星光环的较大粒子其实也可以说是卫星，这个要看天文学的定义。虽然土星在太阳系

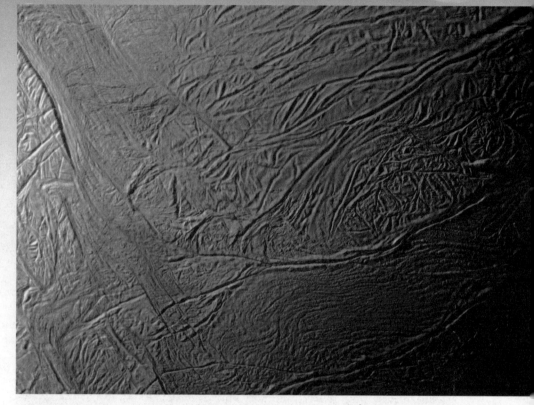

土卫二地表

中卫星最多，不过，跟木星不一样的是，土星的卫星不能简单地以成分和密度来归类划分。"旅行者"探测器所发现的卫星显示出复杂多样的特征。

我们来简单介绍一下土星的几大卫星。

土卫一：土卫一体积极小，星体上面有一个创痕，那是太阳系中最明显的创痕之一。土卫一上面有巨大的陨石坑，这陨石坑向我们诉说着土卫一在很久之前遭受的巨大灾难，已近毁容。这个陨石坑直径约为整个星球的1/3。土卫一的表面坑坑洼洼的，使得冰层被切成了片片碎块。在土卫一上面休想去滑冰，因为它的表面就像是雪锥，甚是危险。

土卫二：土卫二的表面看上去光彩夺目，这是因为土卫二几乎反射了所有的太阳光线。土卫二有一个断层系统以及从未受过陨石冲击的大区域。科学家认为在土卫二的表面被来自内部的水不断覆盖着。美国的"卡西尼"探测器在探测土卫二时，发现土卫二的南极冰喷泉往上喷出的现象。据此，科学家根据推进实验认为，土卫二很可能存在生命。

土卫三：土卫三跟土卫一一样，很明显也是宇宙暴力之中幸存下来的。为什么

土卫三正在围绕土星运行

这么说呢？在土卫三星体上面有一条巨大的沟壑，这个沟壑连接土卫三的南极和北极——就像是一个西瓜被差点劈成两半的感觉。不过这个沟壑不是外力导致，科学家认为这个沟壑是由土卫三内部凝固和膨胀的压力的力量而引起的。不过科学家们也无法解释一个巨大的部分由水冰组成的土卫三是如何经受住这样的地质活动的。

　　土卫四、土卫五：如果我们只看土卫四和土卫五这两个卫星的表面，会发现部分地域极为相似，像一个双胞胎。这两个卫星球体表面都是坑坑洼洼的，很显然遭受了很多外来袭击。土卫四和土卫五球体表面出现的白色条状，科学家认为这是这两颗卫星上曾经有水冒出的证据。

　　土卫六：土卫六是太阳系中最大的卫星之一。土卫六非常寒冷，表面温度约为零下150℃。在这么低的温度下，土卫六上的气体，主要是甲烷，不可思议地以气态、液态、固态三种形态同时存在。科学家认为土卫六上由甲烷和氨冰块组成的岩石很有可能被埋在一种黏性的油层之下。土卫六有一层厚厚的大气层，其大气的密度比地球大气层高60%。土卫六很多特征与早期的地球非常相似。我们期待有一天，有着浓厚大气层的土卫六能够进化出顽强的生命。

表面坑坑洼洼的土卫五挂在了纤细的土卫四上方，呈现出一种别样的布局之美

土卫七：土卫七看上去极不规则，说不好是圆形的还是椭圆的，很像一个大的土豆。这个大土豆——土卫七上面坑坑洼洼的造型让我们看上去就像是一颗稍大的行星。

土卫八：土卫八一侧很暗，另一侧很亮。很暗的部分几乎一片黑暗，可能含有生命必需的组成成分——有机碳。而很亮的部分是反射的太阳光，这一侧可以将一半照射到的光反射出去。

我们按照美国"旅行者"探测器对于土星的探测结果可以看到，在土星早期形成历史中，肯定遭受了巨大的外力作用。土星卫星看起来像是无尽爆炸袭击的幸存者。它们明亮的冰封表面受到了无数陨石的创伤。

土卫六上会下甲烷雨

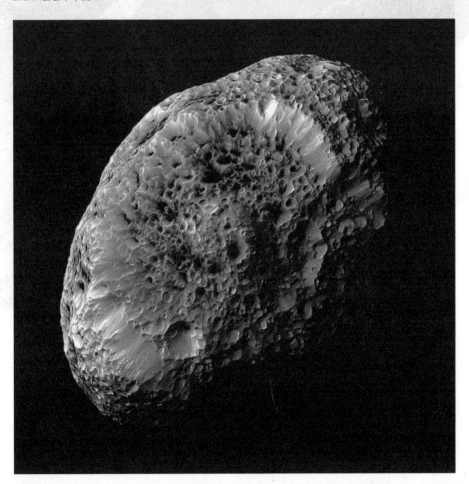

外观上稍逊一筹的土卫七有点像土豆，当然你要说它是土星的"洗脚石"也没人会反对

土卫八就像被刷了一层油漆的月球

第四节　最宜居的土卫六

土卫六高清照片

这一节我们重点讲解最有可能孕育生命的土星卫星——土卫六。

土卫六的名字叫泰坦（Titan），是土星最大的一颗卫星。它的发现者是荷兰的天文学家克里斯蒂安·惠更斯。克里斯蒂安在1655年3月25日发现了这颗土星最大的卫星。1655年，伽利略发明望远镜不久，土卫六是在太阳系内继木星伽利略卫星发现后发现的第一颗卫星。因为土卫六是太阳系唯一一颗存在浓厚大气层的卫星，所以说被当做一个时光机器，对我们了解地球更早期的情况有所帮助，解开地球生物起源之谜。

土卫六是由一半是水冰一半是固体材料所构成的，质量与木卫三、木卫四、海卫一大体差不多。在土卫六多个存在差异的结晶状冰层的3400米以下存在一个固体核心，它的核心内部温度非常非常的高。土卫六的核心密度也非常大，这是由于它体积的庞大所导致重力压缩其内部而形成的——最生动的例子，就是用压缩饼来比喻了。

土卫六是太阳系中除了地球之外，唯一富含氮气的星球——土卫六94%的大气是氮气，以及不同类型的碳氢化合物残余。

先来解释一下什么是碳氢化合物。碳氢化合物主要是乙炔、丙烷、甲烷、丁二炔、乙烷、丙炔腈、甲基乙炔、二氧化碳、氰化氢、氰和氦气等。

从土卫六欣赏"土星凌日"

　　这些碳氢化合物残余来自土卫六上层大气中的甲烷。当甲烷因为太阳辐射而发生反应就会产生浓密的橘红色烟云。因为土卫六没有磁场保护，所以当它有时运行在土星的磁气层外时，便直接暴露在太阳风之下。这种暴露的结果导致土卫六大气电离并

从土卫六欣赏土卫七

在大气上层释放出一些分子。

我们休想直接站在土卫六的表面，因为土卫六的温度大约是94K。水冰在这种温度下会升华，所以我们可以看到土卫六上面是有水蒸气存在的。

阿尔伯特湖——土卫六的世外桃源

土卫六表面还有各种各样的不同颜色的云。科学家认为这些漂亮的云是由甲烷、乙烷或简单的有机物组成。

土卫六的地表是什么样的呢？当"卡西尼"探测器在飞近土卫六时使用了雷达遥感测绘技术。"卡西尼"发回的第一张土卫六的图片，就给我们呈现了一个崎岖、复杂与平坦并存的土卫六地貌。这种地貌看来应该是由火山造成的。火山可能喷发出水和氨水。另外也发现了一些好像风蚀产生的条纹状地貌。还有一些看起来是已经被填平的冲击环形山。整体看来，土卫六看起来比地球更光滑，就像一个剥开的熟鸡蛋，其表面没有高于50米的地貌。

太阳系中与地球最相像的天体无疑就是土卫六了。因为土卫六上面的风、雨和构造过程跟地球几乎一模一样。虽然土卫六的温度很低，达到零下180℃的平均表面温度，这个温度下的水处于固体的状态，不过这个固体表面却有一个保护膜——液体的甲烷和乙烷。这个保护膜为也是土卫六可能会孕育生命的一个条件。

土卫六与地球早期生命形成时的地理环境相似，因为存在着丰富的有机化合物和氮元素。土卫六上的氰和烃在一定情况下可生成腈，再被星球上的水冰水解，生成羧酸和胺类物质，而这两者还可以生成具有重大意义的氨基酸。不过，土卫六上也存在制约生命存在的重要因素。一是尚未发现液态水的存在；二是土卫六没有磁场保护，所以当它有时运行在土星的磁气层外时，便直接暴露在太阳风之下，辐射可能使生命无法存在；三是土卫六温度过低，生命不能长期在温度过低的环境中生存下来。

土卫六表面的新湖泊覆盖面积有3.4万平方千米，它位于土卫六南极位置，具有部分湖泊特征。不过，这种新湖泊只是浅薄的沼泽地，当暴风雨来到时，湖泊将形成足够深、奔流向前的液体甲烷。2004年，当美国的"卡西尼"探测器抵达土星时，科学家就致力于研究土卫六极地附近甲烷湖泊的特征，土卫六表面的雷暴模型显示一次暴风雨便可形成数十厘米深的甲烷型的雨水。

2004年，"卡西尼"探测器抵达土星时，正值土卫六北半球处于冬季，南半球处于夏季。而暴风云主要聚集形成于土卫六的南极地区。季节正接近于春分。

截止到目前，土卫六和系外行星Gliese 581g被列具人类疑似可居住的星球之首，土卫六被认为是最宜居的外星世界。这两个指标是行星宜居度指数和地球相似度指数。这个研究是一支由美国的国际研究团队根据对能宜居的行星和卫星进行综合评估得出的。

我们不妨先来看一下什么是行星宜居度指数和地球的相似度。

行星宜居度指数是指某个星球表面是否是岩质结构的，就像地球这样，星球是否有大气层、是否有磁场等。

地球相似度指数，顾名思义就是跟我们的地球究竟相似到何种程度，跟我们地球各方面越接近的，宜居指数指数自然越好，越有可能成为未来我们人类可移居的星球。

地球相似度指数排行：

1. 地球：1.00

2. Gliese 581g：0.89

3. Gliese 581d：0.74

4. Gliese 581c：0.70

5. 火星：0.70

6. 水星：0.60

7. HD 69830 d：0.60

8. 55 Cnc c：0.56

9. 月球：0.56

10. Gliese 581e：0.53

行星宜居度指数排行：

1. 土卫六：0.64

2. 火星：0.59

3. 木卫二：0.49

4. Gliese 581g：0.45

5. Gliese 581d：0.43

6. Gliese 581c：0.41

7. 木星：0.37

8. 土星：0.37

9. 金星：0.37

10. 土卫二：0.35

第十一章
天王星——懒人的天堂，躺着走

天王星是太阳向外的第七颗行星，在太阳系的体积是第三大（比海王星大），其质量排名第四（比海王星轻）。它的名称来自古希腊神话中的天空之神乌拉诺斯，是克洛诺斯（农神）的父亲，宙斯（朱比特）的祖父。天王星是第一颗在现代发现的行星，虽然它的光度与五颗传统行星一样，亮度是肉眼可见的，但由于较为黯淡而未被古代的观测者发现。

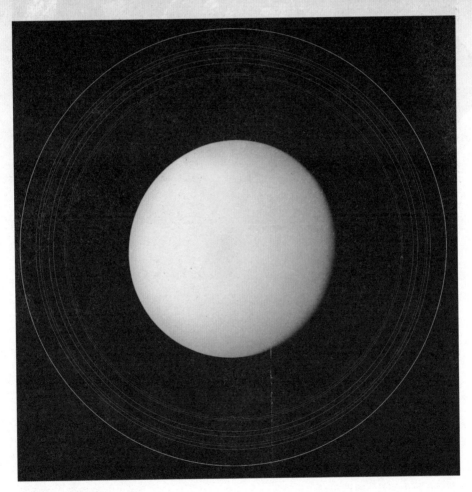

哈勃太空望远镜中的天王星

227

第一节　皇室想看也得给钱

威廉·赫歇尔

　　天王星的英文名字是Uranus（乌拉诺斯）。

　　乌拉诺斯是古希腊神话中至高无上的宇宙之神。他是该亚的儿子兼配偶，是农神土星、独眼巨人和泰坦（奥林匹斯山神的前辈）的父亲。

　　天王星这颗太阳系第七颗行星在很久之前是被当做恒星对待的。人们对于天王星

赫歇耳太空天文台

最早的记录是在1690年，当时天文学家约翰·佛兰斯蒂德将天王星编为金牛座34——当时不知道是天王星。法国天文学家们在1750年至1769年也至少观测了天王星12次，包括一次连续四夜的观测。不过他们最终都不能确定这颗星星是天王星。

天王星被发现的时间是1781年3月13日，发现者是英国的天文学家威廉·赫歇尔。

威廉·赫歇尔在自家的庭院中发现了这颗行星，不过，开始他也不敢确定，在报告中将它称之为彗星。

威廉·赫歇尔在他的学报上的记录着："在与金牛座ζ成90°的位置……有一颗星云样的星或者是一颗彗星。"在1781年3月17日，他记录着："我找到一颗彗星或星云状的星，并且由它的位置变化发现是一颗彗星。"当他将发现提交给皇家学会时，虽然含蓄地认为比较像行星，但仍然声称是发现了彗星。

他很不自信地说："我不知该如何称呼它，它在接近圆形的轨道上移动很像一颗行星，而彗星是在很扁的椭圆轨道上移动的。我也没有看见彗发或彗尾。"

对于赫歇尔声称发现的天王星是一颗彗星，其他国家的天文学家开始不断怀疑。俄国的天文学家认为这颗新发现的行星离太阳的距离是地球的18倍，而根本就没有超过地球到太阳距离4倍的彗星被发现的任何记录。德国天文学家约翰·波得对于赫歇尔所谓发现的彗星，认为是"迄今仍未知的像行星的天体"。波得断定这个以圆轨道运行的天体更像是一颗行星。

不过不管是俄国天文学家，还是德国的天文学家，都没法证实赫歇尔发现的是一颗新的太阳系的行星。直到1783年法国科学家拉普拉斯证实赫歇尔发现的天王星就是一颗太阳系的行星。

我们来看赫歇尔的原话："经由欧洲最杰出的天文学家观察，显示这颗新的星星，我很荣幸地在1781年3月指认出的，是太阳系内主要的行星之一。"

发现天王星为自己赢得了荣誉，威廉·赫歇尔被英国皇家学会授予柯普莱勋章。英国皇室还给予赫歇尔每年200英镑的年薪。

第二节 剥夺土星"专利"

天王星是由少部分的氢和一些氦，和占大部分的岩石和各种各样的冰组成的，这跟木星和土星不同，木星和土星除了内核，绝大部分都是气体构成，是气体的星球。天王星去掉液态外壳后的内核和木星和土星非常相似，它们的物质分布却几乎是一模一样的。根据美国"旅行者2号"探测器的观察，天王星如其他所有的气态行星，如木星和土星一样，也有带状的云围绕着它快速飘动。天王星的大气层含有大约83%的氢、15%的氦和2%的甲烷。不过这些气体比较微弱。由哈勃望远镜的观察显示的条纹却更大更明显。导致这种差别产生的原因是太阳光直射到天王星的某个低纬地区，光线造成的白天、黑夜的差异。

蓝色的天王星

我们观察天王星，发现天王星是呈蓝色状态的，为什么天王星像我们的地球是蓝

天王星的环结构

色的，跟地球一样呢？科学家解释说，这是因为天王星外层大气中甲烷气体吸收了红光进行作用所产生的蓝色。

躺在地上打滚的天王星

如果我们坐在星际旅行的飞船上看天王星，我们会发现天王星就像一个在地上打滚的小孩——天王星的自转方式非常令人惊奇，天王星好像是一边打着滚，一边绕太阳公转。天王星这样自转的结果是天王星昼和夜的交替非常的快速，差不多每16.8小时太阳就在天王星的天空升起。天王星的春秋和冬夏季节存在着截然相反的情形，非常的有意思。当太阳照射天王星的南半球时，天王星的南半球处于夏季，这时期的太阳一直在天王星的南半球上空，永不下落。与天王星南半球相反的是，背向太阳的北半球则处于冬季，整个冬季要度过长达21个地球年的漫长黑夜——可以说，天王星就是一个颠倒的世界。

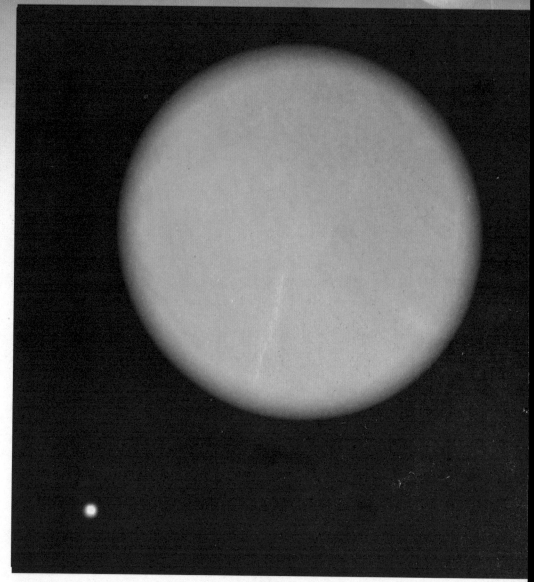

天王星（左下角亮点为天卫一）

天王星的光环

我们都知道土星有一道美丽无比的光环，在太阳系，似乎只有土星才有光环。不过直到20世纪70年代才打破了土星这种垄断现象。

1977年3月10日，中国、美国、澳大利亚、印度和南非的天文台很罕见地发现天王星出现了"掩星天象"。这次的"掩星天象"，掩星前出现5次和掩星后出现5次忽暗忽亮的现象。这些天文台的科学家们很幸运地确定天王星也有光环，并且经过仔细观

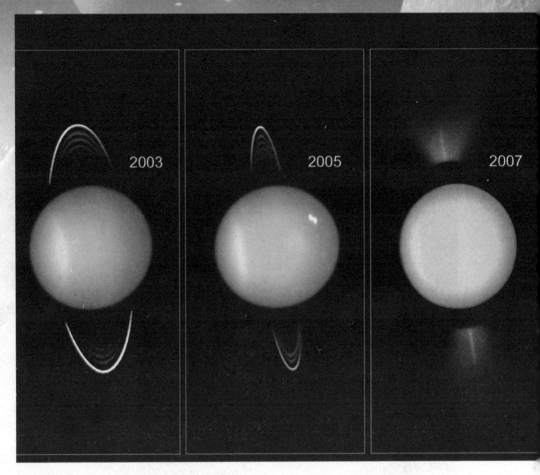

天王星光环变化（2005~2007年）

测，发现有9条细环，宽度约为10万千米。

1986年1月24日，当美国的"旅行者2号"探测器飞掠天王星时，又发现了天王星的11个环，改写了天王星9个环的认识。这样，经过发现天王星共有20个环，不同的环有不同的颜色。

不过，天王星的光环跟木星的光环一样灰暗，但又像土星的光环那样由相当大的直径达到10米的尘土组成。天王星已知的光环有11层，不过都不亮，极其灰暗；天王星最亮的光环叫做"Epsilon光环"。天王星发现光环的意义在于，让我们知道，太阳系除了土星，其他的行星也有光环——光环是行星的一个普遍特征，而不是仅为土星所"垄断"的。

第三节　晕球?

　　如果我们的星际旅行飞船降落在天王星上面,可能我们都会晕倒。我们先不说原因,我们先来看天王星是怎么转动的。通常我们所知的绝大部分行星都是按照与黄道面垂直的轴线转动,可天王星的轴线却几乎平行于黄道面。这导致了一个结果,就是天王星的南极几乎是遭受太阳光的直接照射,导致天王星的南极和北极所得到的太阳光比其他,尤其是赤道地区高——这个跟地球完全相反。不过,不可思议的是,天王星的赤道地区接受的热量少,但是却比两极地区热。这个太奇怪了。

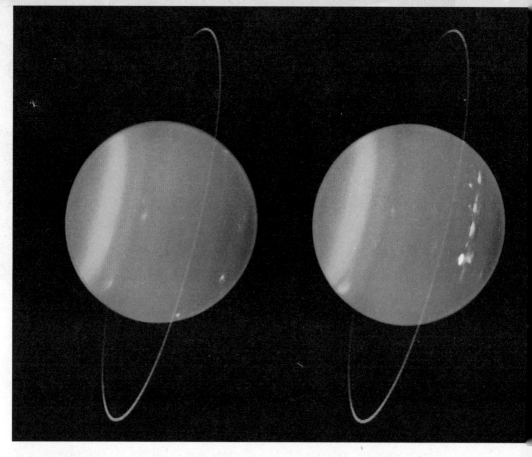

躺着转的天王星

　　接下来,该解释我们一开始说如果我们到达天王星会晕倒的原因了。

　　我们要在天王星上旅行还真的不容易,随时都会头昏脑涨。原因是什么?

　　第一个原因是天王星自转的速度太快了。天王星内部的自转周期是17小时又14

分，比地球快多了。不过和所有巨大的行星一样，天王星上部的大气层朝自转的方向可以体验到非常强的风。在海王星的赤道到南极的2/3路径纬度上，我们可以看见移动非常迅速的大气，在这个区域，只要14个小时就能完整地自转一周。

　　第二个让我们晕倒的原因是天王星的自转轴是高度倾斜的，你可以说天王星是躺着运行的——如果有玩过高空旋轮的读者，可能会有所体会。天王星的自转轴可以说是躺在轨道平面上的，倾斜的角度高达98度。这么高的倾斜度使得天王星的季节变化完全不同于其他的太阳系行星。其他太阳系行星，比如我们地球的自转轴相对于轨道平面都是朝上的，但是天王星的却像一个被碾压过去的球。天王星公转的时候，一个极点会持续地指向太阳，另一个极点则背向太阳。只有在赤道附近狭窄的区域内可以体会到迅速的日夜交替，但太阳的位置非常的低，有如在地球的极区；其余的地方则

天王星的日夜更替很有特色

是长昼或长夜，没有日夜交替的现象。天王星运行到轨道的另一侧时，则换成轴的另一极指向太阳。天王星的每一个极都会被太阳持续地照射42年之久，所以天王星有42

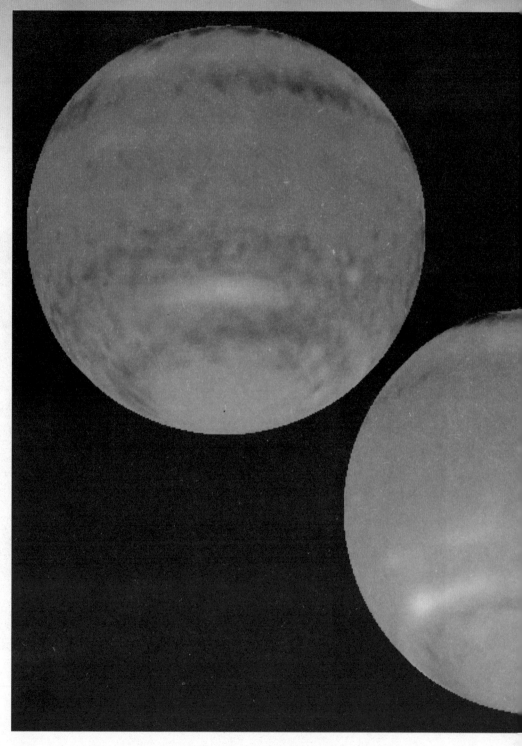

哈勃望远镜下的天王星，云层清晰可见，在云层下方会不会真的有那片海

年的极昼和42年的极夜现象。只有在接近昼夜平分点时，太阳正对着天王星的赤道，天王星的昼夜更替才会和其他行星一样。

因为天王星是躺着运行，所以在一年之中，天王星的极区得到来自于太阳的能量多于赤道，但是就像我们上面说到过的，天王星的赤道却比极区热。这个现象至今无解，不过请相信我们的科学家总有一天会解决这个问题。除了这个，天王星异常的转轴倾斜原因也无解，科学家认为这是在形成太阳系的时候，就已经存在的。科学家通过模拟实验，推测认为是一颗跟地球大小一般质量的行星撞上了天王星，这才导致天王星的指向歪斜。

1986年，美国的"旅行者2号"探测器飞掠时天王星时，天王星的南极几乎正对着太阳。天王星的南极是怎么标记的呢？按照国际天文联合会的定义：行星或卫星的北极，是指向太阳系不变平面的上方（不是由自转的方向来决定）。不过很多科学家也认为要根据右手定则来决定天体的南极和北极。如果按照右手定则，1986年美国的"旅行者2号"探测器飞掠的极则是天王星的北极。如果我们还是不知道天王星的南极和北极怎么区分，那么按照科学家的原话，就请自行挑选吧。

第四节　致富信息——这里有片钻石海

根据美国"旅行者2号"探测器对于天王星的探测，科学家认为天王星上很可能有一个液态世界。这个液态世界深度能够达到10000千米、温度高达6650℃，主要成分为：水、硅、镁、含氮分子、碳氢化合物及离子化物质组成。在这里，我们必须首先强调的是，这种海洋与我们所理解的、地球上的蓝色海洋完全不同。

不过，为什么这个液态海洋没有被蒸发呢？原因是由于天王星上巨大而沉重的大气压力，这巨大的压力使得分子紧靠在一起，即使最大的高温，液态海洋也未能蒸发掉。与此相反，这么大的压力为什么不能将这个液态海洋压成固体呢？那是因为海洋的高温，恰好阻挡了高压的大气将海洋压成固态——这两者互相克。天王星液态海洋的内核温度高达6650℃，并且这个高温一直向上延伸从而覆盖整个天王星。

最近，科学家的一份报告让一帮财迷激动不已。原因是科学家认为海王星和天王星随处可见钻石——液态海洋很可能是一片钻石海洋。科学家开始认为海王星的内部可能隐藏着巨大的"钻石海"，并且有了一定的证据可证实，因为天王星和海王星很像，所以科学家谨慎推断天王星的表面也很有可能包含着液态钻石海洋。我们先来看一个钻石实验：我们都知道钻石是一种非常坚硬的物质，它很难被融化。当钻石融化时就像是水冷冻和融化的过程，在液态形式之上漂浮着固定形式。由于当钻石在高温下加热熔化容易变成石墨，这样我们很难测量钻石在变成石墨之前具体的熔点。

科学家将钻石暴露于高压下，使用激光轰击钻石表面，让坚硬无比的钻石在4000

天王星上的四季变化，还真有点让我们这些待惯了地球的生物有些不适应

万倍零海拔的高压下，开始慢慢变成液态。接着科学家降低压力，当压力降低至零海拔1100万倍，温度降低至5万℃时，钻石便开始形成了液态——科学家的这个实验是对于天王星是否存在钻石液态海洋可能性的一次大胆推测。

实验还没完，当温度降低至形成固态钻石的状态下，形成的固态钻石并未沉下去，而是漂浮在液态钻石的顶层，就像是钻石冰川一样。按照这个实验，我们可以想象，在天王星这种超大气态行星里面，必定存在着上述实验一样的钻石液化的超高温

239

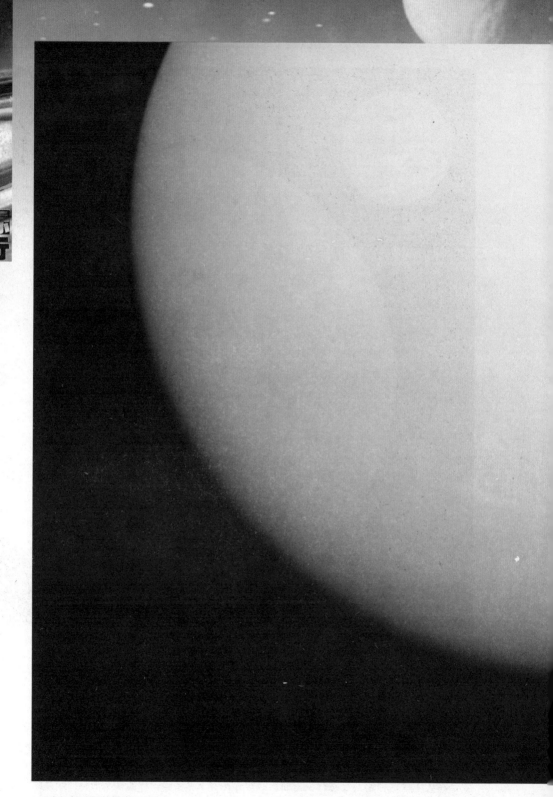

"旅行者2号"拍摄的天王星

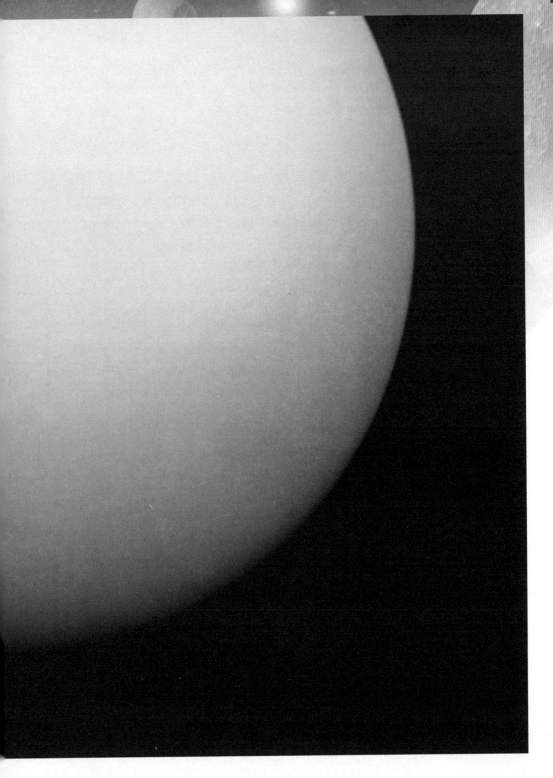

度和压力。这个压力是形成钻石海洋的原动力。

　　不过，让"财迷们"失望的消息是，天王星是否真的有钻石海洋还没有完全确定，想知道是否有呢，唯一的方法就是发射科学探测器，或者在地球模拟这些气态行星的环境特征。但以上的方法成本都很高，需要多年时间进行准备。

第五节　20年换一季

　　天王星在太阳系中并不是一个"普通无奇"的星球。这颗离太阳较远的行星正在经历着不可思议的季节性天气变化，达到了20年才换一季的地步。天王星的温度很低，美国的"旅行者2号"探测器曾在天王星上记录到的最低温度是49K，这个温度比海王星还要低，这让天王星超越海王星成为太阳系温度最低的行星。另外，天王星跟我们的地球具有稍微倾斜的旋转轴完全不同——天王星的旋转轴是完全偏向另一边的，这导致的结果就是天王星会出现长达20年的恶劣天气。有的时候天王星的天气会突然变得异常冷，将大气中的甲烷气体迅速浓缩成甲烷结晶。

　　跟其他的气体星球，比如海王星相比，天王星的大气层却是非常平静的。1986年，美国的"旅行者2号"探测器在抵达天王星进行观测时，总共观测到了10个横穿整个天王星的云带特征。有人提出解释，认为这种特征是天王星的内热低于其他巨大行星的结果。

　　2004年，传回的天王星照片表明该行星上有18个明显的云系。这比1986年"旅行者"宇宙探测器在其为期一个月的飞越中观察到的数目多了8个。在今年夏季美国夏威夷岛上的大型凯克（Keck II）望远镜就拍摄了一系列的照片，从照片中能够明显看到一个非常明亮的云团在天王星南半球的不透明沼气层上空高高升起。

　　事实上，天王星离太阳较远，也是太阳系的第七颗行星，受到的太阳光照较少，因为温度变化不大，所以天王星表面的风暴比起地球上的来说似乎明显温和得多。科学家也一直没有在天王星上发现空气对流活动。这其中的差异很有可能是由于季节变化慢引致的。由于20年才换一季，所以天王星上的一年是一个地球年的84倍，截至目前，我们的科学家还需要数十年才能确定这一点。

　　而如今，天王星的春分季节接近，太阳几乎在这个行星的赤道上空，因此整个行星的各个部分就有了日夜的更替。美国"旅行者"探测器探测天王星的时候正值该星球的仲夏季节。又因为天王星是相对倾倒在一边的，它的自转轴偏离太阳系轨道98度，同时期的地球只偏了22.5度，所以当时"旅行者"探测器看到的天王星的南半球一直暴露在阳光下。

　　截止到目前，科学家能够拿出证据来证明天王星云系特征的恐怕只有美国"旅行者"探测器所拍摄的那些照片。然后哈勃空间望远镜的图像分辨率开始接近"旅行者"的析像能力。在其后的4年里，夏威夷岛上的这台10米口径的凯克望远镜由于采用了新的自适应光学系统和红外摄像机，拍摄到了更清晰的照片。

第六节　五大卫星

天王星家族合影

天王星有多少卫星是个谜，不过天文学家认为至少有15颗，有的国家的天文学家认为是21颗。不过，不管是几颗卫星，从天卫一到天卫五这五颗卫星是天王星的主要大卫星。

天卫一、天卫二是1851年被拉塞尔所发现；

天卫三、天卫四是1787年被威廉·赫歇耳所发现；

而天卫五直至20世纪的1948年才被柯伊伯所发现。

天卫一到天卫五这个五颗卫星和天王星中心的距离分别是586000千米、130000千米、192000千米、267000千米、438000千米。天卫一、天卫二、天卫三、天卫四同内侧相邻卫星的距离比都在1.34～1.64之间，这表明它们同天王星的距离分布颇有规律性。天王星的这五颗主要卫星都在接近圆形的轨道上绕天王星转动，轨道面和天王星赤道面的交角又很小，因此，它们都是规则卫星。

天卫一到天卫五的卫星公转方向与天王星本身的自转方向相同，不过，虽然它们的自转方向相同，不过与天王星的公转轨道面的交角都差不多是约为98°，按照天文学的理论，超过90°就可以说它们是逆行卫星了。天卫一、天卫二、天卫三、天卫四以及天卫五绕天王星的公转周期分别为2.520日、4.144日、8.706日、13.463日和1.414日。在太阳系那么多的卫星当中，天王星的卫星的个头都一般，它们的直径大多在300～1000千米之间。天王星除了五个大卫星外，还有很多其他的小卫星，不过质量都很小，半径均不超过100千米，多数小于50千米，有的不足10千米。在这里我们就不一一列举了。下面详细介绍天王星的五大主要卫星——从天卫一到天卫五。

天卫一

天卫一自转与公转周期一样，均为2.52天。天卫一距天王星的中心距离为190900千米，运行半径为578.9千米，平均密度1.665克/立方厘米。天卫一主要由50%水冰、30%岩石、20%碳以及氮化合物构成。天卫一表面交叉遍布悬崖和类似峡谷的地貌。其中一些地方还部分地填布着可能是地质构造过程所生产的物质。这些物质表明天卫一曾有过地质运动。

天卫一高清像

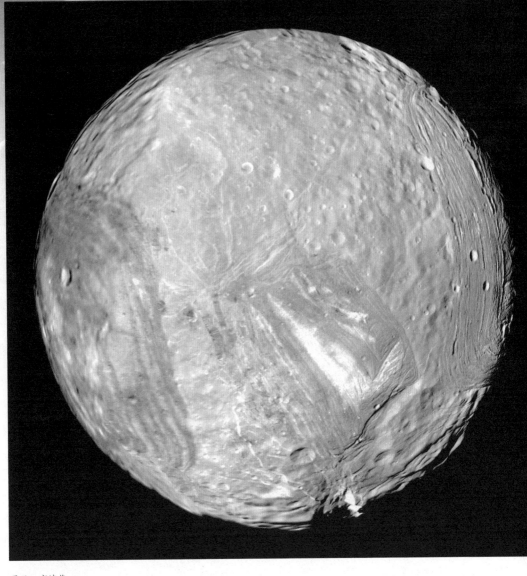

天卫二高清像

天卫二

　　天卫二自转与公转周期一样，均为4.144天。天卫二距天王星的中心距离为266000千米，运行半径为584.7千米，平均密度1.400克/立方厘米。天卫二表面布满陨石坑，这些坑混有冻甲烷的岩石，直径大约是100到200千米不等。天卫二是天王星五个大卫星中质量最大的一个，也是五大卫星中最暗的一个，原因是天卫二轨道附近的暗物质所致。

天卫三

天卫三自转与公转周期一样，均为8.705天。天卫三距离天王星的中心距离为

天卫三高清像

436300千米，运行半径为788.9千米，平均密度1.715克/立方厘米。天卫三是天王星五个大卫星中质量第二大的，主要由水冰还有少量冻甲烷和岩石构成。天卫三的表面上有许多明亮的陨击坑和长的沟壑，还有一条长达1600千米左右的深断层。这些深断层表明天卫三曾经有剧烈的地质运动发生。

天卫四

天卫四自转与公转周期一样，均为13.46天。天卫四距天五星的平均距离就达到583500千米，运行半径为761.4千米，是五个大卫星中最靠外围的一个。天卫四的平均密度1.63克/立方厘米，主要由水冰及小量的冻结甲烷的岩石构成。天卫四表面也遍布

天卫四高清像

了陨石坑。表明曾经遭受过陨石的撞击。

天卫五

天卫五自转与公转周期一样，均为1.413天。天卫五的轨道是椭圆形的，距离天王星的距离约为129900千米，运行半径为235.8千米。天卫五是五个大卫星中最靠近天王星也是最小的一颗，平均密度1.201克/立方厘米。天卫五主要由冰组成构成，其他还有少量的冰冻甲烷和石态物质的混合物。天卫五球体表面布满并排沟槽、破缺山崖以及环形高地，这表明天卫五曾有过大规模的板块活动。

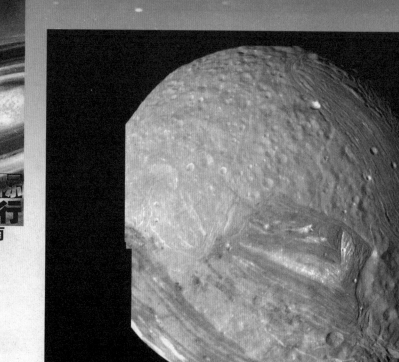

天卫五高清像

第十二章 海王星——天王星的双胞胎

　　海王星是环绕太阳运行的第八颗行星，是围绕太阳公转的第四大天体（直径上）。海王星在直径上小于天王星，但质量比它大。海王星的质量大约是地球的17倍，而类似双胞胎的天王星因密度较低，质量大约是地球的14倍。海王星以罗马神话中的尼普顿命名，因为尼普顿是海神，所以中文译为海王星。天文学的符号，是希腊神话的海神波塞冬使用的三叉戟。

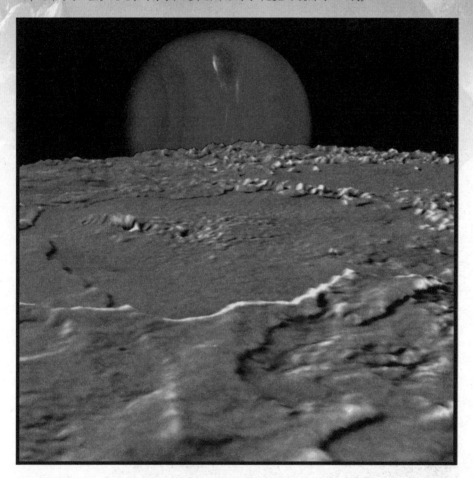

地平线上的海王星

第一节　纸上造星

　　跟发现天王星不同的是，海王星完全是在纸上"造出来"的。天王星在被发现后不久，科学家发现天王星的运动轨迹有点反常，总是偏离计算的预定轨道；于是便大

249

海王星发现者之一——亚当斯

胆推测天王星轨道之外可能还存在一颗行星，它的引力作用使天王星的轨道运动受到干扰，也就是天文学上所谓的"摄动"影响。

　　1846年，英国的亚当斯和法国的勒维耶这两位年轻人按照牛顿万有引力和运动定律的理论基础，分别独立进行了天文学的计算，他们通过天王星运动的偏差去估计摄动的大小，从而推算出未知行星的位置。1846年9月，德国柏林天文台的天文台博士伽勒按照英国的亚当斯和法国的勒维耶的计算结果，果然在预报位置附近发现了这颗新行星。

海王星诞生

　　1846年9月28日，德国柏林天文台伽勒博士接到一封信。信中请他在夜里把望远镜对正某一方天空。这封信是法国的数学家勒维耶写给他的。在信中，勒维耶预言：在那一方的天空将会发现一颗新的行星——太阳系的第八颗大行星。看完信后，伽勒博士不假思索把精密的星图拿了出来，当夜就开始搜索勒维耶所说的那块天空，等待了半个小时后，他果然在勒维耶指示的那一方天空里，发现了一颗光亮很弱的行星；当时伽勒不敢确定，再经过24小时的仔细观察，证实这颗星在不断地移动，确实是一颗未曾发现的行星——海王星就此诞生。勒维耶的预言终于应验了。

面积变大的太阳系

　　虽然伽勒博士是第一个看到海王星的人，不过真正的功绩还是属于那两个推算的

最外围的海王星，直接影响着太阳系的整体面积

年轻人——英国的亚当斯和法国的勒维耶。正是由于他们的精密推算，太阳系的半径又向外扩展了16亿千米。

我们先说天王星，当天王星被人们发现之后，天文爱好者都把望远镜对准了天王星，去一睹它的风采。很快天王星的运行规律就给科学家推算出来了。天王星的轨道半径比地球的大19倍多，运行速度比地球慢，天王星绕着太阳在一个半径不到29亿千米的近乎圆的轨道上运行，速度将近7千米/秒。因为天王星运行速度慢，所以在地球上过了84年又9个月后，天王星上才刚过一年——在天王星放个年假就够熬一辈子的了。

令科学家感到惊奇的是，从1800年到1810年10年间，天王星的运行速度忽然渐渐加快了，到1830年左右，它的运行速度又比往常慢了。天王星在空间经过的路程，比它在1830年到1840年那10年间所经过的要长得多。并且离开了人们给它推算的预定轨道，离太阳更远了一点儿。这种运行速度时快时慢的情形，太阳系的其他行星也有，当一颗行星跟另一颗行星相接近了，它们因为互相吸引，速度会稍稍加快，脱离人们推算的轨道；在正相远离的时候，轨道较小的那颗行星速度会稍稍减慢。科学家据此认为，天王星的轨道外面还有一颗人们从未见过的新的行星——这为之后的海王星的发现奠定了理论基础。

根据这个理论基础，这个新的行星比天王星更远，而且一定比天王星更加暗淡，如果我们通过望远镜去寻找它，在茫茫的太空中，肯定永远找不到它。不过，天文学家总会想到办法，他们收集天王星的轨道变化和运行速度的数据，来推算这颗新行星的位置。当然，推算不是一件容易的事，得应用许多复杂的物理和数学的公式。终于，在1845年，英国青年数学家亚当斯推算出来了，把结果交给了英国皇家天文台。皇家天文台认为这个数学家过于年轻，经验可能不够，就把他的推算结果搁在一旁，没有按着他的指点去搜寻。1846年，勒维耶也把结果给算出来了，伽勒根据他的计算结果，最终找到了海王星。

第二节 越远越神秘

海王星是离太阳倒数第二远的行星，海王星跟太阳的平均距离是45亿千米，比地球离太阳远30倍还多。如果我们站在海王星上看太阳，就跟我们站在地球上看金星一样的小。因为远离太阳，所以海王星表面平均单位面积所接受到的太阳的光和热，约为地球的千分之一。所以海王星很寒冷，温度在零下200℃以下。

走得超慢的行星

因为远离太阳，但是却绕太阳运行，所以海王星的轨道很大，速度却比天王星还

绕着太阳旋转的海王星

要慢——海王星的运行速度按照时钟计算，每秒钟约走5.5千米。等海王星绕太阳公转一周，我们地球上都已经过了165个新年了。自1846年德国天文学家伽勒首次发现海王星，海王星于2011年7月才完成环绕太阳运行一周。因此以海王星来说，它被地球上的人发现才刚满一年。

海王星的一天

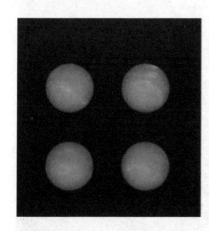

海王星上的一年

美国亚利桑那州大学的科学家埃里希-卡考舒卡通过海王星的位移特性，精确地计算出海王星自转一周的时间单位（也就是一天的时间）——15小时57分59秒——还好，比公转的速度快不少。

众所周知，海王星是个气体星球。海王星这种巨大气态行星自转时，就像一个小型岩石内核四周存在晃动和打转的旋转液体。虽然岩石行星的特征可以保存记录在岩石层中，但海王星的活动特征可在大气层顶部呈现持续性变化。

这里也有春夏秋冬

天文学家曾经认为海王星由于离太阳的距离较远、温度较低，不太可能会有春夏秋冬等气候变化。不过截止到今天，令天文学家感到惊奇的是，通过观察的数据表明海王星的温度有升高的迹象。对于温度上升，科学家认为海王星开始过春季了。因为根据观测，海王星的南半球明亮度有明显的增长——这是海王星春季到来的主要标志。

虽然海王星公转一周的时间长达165年，如果科学家们的推断是正确的，海王星也将和我们人类所处的地球一样，有明显的春夏秋冬的变化。不过，海王星的一个季度可不是用多少月来计算的，而是用几十年来计算。海王星的每个季度至少可以坚持40年。如果天文学家没有算错的话，目前我们所观测到的海王星处于春天的季节还会再持续20年。

海王星有海吗

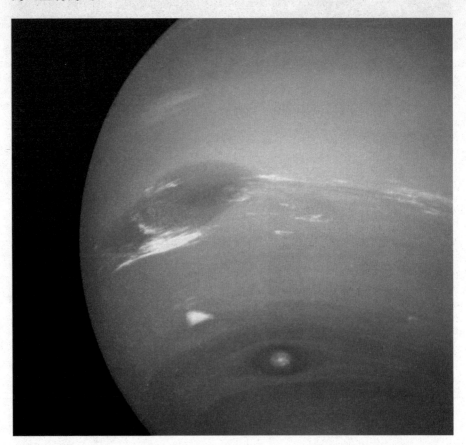

近看海王星另类气体卷云

海王星跟天王星一样呈蓝色，内部结构也和天王星相似。海是蓝色的，海王星也是蓝色的，海王星上都是海吗？科学家告诉我们，海王星和天王星上面可都没有海，海王星行星核是一个质量大概不超过一个地球质量的由岩石和冰构成的混合体。

如果没有海，那海王星上面都有什么呢？

经过对海王星的探测分析，我们可以得知海王星富含水、氨、甲烷和其他混合物。这种混合物被证实就是高度压缩的过热流体。这种过热流体具有高电导的性能。海王星的大气层主要是由氢和氦构成。其中海王星高层大气的氢达到80%，氦达到19%。海王星内部大气底端温度更高，密度更大，进而逐渐和行星地幔的过热液体混为一体。

海王星的质量分布不如天王星集中，不过海王星内核的压力巨大，大约是地球表面大气压的几百万倍。

另外，之所以海王星看起来是蓝色的，主要是因为海王星的大气层中的甲烷，这是让海王星呈现蓝色的原因。

第三节　超级飓风

海王星地表概念图

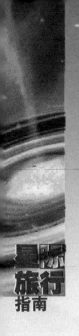

不要认为地球的气候很恶劣，地球的那些个天气只是小意思。要说太阳系哪个行星的气候最恶劣，还非海王星莫属了！可以说，海王星的强烈风暴是我们所属太阳系中类木行星中最凶猛的。为什么把海王星说得这么凶猛呢？因为海王星上的风暴非常可怕，远不是地球的台风可能比的。很多时候，海王星的大风暴时速能高达2000千米。不仅如此，海王星的风暴发作的时候，剧烈的狂风卷动白云，在冰层覆盖的海王星上空疾速奔驰，让超级低温的星球更加令人胆战心惊。看到这里，你就不会认为地球的天气反复无常了，应该庆幸我们没有生活在海王星上面。

首先，我们来问一个问题，地球的风暴是怎么导致的呢？科学家认为地球风暴的形成是太阳的热力导致的。海王星离太阳比地球远得多，按理说，海王星与太阳的距离那么远，风暴不可能比地球还更强烈。

那么，为什么海王星会形成如此大的风暴呢？

我们先来考虑海王星的位置，海王星位于太阳系的外围，接受的太阳热量自然微乎其微了。海王星接受的太阳光照大约是地球接受的太阳光照的一千分之一。海王星接受这么少的太阳光照还产生风暴的这个现象和科学家们的原有的期望不符。因为科学家之前认为行星离太阳越远，产生风暴的可能性越小，因为没有能量驱动风暴。在遥远的海王星上，科学家发现风速没有变慢而是变得更快了，海王星的风速可达1600

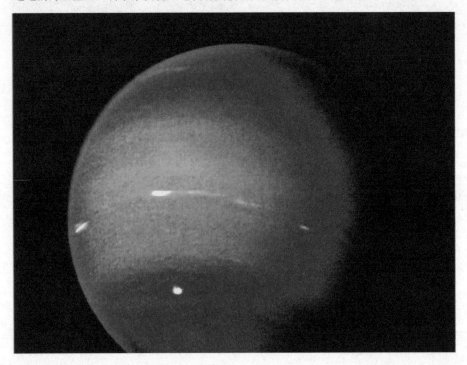

"旅行者"拍摄到海王星上的飓风斑

千米/小时。造成这么一个反常现象的原因可能是风暴产生的能力，除了太阳光照外，另外还有其他足够的能量，会产生湍流，进而产生巨大的风暴。可以推测得知，海王星释放的能量比它从太阳得到的还多，因而这些风暴极有可能有着尚未确定的内在能量来源。

另外海王星上太阳能过于微弱，一旦开始刮风，它们遇到很少的阻碍，从而能保持极高的速度，而不是减速。我们再来分析：

海王星是一颗质量很轻的星球，主要由质量很轻、密度很小的物质氢、氦，还有甲烷构成。科学家在海王星上至今没有发现有固体表面——没有固体表面就不会对风暴产生阻力。另外，热量传递由于强烈对流的关系速度很快，外加海王星自转速度很快（海王星自转周期大约是16.11小时），再加上其风暴能量主要来源于其内部炽热的熔融状态的核，而海王星表面温度只有约零下162℃，其巨大的温差可能是造成海王星风暴巨大且不稳定的原因。

不过直到今天，海王星产生巨大风暴，成为太阳系风暴第一星球之称的原因还是众说纷纭，暂时没有国际公认的说法。不过我们确定的一点是海王星的风暴速度远远超过木星。木星的著名大红斑直到现在还稳定存在，而海王星的大黑斑早已经是反复出现、消失了很多次，而且每次出现的位置也不同。

跟木星著名的大红斑一样，海王星也有一颗著名的大黑斑。美国的"旅行者2号"探测器造访海王星的期间，海王星上最明显的特征就属位于南半球的大黑斑了。大黑斑的大小跟地球差不多，不过却也只有木星大红斑的一半大小。海王星超级大旋风以每小时1600千米的速度把大黑斑向西吹动着。与此同时，美国"旅行者2号"探测器还在海王星南半球发现一个不规则的小团白色烟雾，科学家给这个烟雾取名为"The Scooter"。这团白色烟雾至今仍是一个谜，只知道它是一团从大气层低处上升的羽状物。

令人震惊的是，海王星著名的大黑斑在1994年突然无故消失了。美国哈勃望远镜对海王星的观察显示出大黑斑竟然消失了！它为什么就这么无故的消失呢？去了哪里呢？科学家认为这可能是海王星的大气层掩盖了大黑斑，才导致突然"消失"。之后，哈勃望远镜在海王星的北半球发现了一个新的黑斑。这个黑斑的出现表明海王星的大气层正在剧烈地变化着，科学家认为这是海王星的顶部和底部温度差异变化所导致的。

第四节　海王星的光环之谜

宇宙有很多有意思的东西等着我们去观测和研究，甚至去旅行。不过，很多宇宙的不可思议的事情都在跟我们玩躲猫猫。比如说起海王星的光环，在地球的我们有时

海王星最外层的环，1989年8月"旅行者2号"得到了这三个神秘弧线的图像

在海卫一的上空领略海王星

看得到它，有时又看不到，着实让人莫名其妙。

　　不过，这个莫名其妙已经终结。直到1989年8月24日那天，人类对海王星才又有了

海王星与海卫一合影

新的发现。那天美国发射的"旅行者2号"探测器在飞行了72亿千米后，成功抵达距离海王星4827千米的最近点，开始对海王星进行近距离的探测。

科学家根据这次"旅行者2号"发回的遥测数据和大量的照片进行分析，得出海王星还有至少6颗卫星。

这次的探测照片显示在海王星的上空有一个巨大的黑斑和一条4300千米宽的巨型黑色风云带。这个巨型的黑色风云带含有由冰冻天然气构成的白云和一股超大的气旋，这个气旋背后就是一长串的风暴区。

除了发现新的海王星卫星，"旅行者2号"还发现了围绕海王星的3条光环，到目前为止，已发现海王星有5条光环了。值得注意的是，海王星的这些光环都是完整的全环，并不像人们之前所观测的是断断续续的弧形环，而是非常完整的光环。这是什么原因造成的呢？这是由于环的反光不均匀造成的。目前，科学家已命名的海王星的光

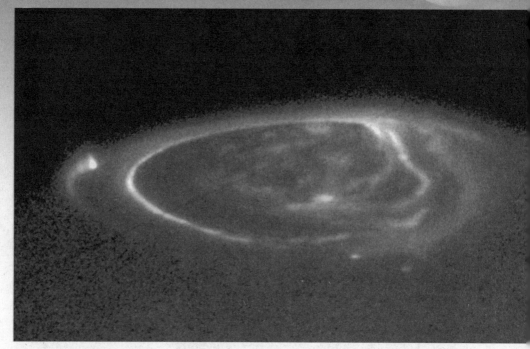

海王星上空的微量极光

环有：最里面暗淡但很宽阔的叫Galle（伽勒），最外面的是Adams（它包括三段明显的圆弧，今已分别命名为自由、平等以及互助），其次是一个未命名的包有Galatea卫星的弧，然后是Leverrier（它向外延伸的部分叫做Lassell和Arago）。

　　海王星的磁场位置非常古怪，这点跟它的好哥们天王星很像，科学家认为这可能是由于海王星地壳中层传导性的物质的运动而造成的。

第十三章
冥王星——一探"开除"真相

冥王星，或被称为134340号小行星，于1930年1月由克莱德·汤博根据美国天文学家洛韦尔的计算发现，并以罗马神话中的冥王普路托命名。它曾经是太阳系九大行星之一，但后来被降格为矮行星。与太阳平均距离59亿千米，直径2300千米，平均密度0.8克/立方厘米，质量1.290×10^{22}千克。公转周期约248年，自转周期6.387天。表面温度在$-220℃$以下，表面可能有一层固态甲烷冰。暂时发现有4颗卫星。

失落冥王星，这里的"气场"很忧郁

第一节　遥远的误会

1930年，神秘的冥王星首次被人们发现。但是直到现在，80年的时间过去了，这颗神秘的星球还存在诸多的争议，主要是关于这颗星球的地位——它到底是太阳系第九颗行星，还是一颗矮行星呢？说到底，冥王星还是"户籍"不明。

你说它是"城市户口"呢，还是"农村户口"？

为什么有的科学家会认为冥王星是"农村户口"——矮行星呢？因为与其他8颗行

261

太阳系内，"户籍"就是身份的象征

星相比，冥王星实在是太小了，小得离谱。冥王星比许多太阳系行星的卫星还小，比地球的卫星月球还小。让人非常无语的是，冥王星这么小的体积和质量使冥王星无法对天王星的运行轨道造成明显影响，所以也就无法满足天文学家当初的期望。

除了这个质量大小的问题，还有运行轨道，科学家认为冥王星有着与众不同的公转轨道。冥王星的运行轨道平面与黄道平面呈很大夹角。太阳系其他行星的轨道几乎是完美的圆形。而冥王星的轨道是一个有很大偏心率的椭圆形，其近日点和远日点与太阳的距离相差30亿千米之多。

根据上述的几个原因，科学家坚信，冥王星根本就不是行星，太阳系应该只有"八大行星"。当然，也有部分的天文学家猜测冥王星以外还有一颗未发现的行星——所谓的太阳系第十颗行星。不过这么多年来，这颗行星还没有找到。

1951年，美国科学家柯伊伯提出，太阳系外围可能有一大群小天体绕太阳运行。1992年，人们首次在海王星轨道之外发现了一个暗淡小天体——人们用柯伊伯的名字

被开除星级的冥王星很忧郁

柯伊伯带中最小的天体

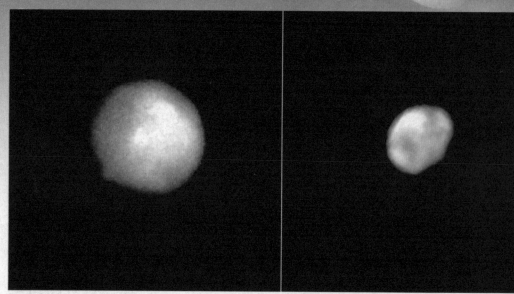

哈勃天文望远镜拍摄到的谷神星

命名这群小天体，柯伊伯带的存在从此由假说变为事实。

据科学家的推测，柯伊伯带直径超过100千米，存在不少于7万个小天体，至今已经发现了几百个。近几年来人们不断发现更大的柯伊伯带天体，其中一个甚至比冥王星的质量还要大。正是因为这些发现，才导致国际天文学联合会重新来定义行星。另外让科学家感到兴奋的是，在海王星轨道之外、离太阳约50个天文单位(1天文单位相当于地球到太阳的距离，约1.5亿千米)之内的区域，并不是由冥王星占统治地位的空旷地带，定居着诸多的"居民"。

2006年8月25日，一个改写太阳系行星数量的日子，一个扭转我们对于太阳系星体认识的日子。国际天文学联合会大会终于投票决定将冥王星开除行星的户籍。以冥王星为代表，这种大到一定程度但未能将周围"竞争对手"扫荡干净的天体，将被定义为"矮行星"——矮行星并不是行星，而是与行星不同的另一类天体。

对于我们从小读地理课本长大的读者来说，太阳系只有"八大行星"也许有点难以接受，但这也只是个习惯问题。这个习惯随着时间的推移，相信会慢慢地改变。其实不管冥王星是不是行星，与冥王星在天文学中的地位并无关系，它仍然具有重要的意义。

第二节　越神秘越有吸引力

就算冥王星被降格为矮行星，但是，为什么科学家对于这样一颗行星有如此大的

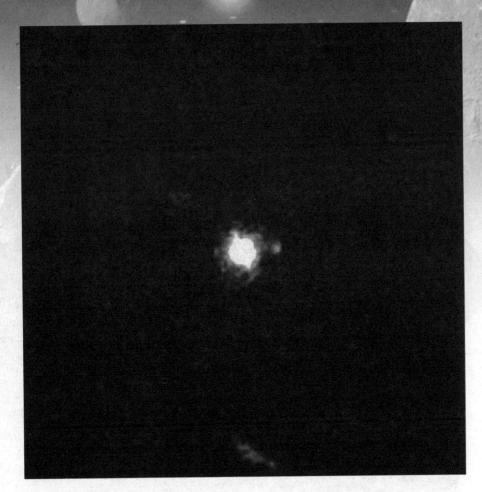

红外观测下的矮行星

兴趣呢？这很值得深究。科学家到底想了解什么？在笔者看来，科学家无外乎想了解冥王星这几个方面：首先，科学家想了解冥王星的卫星——冥卫一。

这个冥王星的卫星冥卫一引起人们的极大兴趣。为什么呢？首先冥卫一的直径很大，接近冥王星的二分之一，达到1200千米。

一般而言，大多数卫星的直径都只及它们所围绕的行星的百分之几，但是冥卫一和冥王星的直径相差这么小，不得不令人感到惊奇了。

据此，部分科学家提出，冥王星和冥卫一会不会是一对双子星呢？虽然近年来天文学家陆续发现了一些双子星的小行星，但目前还没有最终确定。

其次，科学家迫切想知道冥王星外围的柯伊伯带天体到底是个什么东西。科学家认为柯伊伯带天体是远古行星构造过程的产物，这个远古的产物有可能为人类探索太阳系外层的形成过程提供许多重要的信息。

265

星际旅行指南

遥望冥卫一

266

根据冥王星大气厚度以及与太阳之间的距离，科学家推断冥王星上太阳的亮度，要比地球上太阳的亮度弱1000倍

很多天文学家利用计算机模拟技术来模拟冥王星柯伊伯带是怎么形成的，模拟结果显示：50亿年前的冥王星柯伊伯带的质量是现在的100倍，这意味着当初的冥王星外围曾经有过体积庞大的固态物质，这些物质足以形成与天王星或海王星大小相近的行星。那么，到底是什么原因使得它们最终分崩离析了呢？它们与天王星或海王星有没有"血缘关系"呢？这些至今还是重大的谜团，不过相信科学家不久就会为我们解开。

第三个科学家想了解的是冥王星表面的大气层。冥王星的大气层令人非常好奇。因为按照理论计算，冥王星表面的大气层密度比地球低将近3万倍，主要由氮气、一氧化碳和甲烷组成。

冥王星表面大气最外层的分子是第四个科学家对于冥王星最想了解的。为什么冥王星的最外层分子可以获得足够的能量挣脱冥王星的引力呢？

科学家认为是"流逸"现象导致的。除了冥王星，科学家们在其他天体上还没有发现类似的现象，而现有的理论认为，地球表面之所以能形成如今这种适合人类居住的地理和气候环境，就在于"流逸"使得地球表面大量的氢元素的释放。科学家认为对"流逸"现象的深入研究，可以帮助人类找到宜居的星球。另外，冥王星星球表面的有机物化合物和内部蕴藏的冰也让科学家们感到兴奋。

第五，科学家们想知道为什么冥王星和它的卫星冥卫一面貌差异巨大。冥王星长得帅，球体表面有较高的反光性。而冥卫一长得丑，球体表面灰暗，没有明显的标志物体。另外，冥王星有大气层存在，而冥卫一则没有大气。究竟是什么原因导致这两个邻居的地理环境会如此的不一样呢？是它们的形状、构成成分，还是形成原因？

第六，科学家觉得冥王星和海王星最大的卫星——海卫一，在密度和形状上面很相似。科学家认为冥王星跟海卫一之间或许有不为人知的秘密。在这些无解的现象的背后揭示着人类的天文学理论知识还相当有限，或许，很多从理论上看肯定是错误的。

第三节 没有这个"擎天柱"，大气层会整体坠落

冥王星就像一枚毒气弹。这里的旅行必备品就是"超级防毒服"

科学家经过观测和研究，根据结果可以证实，在冥王星的大气中检测出了有毒的一氧化碳，除此之外，科学家们还发现冥王星的大气向星球外延伸的高度要远远超过人们之前的预计。会不会有一天，冥王星的有毒气体可以弥漫到地球上来？目前还不可知。

冥王星是目前人们已知的，唯一一颗确认拥有大气层的矮行星。冥王星的大气层延伸距离达到了约3000千米，而不是之前所估测的100千米。这个距离差不多是冥王星到其最大的卫星——查龙距离的四分之一。

冥王星大气层一氧化碳辐射范围

　　我们通过上面资料已经知道了，冥王星大气主要成分是氮气、一氧化碳和甲烷，而一氧化碳和甲烷含量较小，氮气比重更大。在冥王星的大气中，一氧化碳充当着冷却剂，而甲烷则吸收太阳的光，从而加热大气。这两个气体在大气之间维持着微妙的平衡。这对于冥王星上长达70年的冬季具有特殊的意义——冥王星的一年四季比海王星还长得多。

　　为什么科学家要研究冥王星的大气层呢？因为冥王星大气的这种独特模式也将有助于科学家们更准确地理解地球的大气层行为规律。亲眼看到另一颗遥远的星球上发生的气候变化状况令人惊讶，这样的成分单一，驱动模式简易的低温大气为我们掌握一些基本物理学理论提供了天然的实验室，并且通过对比，能够帮助我们更好地理解我们地球的大气层。

　　我们来看看冥王星的大气层。冥王星的大气温度非常低，大概是零下220℃。而另一个让人惊讶的情况是，冥王星的探测信号强度要比2000年科学家通过西班牙IRAM-30米射电望远镜进行的观测结果制定的上限值还要高出两倍以上。在过去10年间，冥王星的亮度增加是十分显著的。所以科学家推断冥王星的大气层或许出现

270

了膨胀，或者当中的一氧化碳浓度有所上升。

　　科学家已经在冥王星的大气中发现了涨落情况，不过，这只是它的底层大气。这一部分大气主要成分是甲烷气体。冥王星大气层的形成或许是源于太阳光照射致使它的地表温度上升的结果。1989年，冥王星飞掠近日点，这对于冥王星而言可谓是"刚刚发生"的事件，因为冥王星上的一年等于地球上的248年。源于冥王星薄弱的引力场，它的大气层或许是我们太阳系中最容易遭到破坏的一类。它的高层大气中的粒子会持续逃逸到太空之中。

第四节　剥开地表，挖掘地下海

冥王星的地表

剥开冥王星地表

冥王星表面是由什么构成的呢？科学家认为冥王星的地表主要由细薄的氮冰壳覆盖在冰水层之上。

为什么科学家会如此认为呢？难道冥王星就不会跟地球一样由厚厚的岩石构成？科学家认为，冥王星极有可能存在一个地下海洋，因为当球状星体旋转时，会推动物质朝向赤道，形成一个膨胀的凸出部分。如果冥王星拥有一个液态层，冰水物质将流动，从而减少赤道的膨胀凸出部分。因此，当冥王星非常快速地旋转时，"结冰"原生膨胀区域的出现将表明缺少海洋。

2006年，美国发射的"新视野"探测器，将在2015年4月份抵达冥王星上空。除了勘探冥王星的整体外形，这个探测器还将研究这颗矮行星的温度、大气层构成和环绕在这个星体周围的太阳风。

假如之前科学家推测的膨胀地区存在的话，将有10千米高，所以说，会很轻易地被"新视野"探测器所探测到。

　　"新视野"探测器针对冥王星的探测目标主要是其表现特征以及成分，该星球的表面特征会揭开其下层的秘密。随着冥王星在它的生命旅途中的慢慢降温，温度上的变化将导致这个星球的体积发生变化，形成表面压力。将这些特征进行分类，会揭晓是否这颗星球表面之下存在着海洋。当冰层被延展时，冰壳下面的冰水就会产生张力，当冰层被挤压时，固体物质层就会产生压缩作用力。类似这样的特征会遍布整个冥王星，而不是仅存在于少数的特殊的地区。

　　当然了，这是"新视野"探测器最理想的勘测计划。所以说，"新视野"探测器并不一定会完整地绘制出冥王星的整体面貌表面，这个探测器只能飞掠这颗冰冷矮行星上空，不过，在到达离冥王星最近点的前3个月该探测器便能对这颗星球进行勘测拍照。当"新视野"探测器距离冥王星表面12500千米之内，会拍摄到每像素62米的高分辨率照片，不过，即便这个探测器在最远距离，它所拍摄到的图像也要比哈勃望远镜清晰十倍。这颗矮行星的地表纵深超过80米的山脊或凹谷全都能被清晰地拍摄下来。

挖掘冥王星地下海洋

美国已启动新一轮冥王星探索计划，预计2015年抵达目的地

地球到太阳的距离只有冥王星与太阳之间的距离的四十分之一，冥王星看上去不太可能存在地表海洋，甚至是地下海洋。不过，在地表以下的热量或许会将冰层溶化。

科学家认为冥王星的主要能量可能来自自身岩石的内部，其内部同位素遭受放射性衰变，在这个过程中，钾起到了决定性的作用，冥王星内核位置存在着足够的钾来溶化它上方的冰层。近日，科学家发现冥王星钾元素含量大概是早期太阳系陨星含量的十分之一，这说明了很大一部分的钾元素已经用来溶化上层的冰。

那么，冥王星有没有地下海洋呢，还是只是我们看不见而已？美国的科学家坚信冥王星含有大量的钾元素，以维系一个地下海洋。形成这种地下海洋的一个非常关键的因素就是冰层黏性。或者说，多少的冰层能够抵挡液态水的流向。泥泞的冰壳会吸收下层水资源的热量，以至于地下海洋结冰，然而一个更加固态化、高黏性的冰壳则不会这样。根据研究资料，科学家推测冥王星的地下海洋位于地表以下大概165千米的地方，位于同等厚度的冰壳之下。好吧，假如冥王星存在地下海洋，那么冥王星岂不是有水？我们都知道水是生命存在的必要条件，可是冥王星就算有水，也不可能存在生命体，这是因为生命所必需的有机营养物质很可能在过去已被过滤。然而，如果冥王星存在地下海洋，那么位于柯伊伯带的其他星体就将超出之前的推测，显然更适宜居住。

在我们的太阳系中，木卫二、木卫三、木卫四可能在冰冷表面之下存在着海洋，土卫六也可能存在着地下液态海洋。柯伊伯带的众多天体小行星很可能也存在海洋，它们的体积与冥王星相近。如果是这样，它们将不仅包含着液态水资源，还存在着冥王星所缺乏的神秘生物。

第五节　揭开冥卫神秘面纱

冥王星这么小的矮行星也有卫星？这令人非常不解和好奇。之前人们已经知道冥王星最大卫星是"卡戎"，而且在很长时间内科学家一直认为冥王星只有一个卫星。

2005年6月，美国的科学家伦－斯特恩发现有两颗较小卫星在环绕冥王星运行，这两颗卫星被命名为"尼克斯"和"许德拉"，"尼克斯"和"许德拉"是希腊神话中的女神和神兽。

2011年，科学家对这两颗神秘卫星的认知和了解逐渐加深，开始揭开它们不为人知的神秘一面。

尼克斯和许德拉

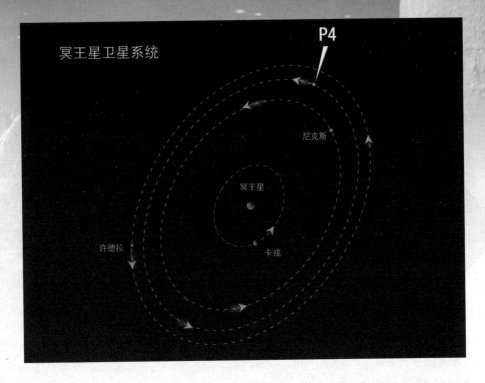

尼克斯和许德拉这两颗冥王星的卫星都很灰暗，天文学家从远处观测很难精确地描述其体积大小。不过，天文学家有信心认为这两颗卫星的直径小于80千米。尼克斯在古代希腊神话中是掌管黑暗和夜晚的女神。尼克斯的母亲是负责运送死灵渡过冥河进入地下世界的卡戎。

许德拉是长着多个头颅的巨蛇，被赫拉克勒斯杀死。尼克斯和许德拉的名字中带有"N"和"H"，代表着"新地平线（New Horizons）"航天器。

尼克斯比许德拉体积更瘦小，光线更灰暗。尼克斯与地球的距离大约在42亿至75亿千米。

太阳系最后的处女地

美国在2006年发射了"新地平线"航天器。该航天器将于2015年抵达冥王星及其卫星进行近地观测，这有望给我们更多的关于冥王星的问题解答。然而，2006年冥王星被官方从行星降级为矮行星。许多科学家对冥王星的重新分类持不同意见，直到现在还在产生巨大的争议。

冥王星三颗卫星的起源

冥王星及周边卫星亮度对比

　　天文学家坚持认为冥王星的三颗卫星——尼克斯、许德拉与卡戎是在同一时期诞生的，天文学家通过哈勃望远镜观测冥王星的卫星系统，认为它们形成于太阳系早期形成阶段，当时柯伊伯带中一个较大的星体与冥王星发生碰撞，最终这颗较大星体分离成三个部分。

　　尼克斯、许德拉与卡戎这三颗卫星，如果确实是形成于一次巨大碰撞，那么这三颗卫星的漂浮物质表面，或许拥有相同的颜色。经过科学家的分析，这三颗卫星是由相同的物质所组成的，因此反射出同样色彩的光线。它们也环绕在相同平面。尼克斯、许德拉和卡戎这三颗卫星的色彩是"中性"，这意味着它们是由水和冰物质构成，它们所反射的光线跨越所有波长，因此表现出苍白无色。而冥王星表面呈

276

现出轻微的红色，可能是由于来自太阳的紫外线分解了冥王星表面的甲烷，残留红色富含碳的残渣物质。

制冰机——卡戎

卡戎是冥王星最大的卫星，卡戎的表面是由巨大的冰层构成的。科学家经过多年的观测证实，卡戎表面大量的环形山一直在不断地向外喷发冰块。通过天文望远镜观察，卡戎就像是一个不停地制造冰块的机器制冰机。不过，这部"制冰机"的运行非常慢，你要想吃它造的冰块，还得等上很久的时间。据科学家统计，在过去的10万年间，卡戎所造的冰块只使冰层厚度增加了大约1毫米。真够慢的。

冥王星与卡戎

第十四章 小行星——地球的潜在威胁

小行星是太阳系内类似行星环绕太阳运动，但体积和质量比行星小得多的天体。小行星是太阳系形成后的物质残余。太阳系中大部分小行星的运行轨道在火星和木星之间，称为小行星带。另外在海王星以外也分布有小行星，这片地带称为柯伊伯带。

别拿"石头"不当星球

第一节 近地行星，越近越危险

不要认为你生活在这个美丽星球就万事大吉。或许你并不知道，这个蓝色的美丽星球正处在一片危险的区域——就像是一辆逆行的汽车行驶在高速公路上，随时都有撞车的危险。地球不是位于太阳系中一个平静的小角落里，而是在一个极其高危险的地区。

很多行星，你可以称之为"恐怖分子"的家伙，不时地进入我们的轨道，把我们给吓得胆战心惊。这个星球的方向盘并不掌握在人类手中，所以我们无法躲避它们的撞击。

很多读者可能会发出疑问，这些行星撞击地球的几率到底有多大呢？按照科学家的原话："截至21世纪末，数百万人死于小行星撞击的几率为两万分之一。"意思就是我们死于小行星撞击的几率，比死于闪电的几率还高出4倍。我们晚上观察月球，可以看到月球表面被小行星持续撞击出的凹坑，这些凹坑充分显示了这些致命岩石的强大能量。虽然地球遭到撞击的次数并不少于月球。但是在太空物体的多次轰击之下，

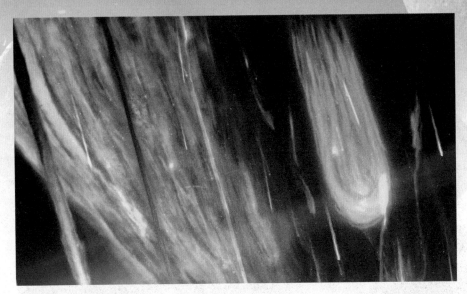

行星撞击地球可不是闹着玩的

小行星在地球的又一杰作

人类到目前为止一直还很走运。不过，好运气总会有用完的那天。

我们先来近距离体验一下太空岩石的巨大恐怖力量。在美国亚利桑那州北部留有早期太空岩石撞击地球的物证。那是个巨大的陨石坑。这个陨石坑的宽度近1英里，有550米深，在这个坑里可以同时进行两场足球比赛，并容纳200万名球迷观看比赛。在很久之前，科学家曾认为这个陨石坑是火山活动造成的，直到后来地质学家发现了惊人的证据——大约5万年前，一块来自太空的岩石撞击了地球，最终炸出了这个大坑。

可能很多人会问，为什么一块小小的岩石能在地球的地面上留下一个如此巨大的坑呢？科学家对此的解释是：小行星在以5万多英里的时速进入大气层时，会和大气产生摩擦，剧烈的摩擦会使它的温度升高到10万华氏度，比太阳的表面温度还高出10倍。小行星本身并没有什么能量——除了高速运动的动能。撞击地球时，这股动能会造成一场高温、强光和巨响混合的爆炸。一般说来，巨大的坑是炸出来的。

我们美丽的蓝色地球遭到小行星袭击的次数和月球一样频繁。但是为什么地球没有像月亮一样满是陨石坑，那么丑？这是因为地球是活跃的星球，地球拥有惊人的自愈能力，地球上每天的风、雨和冰不断侵蚀着那些陨石大坑，使得丑陋的大坑能够变得漂亮。

行星撞击地球预想图——这样的情景随时可能发生

悬在人类头顶的又一威胁

一般来说，太空的岩石都有自己固定的运行轨道，撞击地球的几率不大。不过很多时候，这些岩石之间也会互相撞来撞去，导致预定的轨道发生改变，突然向地球靠近。这个是很恐怖的，因为这些突然改变轨道的小行星你不知道它到底要撞向哪里。这个是没有预警的。地球可以说是太阳系中一个比较危险的星球。目前有近700个近地小行星被列入危险名单，在这其中，让很多天文专家感到棘手的是一颗叫做"阿波非斯"的近地小行星。

"阿波非斯" 2036年撞地球？

2012年，天文学家已经排除了"阿波非斯" 2029年撞击地球的可能性和危险性，不过，这其中还是存在着变数，万一科学家算错了，"阿波非斯"撞击地球的碰撞后果不堪设想——人类几千年的文明历史可能会毁于一旦。

科学家正在紧密地观察这颗恐怖的行星，并不断地对"阿波非斯"的运行轨道进行精确推算，科学家经过计算，认为"阿波非斯"在2036年撞地的概率是百万分之四，而2068年撞击地球的概率是三十三万分之一。在天文学上，这样的概率其实是非常高的。

当然，坏消息不止一个，因为"阿波非斯"神出鬼没，科学家能够观测的时间非常有限，一般我们要花去两到三年的时间才能看到它几眼。

地球的死神

即使"阿波非斯"非常非常幸运地没有撞击地球，不过不用高兴，另一颗代号为2000SG344的小行星也很有可能在2071年撞击地球，它与地球"擦肩而过"的可能性约为千分之一，撞击能量相当于100颗广岛原子弹产生的威力——只要撞击地球，足以毁灭一大片的区域。

这颗代号为2000SG344的小行星，科学家已经证实是迄今为止人类发现的最危险的小行星。为什么说极有可能撞击地球呢？因为它的运行轨道与地球极为近似，绕太阳公转一周的时间为354天，而地球公转的周期是365天，可以说它与地球的转向是一致的，而且有可能在2071年轨道重合，从而产生撞击。

第二节 一场不为人知的碰撞危机

这个陨石坑是2～5万年前陨石撞击地球在沙漠上留下的一个丑陋疤痕。陨石坑宽1264米，深174米，是世界上最大的撞击陨石坑

近观美国亚利桑那州陨石坑

　　如果我们看了美国亚利桑那州那个巨大的陨石坑，我们就知道，我们人类确实生活在一惊一乍中——虽然现在看来小行星撞击地球这个概率还是很低，但是谁又知道哪天是不是有一颗来自宇宙的小行星直接撞向地球？

　　当然，科学家也经常预言，在某某年行星会撞击地球，我相信我们也已经听腻了。不过就在几年前，小行星撞击地球的事情就险些发生。2002年1月7日，一枚直径300米的小行星正在以每小时11万千米的高速与地球差点相撞，科学家对于这个小行星到现在还非常害怕，因为直到2001年12月26日，即直到小行星驶向地球近地点前的12天，它才被美国国家威夷天文台的一台小型天文望远镜所发现。这枚小行星的编号是2001YB5。当美国的天文望远镜捕捉到它时，它正朝着地球的方向迅速逼近，当时看上去，它的大小也就与从地球上观测月球表面一块直径1米大的岩石相似。不要小看这么小的行星，一枚直径300米、可能是以坚硬的岩石组成的小行星一旦以11万千米／小时的速度撞上地球，其能量至少可以将方圆150千米内的所有建筑和自然物夷为平地，甚至对方圆800千米以外的地区也会造成不可估量的损失。

　　幸运的是，这颗小行星没有撞上地球，在距离地球83万千米时，它转向为逆地球运转的方向而去。我们不要小看这83万千米，从天文学上看，在太阳系里，它已经驶进地球的"近郊"。换句话说，以它的运行速度，小行星从其轨道近地点到地球的距离仅有不足8个小时的路程！

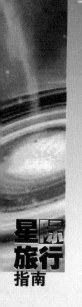

就在这次小行星险些威胁地球之后不久，在2002年6月14日，一颗小行星也从地球附近飞过，当时它与地球的距离比月亮还近，令人感到恐惧的是，科学家直到发生后才得知。

虽然这颗小行星仅相当于一个足球场那么大，不过，一旦它与地球相撞，就足以把一座繁华的大都市瞬间变成深坑。科学家们6月17日才观测到了这位"地球访客"，他们把这颗小行星称为2002MN。2002MN相当于一颗轻量级的小行星，它绕着太阳飞行一周大概需要894.9天。假如2002MN真的撞上地球，它带来的灾难相当于1908年西伯利亚通古斯卡遭遇撞击所造成的后果，当时2000平方千米的森林全被连根拔起。那次事件中，袭击地球的巨石长达60米，它的威力相当于广岛原子弹爆炸所产生的能量的600倍。假如2002MN撞击地球，还很可能会在大气层发生爆炸，产生巨大的冲击波，改变地球的气候。

经常的擦肩而过，也挺考验人类的心理承受能力

位于美国新墨西哥州的林肯近地小行星研究项目的科学家首先发现了这颗小行星。不要认为这次是最大的危险，最具危险的一次"遇见"是在1994年，当时一颗小行星XMI飞得离地球更近，1994年12月9日它离地球的最近距离只有10.5万千米。

不过，我们也不用太担心，小行星撞击地球的可能性还微乎其微，那些宇宙访客都不会像2002MN与地球这样亲近。但是人类对轻量级小行星的观测和研究明显不足，这值得我们警示。

为什么这么说呢？这绝不是危言耸听。目前而言，科学家们发现行星靠的是它们能够反射太阳光，而轻量级小行星反射的光不强，只有在距离地球十分近的情况下才会受到人类的关注，因此它们的危险性不可忽视。此外，全世界的天文望远镜多半集中在北半球，南半球成了人类的盲点，一旦小行星飞向那里，人们将毫无防备。

其实在地球的长河中，小行星与地球撞击的悲剧很多，不过那个时候还没有人类的出现，比如6500多万年前一颗直径约10千米的小行星以每小时9万千米的速度与地球相撞，撞击点在今天墨西哥的尤卡坦州。

在墨西哥的尤卡坦州，科学家经过仔细的研究认为，这次小行星的坠落致使地球上超过50%的动物遭遇灭绝。为什么小行星撞击会导致生物灭绝呢？是因为小行星中的硬石膏是硫大量集中造成的，硫与碳酸盐结合形成了硫酸，硫酸雨"杀死了"陆地和水中的生命。

第三节　我们只能坐以待毙？

虽然小行星撞击地球的概率很小，但是就跟开车在高速公路上行驶，你永远不知

PS1天文望远镜

星际
旅行
指南

紫金山天文台近地天体探测望远镜

道下一秒会发生什么？我们不能活在小行星的巨大威胁下，我们要做好各方面的防范措施。

主要措施有三个，第一个是启动摄像机预警；第二是对近地小行星进行密切的观察；第三是想办法破解小行星的撞击。

启动摄像机预警

对于小行星的未来存在的威胁，最好的办法就是启动摄像机预警。美国宇航局启用的PS1天文望远镜，可以清晰地探测到距离地球附近的直径300米到1千米的小行星。为什么要探测300米以上的小新星呢？因为只要达到300米的小行星如果撞击地球，不管在哪里降落，都将造成灾难性的区域毁灭，如果是1千米的小行星就会造成全球大灾难。

PS1天文望远镜曾在一个晚上发现过19颗近地小行星

对近地小行星进行密切的观察

除启动摄像机预警外，各国天文学家一直在对近地小行星进行密切的观察。

2001年，英国成立专门研究近地小行星等天体与地球相撞几率的研究中心，以便为公众提供准确客观的信息。2009年，美国宇航局就发射了一台新望远镜，用来搜索那些还没有被发现，但是对地球具有威胁的小行星和彗星。2010年，俄罗斯也不甘落

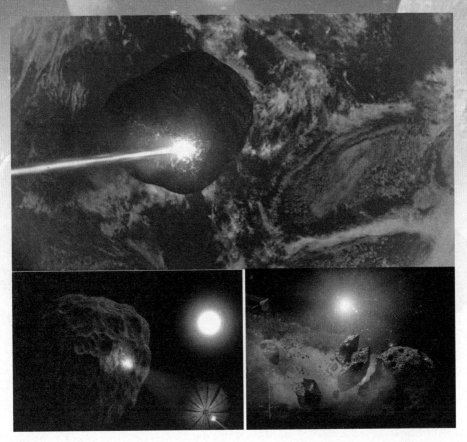

小行星防御新技术：通过镜面反射装置，将太阳光转换成可分解行星的激光，继而将其分割消解

后，政府考虑向太空发射一种特殊的航天器，将用来撞击小行星，使其偏离轨道。

中国也在观测预警方面投入巨资，中科院紫金山天文台就建设了一台近地天体探测望远镜，这也是中国第一台专门用于搜索近地小行星杀手的望远镜，其观测能力居全国第一，世界第五。中国的天文台专家靠着这个望远镜，已经发现了近800颗小行星，并且获得了国际临时编号。

想办法破解小行星的撞击

如果预警和观察到小行星不可避免地要撞击地球，那我们肯定不能束手无策坐以待毙，我们要想办法去破解小行星的撞击。

在小行星即将撞击地球时，我们可以用很多的方法改变小行星的轨道，让小行星偏离地球。

具体方案有几种：

首先就是通过给小行星安"太阳帆"，即在小行星体表面上安装一台大型火箭发

动机，或者一个"太阳帆"，把行星从地球的轨道上推开。

其次是机械力改变小行星的轨道，即发射人造天体到太空后，把它调整到和小行星平行，并使两者的相对速度为零，然后用机械力推小行星一下，它就会改变轨道了。

再次是用爆破法，爆炸法也可以实现小行星轨道的改变。对于组成元素是铁质的、结构结实的行星，可以利用导弹或是核装置对其进行攻击，理想的状态是将它炸成一分为二的两部分，这样质量就发生了变化，轨道也就跟着变了。

最后我们还可以用改变颜色的方式以改变小行星轨道。如果原来小行星是灰的，可以将它变成纯黑，物体的颜色可决定吸收热量的多少，轨道也会随之改变了。

第四节　谁能代表700000

截止到目前，人类观测到太阳系内的小行星已有大约70万颗，但是其中最著名、最有意思的七颗小行星却是我们不得不去了解的，它们分别是：

赫克托星：最大的特洛伊星

艳后星：呈狗骨头形状

巴普提斯蒂娜星：恐龙灭绝的杀手

谷神星：最大、最重的小行星

西弥斯星：地球生命的可能传送者

阿波菲斯星：可能导致世界末日的太空岩石

托搭提斯星：无法预测的扭曲状天体

赫克托星

赫克托星是最大的特洛伊星。很多读者都看过美国电影《赫克托》，里面特洛伊的大王子，被阿基里斯杀死的那个就是赫克托。赫克托星长宽分别是370千米和200千米。赫克托星不是孤单的，也有卫星。需要特别注意的是，赫克托星并不是在主小行星带中，而是特洛伊族中最大的一颗行星。特洛伊族的名字来自荷马史诗《伊利亚特》中的特洛伊战争。

艳后星

著名的埃及艳后，大家都很熟悉。艳后星就是著名的克丽欧佩特拉星。科学家都相信许多小行星都拥有卫星，有的甚至有两颗卫星。艳后星就拥有两颗卫星，它们分别是克利奥月神星和阿历克斯太阳神星。艳后星最让人称奇的是拥有逼真的狗骨头形状。为什么会是骨头状，你看艳后星长、高、宽就知道了，艳后星的长、高、宽分别为217千米、94千米和81千米。

巴普提斯蒂娜星

科学家相信就是巴普提斯蒂娜星造成了地球上恐龙的灭绝。巴普提斯蒂娜星是小行星带中最年轻的成员之一。按照科学家的研究理论，巴普提斯蒂娜和它的家族成员大约在1.6亿年前诞生，怎么诞生的？科学家推算是由一个直径约为80千米的天体与一个直径约为190千米的天体相碰撞产生。这次碰撞形成了好几百个较大的天体碎片，在这之中，很多都撞击了地球，造成了大部分地球生物的灭绝。在距今大约6500万年前，其中一颗或多颗碎片撞向地球，造成了恐龙的灭绝。这次撞击形成了著名的奇克苏卢布陨石坑，如今这个陨石坑被埋于尤卡坦半岛和墨西哥湾之下。

谷神星

谷神星是最大、最重的行星。谷神星发现于1801年，是最早发现的小行星，也是迄今为止发现的最大的小行星——这也可以用来解释它为什么会最早被发现，因为大，容易被发现。谷神星的质量很大，而且也很圆，质量约占整个小行星带的三分之一左右。谷神星也被认为是一颗矮行星。美国的"曙光"探测器预计将于2015年抵达谷神星。届时我们可以了解到谷神星的化学成分，是否在其表面之下有一个液态层。

西弥斯星

科学家认为西弥斯星就是地球生命的传送者，是西弥斯星将生命带入了地球。西弥斯星是迄今天文学家发现的第一颗，也是唯一一颗表面有冰的小行星。为什么说西弥斯星是地球生命的传送者呢？在2009年，天文学家用红外线观测数据证实，西弥斯星表面冰体有含碳的有机分子存在。这个特点说明西弥斯星跟彗星一样，是将水或碳等生命必要物质在40亿年前送到年轻、酷热、干旱的地球上的传送者之一。

阿波菲斯星

很多新闻报道都在说阿波菲斯星，传说阿波菲斯星是将导致世界毁灭的元凶。阿波菲斯是埃及神话中著名的灾难和破坏之神命名。地球的死神阿波菲斯星曾经在2004年与地球近距离擦肩而过。当时它与地球的距离仅约为161万千米——约为地球与月亮距离的4倍。宇宙中这个距离已经是非常非常近了。有许多太空岩石曾经与地球近距离擦肩而过，但阿波菲斯是引起天文学家最警觉和公众最关注的一颗太空岩石。

托搭提斯星

托搭提斯星是一个扭曲的天体，也是科学家目前发现的最畸形的太空岩石之

茫茫星海，谁能代表70万

一。托搭提斯星不是一颗以轴为核心形成的普通天体，而是呈现出一种混乱的扭曲状。为什么这么纠结，这么扭曲呢？一部分原因来自地球和木星引力的影响。另外的原因是托搭提斯星是由两个几乎不可能互相连在一起的部分组成。托搭提斯星由于它的轨道是无规则的，因此它的确切路径以及与地球究竟有多靠近，直到现在仍然无人能够预测。

第五节　下一个淘金潮将在太空发生

很多小行星都携带了大量的宝藏，比如钻石，比如贵重金属，比如宝石等。科学家相信，未来地球的淘金热肯定将在太空发生，谁先发现携带宝藏的小行星，谁就发财，而且这些小行星的数量还不少——这跟15世纪西方发现新大陆一样。

航天器载人登陆小行星地表

从灶神星上切割下来的玄武质岩石

小行星开发概念图

　　在人类高速发展的现实情况下，21世纪中叶前，全球大多数有限矿产资源，比如石油、铁矿、煤炭都将被消耗殆尽，人类一定能够好好利用环保又清洁的太空资源。从小行星上开采矿产较之在月球上开采更简单、廉价。我们举例，在最近发现的一颗直径约为1000米的金属小行星上，其富含的矿产资源就超过了目前全世界钢铁年产量的5倍之多。面对巨大的财富，很多的科学家已经开始着手对于开采小行星资源这方面的探索和研究。

　　开采小行星资源的步骤如下：

　　2001年：美国宇航局的"尼尔-舒梅克"航天器第一个抵达小行星表面。

2010年：日本"隼鸟"探测器第一个把小行星样本带回地球。

2011年："黎明"探测器开始围绕灶神星飞行。

2025年：美国宇航局计划让宇航员在一颗小行星上着陆。

2035年：在小行星上生产氢燃料的长期空间任务实现商业化。

2050年：降低的宇宙飞行费用使小行星金属矿藏开采有利可图。

怎么开采小行星的资源呢？流程是什么呢？

地表采矿：用机器人在小行星表面使用磁性精梳机收集富含金属的岩石，然后把这些材料运送到中心精炼站。

拯救地球：一个撞向地球的小行星能够被一个足够大的采矿宇宙飞船通过轻微的引力作用，把它推到一个安全的轨道上来。

燃料添加：飞向火星或者更远的宇宙飞船可以开采小行星出产的水，然后通过电解分离成氧气和氢气作为能源。

精炼：地球精炼机通常通过密度来分离材料，在低重力的小行星上，采矿者将离心机进行替代。

钻孔：矿工操纵使用双重机器人在小行星上钻出深孔，一套激光钻孔设备能够将材料运送到行星表面。

除了小行星之外，科学家建议将月球视为人类在太空的主要能源基地并从月球上获取人类未来所需的热核能清洁燃料——氦-3，而从小行星上获取各种贵金属等矿产资源。同时，俄罗斯科学院院士埃里克-加利莫夫认为月球上的氦-3储藏量可保障人类数千年的使用，因为集中在月球表面的氦-3储量可达5亿多吨——这或许是人类将石油用完后唯一的资源。

当然，开采这些小行星资源的成本不算太高，我们举例，保障人类一年的能源需求量只需要每年向太空发射2至3次载重量为10吨的航天飞机，这样的星际飞行所投入的资金还不足目前使用原子能发电站发电消耗资金的十分之一。

科学家对此展望，在21世纪未来的数十年内，小行星巨大财富的勘探将成为空间探索的主要吸引力之一。一个体积极小极小的行星能包含数十亿美元甚至更高价值的铂系金属和数不清数量的冰和水。不要小看这些冰和水，一点也不廉价，在太空中它们能在原地转变成燃料。

不过，巨大的财富也伴随着巨大的挑战，开采这些资源还是有很多难题。比如，小行星接近失重的结合和快速的旋转——很多小行星的自转速度达到几分钟一圈。这么快的自转速度意味着小行星宇航员必须把包括他们自己在内的一切东西都连接到岩石上，或者冒着飘浮进太空的危险。

第十五章　彗星——太空的流浪者

　　彗星，中国人俗称"扫把星"，是太阳系中小天体中的一个类型。主要成分为冰冻物质和尘埃。当它靠近太阳时即为可见。太阳产生的热量使彗星上的物质蒸发，在冰核四周形成朦胧的"彗发"以及一条由稀薄物质流构成的"彗尾"。因为受到太阳风的强大作用力，"彗尾"始终指向背离太阳的方向。

穿越"扫把"，近拍彗星

第一节　不要迷恋哥，哥只是过客

　　彗星又叫"扫把星"。彗星是太阳系中属于小天体之类的星体，当彗星靠近太

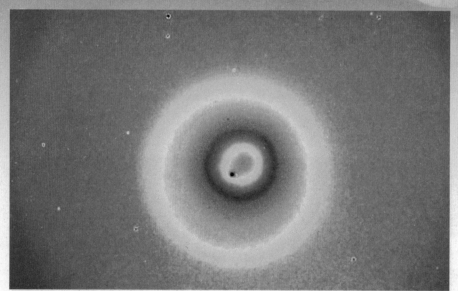

从太阳的方向扑面而来

阳时，我们才可以看见。彗星是由冰冻物质和尘埃组成的，太阳的热会使彗星物质蒸发，在冰核周围形成朦胧的彗发和一条稀薄物质流构成的彗尾。彗尾总是指向背离太阳的方向，这是由于受到太阳风压力的影响。

很多人看到彗星时认为彗星离我们很近，以为彗星是摩擦地球的大气层产生了彗尾，其实不然。1577年，丹麦的天文学家第谷指出当从地球上不同地点观察时，彗星并没有显出方位不同；因此他正确地得出彗星必定很远的结论。

当彗星向太阳靠近的时候，它的亮度就会极速上升。对与太阳距离相当远的彗星的观察结果显示，它们在沿着被高度拉长的椭圆轨迹运行运动，而且太阳是在这个椭圆轨迹的一个焦点上的。彗星大多数的时间都在离太阳很远的地方运行，在那里它们是无法被观测到的。只有当它们向太阳靠拢时才可以看见。一般情况下彗星的公转周期非常短，通常小于100年，也就是说，它们会作为同一颗天体，可以相继出现在人类的视线中。

哈雷是人类历史上第一个观测到会相继出现彗星的天文学家，哈雷在1705年认识到彗星是有周期性的。他观察到的那个彗星运行周期是76年——这就是著名的哈雷彗星。哈雷彗星最近一次出现在人们的视野是在1986年。一般而言，离太阳很远时彗星的亮度很低，而且它的光谱单纯是反射太阳光的光谱。当彗星进入离太阳8个天文单位以内时，它的亮度开始迅速增长光谱也急剧地变化。为什么会发生这样的变化呢？这是因为组成彗星的固体物质（彗核）突然变热到足以蒸发并以叫做彗发的气体云包围彗核。太阳的紫外光引起这种气体发光。

彗尾常常很长，达108千米或1天文单位。彗发的直径通常约为105千米。

298

我们再来说说哈雷彗星，公元
1066年，诺曼人威廉入侵英国前夕，
恰逢哈雷彗星回归。当时，欧洲人怀
有复杂的心情，注视着夜空中这颗拖
着长尾巴的古怪天体，认为是上帝给
予的一种战争警告和预示。后来，
威廉征服了英国，成为了英国的征服
者。他的妻子把当时哈雷彗星回归的
景象绣在一块挂毯上以示纪念。

彗星对于中国人而言，可不是好
东西，中国民间把彗星贬称为"扫帚
星"、"灾星"。把彗星的出现和人
间的战争、饥荒、洪水、瘟疫等灾难
联系在一起。

彗星的结构

彗星是由彗头和彗尾两大部分组
成，而彗头通常又包括彗核和彗发两
部分。彗星没有固定的体积，当它接
近太阳时，彗发变得越来越大，彗尾
变长，体积变得十分巨大，此时的彗
尾最长可达2亿多千米；当它开始远
离太阳时，体积会渐渐很小。彗星的
质量非常小，绝大多数聚集在彗核部
分。彗核的平均密度为每立方厘米1
克。彗发与彗尾的物质非常稀薄，它
们的质量只占彗星总质量的1%至5%，
有时甚至更小。彗星的主要成分为：
水、氨、甲烷、氰、氮、二氧化碳。
而彗核的主要成分为：凝结成冰的水
（水冰）、二氧化碳(干冰)、氨以及
尘埃微粒。

人类自1920年以来，随着探空火
箭、人造卫星和宇宙飞船对彗星近距

绚丽彗星

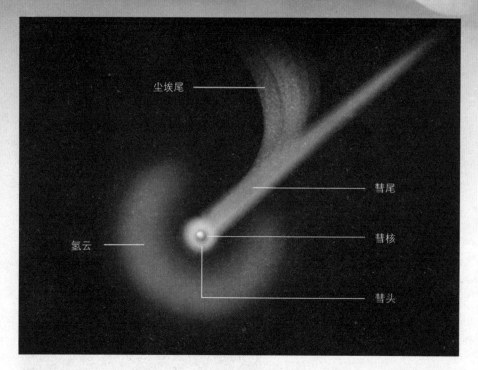

尘埃尾

彗尾

彗核

氢云

彗头

彗星结构

离的探测，发现有些彗星在彗发的最外层被一层由氢原子组成的巨云所包围，科学家将之命名为"彗云"或"氢云"。可以这么说，彗头实际上就是由彗核、彗发和彗云组成的。

彗星的起源

截止到今天，彗星的起源仍是个未解之谜。不过总结彗星的起源一共有三个：

其一，是来自太阳系外的彗星区。部分科学家提出一个观点，说在太阳系外围有一个特大彗星区，那里大概存在1000亿颗彗星，被称之为"奥尔特云"，由于受到其他恒星引力的作用，一部分彗星进入了太阳系的内部，又因为木星的影响，一部分彗星又从太阳系逃逸，另外一些被"捕获"的彗星，就变成了短周期彗星。

其二，彗星的生成区域是在木星或其他行星的周围。

其三，彗星是在太阳系的偏远地区形成的。

其实不管彗星是如何起源的，彗星也有自己的生命周期，彗星一直在瓦解着，不断有新的彗星代替老的彗星。这个新陈代谢可能发生的一种方式是在离太阳105天文单位的半径上存在着几十亿颗各种尽可能的方向绕太阳作轨道运动的彗星群。

当彗星在此之后进入太阳系时，太阳系内部的各个行星的万有引力作用可以将这个非周期彗星转变成新的周期彗星——这个新彗星在瓦解前将存在几千年。

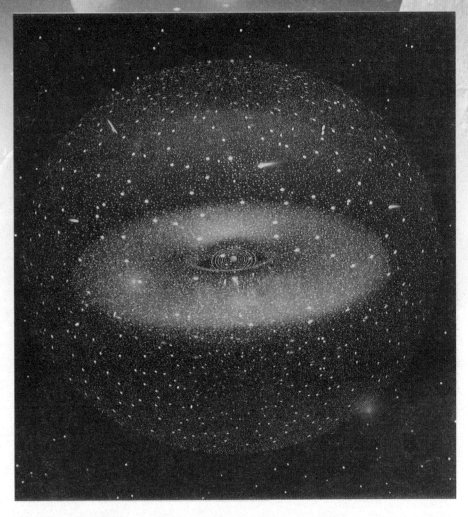

奥尔特云——彗星的温床

与此相对的是这些力可将它完全从彗星云里抛出。过去几个世纪以来人类关于1000颗左右的彗星记录只不过是巨大彗星云中很少一部分的样本，很遗憾的是，这种彗星云迄今尚未直接观测到。科学家还没有找到任何一种方法来探测有可能同与太阳组成一体的大量彗星，就更不必说那些与其他恒星结成一体的彗星云了。这种彗星云遍及我们所处的银河系内，但是我们就是无法看到。我们人类对彗星云的整体质量还不了解，不光是彗星的总数难以确定，即便是单个彗星的质量也非常不明确。

第二节　几颗光宗耀祖的彗星

哈雷彗星

天文望远镜下的哈雷彗星

　　哈雷彗星可以说是我们最耳熟能详，最著名的彗星了。哈雷彗星平均每76年环绕太阳一周运行，哈雷彗星是人类首颗有记录的周期彗星，英国的天文学家哈雷首先测定其轨道并成功预言回归而得名。不过，哈雷彗星最先和最完备的记录都在中国，这点可能很多中国的读者不太了解。我们依据朱文鑫考证：哈雷彗星自秦始皇七年（公元前240年）至清宣统二年（1910年）共有29次记录，并基本符合轨道周期为76～79年的计算结果。哈雷彗星的下次过近日点为2061年7月28日。

　　哈雷彗星的发现者哈雷，1656年生于伦敦附近的哈格斯顿，1673年就读牛津大学女王学院学习数学。1676年，20岁的哈雷建立起人类第一个南天观测站。被人们誉为"南天第谷"。年少之时，哈雷就对彗星情有独钟。1680年，当时在法国旅游时的哈雷看到了有史以来最亮的一颗大彗星。两年后，即1682年，他又看到了另外一颗大彗星。这两颗大彗星在他内心深处都留下了非常深刻的印象，他开始非常专注地研究起了彗星。就在1682年8月的一天，空中出现了一颗可以用肉眼看见的明亮彗星，它的后面还拖着一条非常清晰的尾巴。这颗彗星的出现引起了当时全世界所有天文学家们的关注。年轻的哈雷对这颗彗星格外感兴趣。他经过仔细观测并记录了这颗彗星的位置，以及它在星空中每日的变化情况。经过一段时期的分析和研究，他惊讶地发现，这颗彗星会按照周期定期光临地球，就像老朋友一样。

紧接着，哈雷用一年时间计算了这个彗星的轨道。他发现1531年、1607年和1682年出现的这三颗彗星轨道看起来似乎如出一辙。一个念头突然在他的脑海中快速地闪过：这三颗彗星可能是同一颗彗星的三次周期性地回归。不过严谨的哈雷没有立即定下结论，而是不厌其烦地向前探索，他发现1456年、1378年、1301年、1245年，一直到1066年，历史上都有大彗星的记录。

哈雷在利用大量的观测、研究后得到的资料，大胆预言了：1682年出现的那颗彗星，会在1758年底或1759年初再次回归人们的视野。哈雷作出这个预言时已近50岁了，而他的预言是否正确，还需等待50年的时间去验证。

哈雷知道自己不能亲眼看见这颗彗星的再次出现了，于是乎，他用一种幽默却又略带遗憾的口吻说："如果这颗彗星按照我的预言在1758年回来了，公平的后人请记住这是由一位英国人第一个发现的。"

在哈雷去世的10多年后，即1758年底，这颗首次被预报回归的彗星被一位业余天文学家观测到了，它准时地回到了太阳的附近。

哈雷在18世纪之初的预言，历经了半个多世纪的等待终于得到了证实。后人为了纪念他，把这颗彗星命名为"哈雷彗星"。这就是哈雷彗星由来的故事。

恩克彗星

恩克彗星之所以有名，是因为它沾了哈雷彗星的光，它是继哈雷彗星之后第二颗被成功预言回归的彗星。而且恩克彗星是回归周期最短的彗星，每三年多些就回"娘家"一趟。恩克彗星非常小，亮度也不高，即便是在中小型的天文望远镜中也只能呈现出一个云雾状小斑点。它的抛洒物造成了金牛座流星雨。恩克彗星的发现可谓是一波几折。恩克彗星第一次被发现是在1786年1月17日。法国天文学家梅尚在宝瓶座β星附近发现了一个光斑，亮度大概为5等，没有尾巴。在10年后的1795年11月7日，英国著名天文学家威廉·赫歇尔的妹妹卡罗琳·赫歇尔在天蝎座旁发现了一颗没有尾巴的5.5等小彗星。不过因为这颗彗星太暗了，她无法从它的位置推算出确切的轨道。这样，又过了10年，1805年10月19日，法国的苏利斯又找到很暗，但是勉强能看见的彗星。

还没完，1818年11月26日，法国马赛天文台看门的老人庞斯，一个著名的曾观测过37颗彗星的"猎彗能手"，看到了一颗亮度只有8等的小彗星。

以上对于恩克彗星的发现，都只是观测，集大成者是德国的天文学家J.R.恩克。恩克开始跟踪观察恩克彗星，而且用了6周的时间来推算这颗彗星的运行轨道，它的运行周期仅有3年零106天。恩克表示，这颗彗星跟梅尚在1786年、卡罗琳·赫歇尔在

恩克彗星

1795年以及苏利斯于1805年所发现的彗星是同一颗。

恩克还预言了这颗彗星下一次经过近日点的日期为1822年5月24日。1822年，这颗彗星果然在恩克预报的这一天准时经过近日点。于是，这颗彗星被命名为"恩克彗星"。

恩克彗星近日距为0.3380天文单位，远日距为4.0937天文单位，周期3.2984年，偏心率0.8474。恩克彗星下一次回归将在2013年。

比拉彗星

比拉彗星是继哈雷彗星和恩克彗星之后第三颗被成功预言回归的彗星。比拉彗星以变化多端、神出鬼没而著名。比拉彗星是在1826年2月27日，被奥地利天文爱好者比拉首次发现。比拉彗星的轨道周期约6.6年，近日距为0.8606天文单位，远日距为

比拉彗星

6.190天文单位。奥地利天文爱好者比拉不仅推算出了它和1772年、1805年出现的那颗是同一颗彗星。（1772年法国天文学家梅西尔第一次发现了这颗彗星，而且还预言了它的回归。）

为什么说比拉彗星总是变化多端、神出鬼没呢？是因为比拉彗星不给面子，老是违约，每次回归的时候，出现位置恰恰在太阳附近，让期盼已久的天文爱好者伤透了心。

1845年11月，比拉彗星终于来了，不过，这次的比拉彗星变得面目可憎，它的彗核上出现了一块突起物，显得格外怪异。第二年的1846年1月13日，令人惊奇的事情发生了，比拉彗星一分为二，成了各有彗核、彗发的两颗彗星。它们比翼齐飞，距离越拉越大，1846年2月11日过近日点时，已经拉开了24万千米！

这是彗星的分裂现象，而这也是人类第一次观测到彗星的分裂。6年后，1852年9月，比拉双彗星再次光临。不过此时，它们之间的距离已经拉大到240万千米。让人意想不到的是，这一次光临竟成永别。在这之后，不管天文学家怎么煞费苦心计算，也再见不到它们的踪影！

它们究竟发生了什么？20年后，即1872年11月27日，当地球穿越比拉彗星轨道时，出现了历史上极其壮观的流星雨，准确地说是一场流星的"暴雨"。从1872年11月27日19时到28日黎明，这场流星雨总共下了有16万颗！这些流星雨就是比拉彗星散落在轨道沿途的物质碎片、碎粒——比拉彗星已经撤离走向了生命的终结。

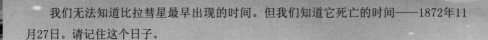

我们无法知道比拉彗星最早出现的时间。但我们知道它死亡的时间——1872年11月27日。请记住这个日子。

海尔—波普彗星

海尔—波普彗星飞掠地球上空

海尔—波普彗星轨道非常奇怪，轨道面与黄道面近乎于垂直，夹角为89°.43，偏心率e=0.995。海尔—波普彗星的名字为什么这么奇怪呢？这是因为这颗彗星是在1995年7月23日，美国业余天文学家艾伦·海尔以及托马斯·波普几乎在同一时间发现的。按照国际天文学命名的惯例，把这颗彗星命名为海尔—波普彗星。海尔—波普远在木星轨道之外，距离有10亿多千米，亮度达到11等，极为明亮。在20世纪80年代，著名的哈雷彗星回归途中走到这个距离时，亮度仅有海尔—波普的千分之一。

海尔—波普彗星非常的活跃，并且个头大。海尔—波普是业余天文学家所发现的距离最远的彗星。著名的哈雷彗星通过行星际探测器的近距离测量，大小不超过8~16

千米。而根据海尔—波普彗星的光度推算，它的直径可达40千米，可以算是一颗巨大的彗星。

在1996年的夏天，海尔—波普彗星用肉眼就可以很清晰地看见。到了1996年12月，因为海尔—波普彗星在天球位置与太阳太过接近，所以暂不能观测，1997年1月，彗星重现，并已变得更明亮，亮到什么程度？在遭光害污染的城市夜空也很容易找到它。

同年4月1日，海尔—波普彗星通过近日点，两条彗尾伸展至夜空的30-40°。由于其近日点日距离比较远，接连很多天，每晚在日落后的不长时间都可以看见，观测时间也很长。让北半球的天文爱好者和观测者们大饱眼福。

到了同年的12月，人们无需使用仪器观测的持续时间为569天（18.5个月），打破了历史上1811年大彗星保持纪录，在这之前的纪录是可以用肉眼看见的持续时间为9个月。

依据天文学家的推算，海尔—波普彗星在2020年之前，它的亮度在30等之内，仍然可以通过强大的望远镜观测，在此之后，就会难以与光度接近的远方星系区分。

海尔—波普彗星的上一次回归大概发生在公元前2200年左右，那时候还是中国夏朝建立前夕。海尔—波普彗星的公转周期在当时大概是4300多年。

1995年的这次回归，海尔—波普彗星穿越木星轨道时，被木星的引力作用而改变了轨道（即摄动）。它的轨道被缩短，其公转周期缩短至2380年，而远日点缩短为540亿千米。

这次缩短的行程意味着，海尔—波普彗星的下一次回归，将在公元4380年左右。

我们的后代将很幸运地看到它。

第三节　彗星是个"脏雪球"

1986年的春天，在星际飘荡了76年的哈雷彗星再一次来到了太阳身边，西欧、前苏联、日本和美国的4艘飞船对它进行了科学考察。令这支"探彗舰队"没有想到的是，哈雷彗星的外形像个怪模怪样的大土豆，长约15千米，粗约5千米，在太阳光照射下源源不断地喷出气体以及尘埃。1950年，美国天文学家惠普尔表示，彗星的彗核是一个主要由水冰组成的"雪球"，其中还夹杂着很多其他的气体以及尘埃，整个彗核直径也不过是几千米的大小。

在这颗著名彗星所发散的气体中，水分子占了80%，当它靠近太阳时，每分钟水分的蒸发量，相当于好几个游泳池的水！这些发现都证实了彗星的确是个"脏雪球"。

为什么能够不停地喷水呢？这还在于它的主要成分——水冰，它也是不断地喷出气体和尘埃的源头。彗星由彗头和彗尾两部分构成。彗头的最外侧是庞大的气壳，学

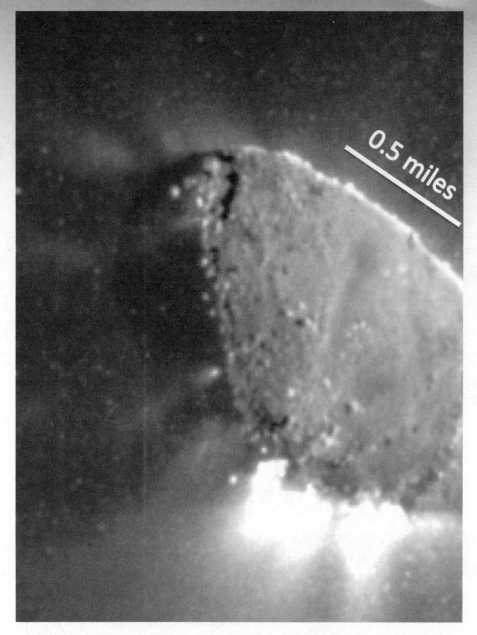

从这张精彩的"哈特利2号"彗星照片上，我们可以看出它的表面是由有许多雪球构成的，有的雪球甚至只有篮球那么大

名"彗发"。直径从几万到几十万千米不等，中心则是一个直径只有几十千米左右的固体内核，学名"彗核"。除了水冰外，"彗核"内还存在着干冰（固态二氧化碳）以及一氧化碳。所以天文学家才认为：彗核像极了一个混了杂质的"脏雪球"。彗发

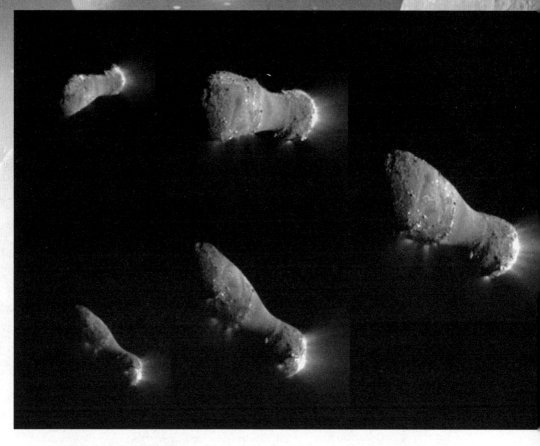

可以说彗星就是块冰垃圾

和彗尾都是由彗核喷发出的气体以及尘埃形成的，背离太阳方向喷射出的大量气体和
尘埃，能够喷出几千米远的距离，就像是火喷泉一样，在阳光映衬下，熠熠生辉，蔚
为壮观。

　　科学家认为，彗星看似是一个庞然大物，其实它是个超级大真空。因为离彗核越
远的地方气体密度也越低，这个密度低到了什么地步？到了彗尾的末端，物质密度甚
至低到了彗发密度的万分之一，这个密度比我们家里常用的热水瓶的"真空"瓶胆中
的残留气体的密度还要低一万亿倍呢！在宇宙空间，彗星表面温度只要加热到100℃就
开始挥发。当它们接近到距离太阳为3个天文单位时（约4.5亿千米），太阳的热量足
够将彗核表面的物质大量汽化，生成明显的彗发。

第四节　生命起源于彗星吗？

　　整个宇宙是无比的浩瀚，在这无限广阔的宇宙中，像地球这样有生命的行星肯定

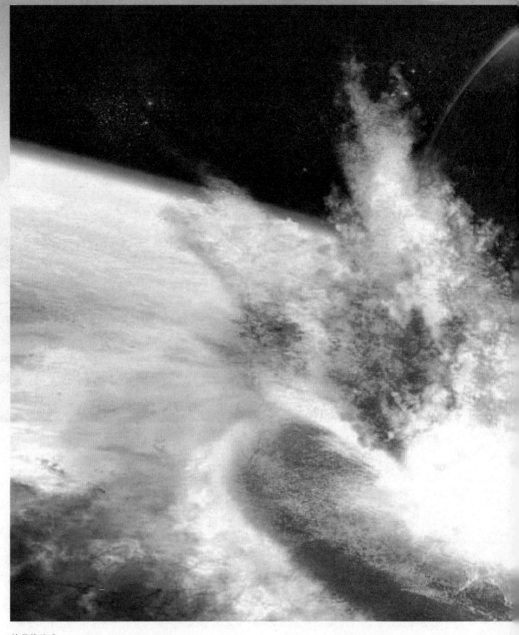

彗星撞地球

会有很多。虽然我们无法现在找到具有外星生命的天体，但是我们也会确信这一点，因为宇宙实在是太大了。我们现在所说的生命起源主要指地球的生命起源。那么，地球的生命起源于哪里呢？科学家表示，虽然在浩瀚的宇宙内到处都可能会存在形成生命的物质，不过，地球的生命主要起源于彗星——彗星是整个宇宙智慧生命的载体。

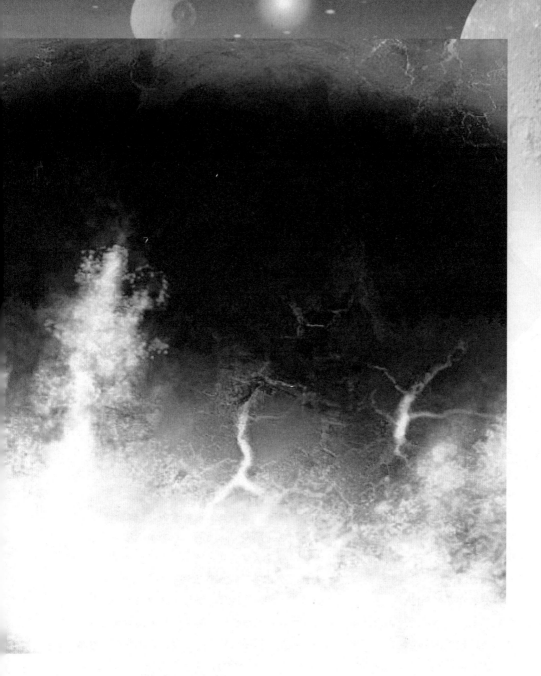

　　为什么科学家会如此认为呢？因为根据研究，科学家发现彗星的主要成分是冰雪和大量的有机物。彗星起源于太阳系的边缘区域，一开始，彗星是太阳的表面磁暴所产生的一颗颗小行星。由于这些小行星质量太小，经不住强大的太阳风的吹拂，渐渐飘向了太阳系的边缘地带。彗星在太阳系的边缘，经过长久的停留，慢慢吸附了大量

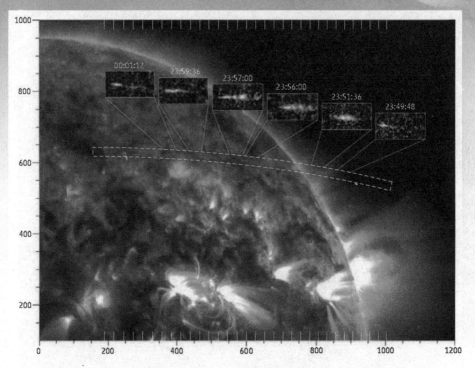

彗星冲日全纪录

的水分子以及有机物分子等，开始越变越大。目前，科学家已经证实，这样的彗星在太阳系的边缘总共有1000亿颗之多。当彗星的质量大到一定程度时，能够足以克服太阳风的吹拂力时，就会向太阳周期运动，形成"彗星冲日"的现象。

由于太阳系边缘的彗星很多，所以"彗星冲日"的现象也会很多。今天我们会经常看到"流星雨"，而美丽的流星雨就是彗星在向太阳运动的过程中被太阳风吹散形成的。彗星大多进入了大气并到达了地球，不过这样的彗星还不足以产生大量的高等智慧生命。但是科学家已经证实：从地球诞生到现在，地球曾遭到七次大规模的彗星袭击，导致在地球上形成了数次大规模的"冰川期"的现象。彗星之所以会对地球进行大规模的袭击，是因为太阳系在围绕银河系运行的过程中，因为恒星的运行速度不一样，有的恒星甚至是逆行，所以太阳系与其他恒星系会发生交会现象。这种交会现象一产生，使得大量的彗星进入太阳系运行，从而形成对地球的大规模的袭击。那么，疑问来了，彗星为什么会专门袭击地球？这有着一定的必然性。因为彗星数量太多了，太阳系的八大行星都可能会受到彗星的袭击——证据是科学家在很多太阳系的行星上发现了水和二氧化碳等有机物，如在土卫六上面就有一片绿色的海洋。几十亿年了，地球经历了一次又一次大规模的彗星袭击，从而使地球一次又一次地进入冰河时期。我们现在的地球就是第四纪冰川的产物。

　　彗星对地球不断袭击，除了坏事情，带来冰河时期，也有好事情，那就是给地球带来了大量的冰雪和大量的有机物，为地球生命的孕育，提供了必要的物质条件。大量的有机生命就是在彗星袭击地球的时候产生的。

　　地球上有充足的阳光、清新的空气、适宜的温度，再加上彗星带来的大量有机物，生命的孕育开始了。在地球一些低洼地区，有机物大量聚集，在有机物的液体中，大量的各种各样的RNA、DNA快速合成。进而形成各种各样的有机物胚胎。它们在含有大量营养物质的有机物液体中很快发育，终于在地球上形成了一次又一次的生命大爆发。

　　我们根据现代生物学的测定，基因干细胞达50，会产生苍蝇；恒河猴是干细胞达到95以后产生的；而人是干细胞达到98以后产生的高等动物。一般我们认为，6500万

彗星探测历程，会不断增强彗星生命理论的可靠性

年前的时代是恐龙时代，殊不知，从美国发现的一组恐龙化石中，竟然发现了有12个人正站在恐龙旁边。考古专家们惊讶地在恐龙脚印化石边上18.5英寸的地方，还发现了12具人的脚印化石，甚至有一个人的脚印盖在一个三指恐龙脚印上。于是专家断定当时这12个人正站在恐龙身边。这就证明，人与恐龙可能在同一时期存在过。

　　为什么我们现在看不到人的产生？那是因为大量的有机物已被冲向了海洋，所以现在的有机物不论是从量上还是从浓度上说，都无法满足产生高等动物条件，特别是人类的要求，目前，我们只能看到大量的低等生命的产生。

第三篇　第二站，恒星系统

第十六章　恒星——宇宙不止一个太阳

恒星是超大质量、亮度极高的等离子体球。太阳是与地球距离最近的恒星，也是地球能量的来源。恒星全部是气体星球。晴朗无月的夜空，在无光污染的地区，一般人用肉眼可以看到大约6000多颗恒星。通过望远镜观察，则能够看到几十万甚至几百万颗恒星。银河系中的恒星大约有1500~2000亿颗。

第一节　235亿造"太阳"，恒星温度＝192束激光

纵场磁体

真空室　　内冷屏

EAST 装置三环套装

中国"人造太阳"

2010年11月25日，人类第一个"人造太阳"开始试验。因为作为世界上第一个能产生不间断核聚变的反应堆，"人造太阳"会改变人类的历史。美国国家点火装置(NIF)完成了第一次综合点火实验——192束激光系统发射的能量打造出了600万华氏度高温，这等于一颗恒星或大行星核心的温度。

从1997年开始，已经用了10多年，建造和耗费了235亿元人民币的人造太阳项目。为什么研究人员如此不惜代价和时间来做这个项目呢？

答案非常简单，科学家们为了研究怎样"驾驭太阳的能量"，同时这个计划还搭载着人类的清洁能源之梦。假如可以制作出人造太阳，那在石油等资源耗尽之后，人类还可以获取更清洁的能源。

为什么要造"太阳"

虽然备受争议，但是目前全世界可利用的最大、最具商业价值的能源还是核能。核电站通过核能的原理为核裂变，就是说，在高温高压条件下，将铀或钚等重原子分裂成氢原子，致使其放射出大量能量的核反应方式。不过，美国国家点火装置通过核能的方式则逆向思维了一把，不是核裂变，而是核聚变。核聚变是说质量轻的原子，一般是指氘或氚，在高温高压的状态下，发生原子核互相聚合作用，生成新的质量更重的原子核，同时伴随着巨大的能量放出的一种核反应形式。太阳的发光发热就是通过核聚变产生的能量。

核聚变非常安全，而且与核裂变相比更加环保。为什么这么说呢？因为太阳产生的光和热到达地球，不能生成其他放射性的副产品，并且可以长期高效地生产。假如将太阳换成我们正在开发中的核聚变反应堆，就相当于在地球上制造了一个供应清洁能源的小太阳。

美国国家点火装置的这个 "人造太阳"自2010年11月试验后，已经初具规模，并且已经进行了令人鼓舞的试验，获得了宝贵的试验数据。虽然实验结果没有能够达到太阳中心温度2700万华氏度，也没有引发预期的不间断的核聚变反应，不过，这些试验结果仍然让人非常振奋。所以说，美国科学家完全有信心会在未来很短的一段时间内实现这一目标。

怎么把核聚变变成现实

人类已经掌握了核裂变的原理，比如原子弹、核电站等。人类要想实现核聚变，首先要点燃由氢的同位素氘和氚构成的非常规燃料。

怎么点燃这些特殊燃料呢？从20世纪70年代开始，科学家开始利用强大的激光束进行试验，压缩和加热氢的同位素，使其达到熔点，这一技术被称作惯性约束核聚变。激光发射器的作用就是推进这种核聚变高效以及不间断地产生，包括氘和氚气体

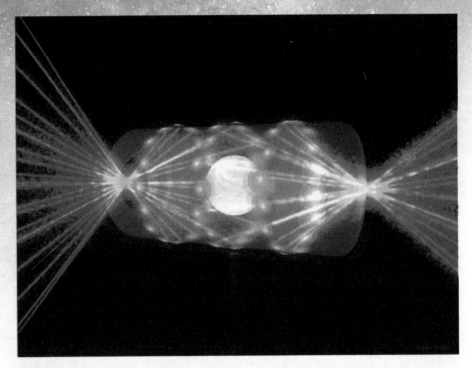

美国国家点火装置"人造太阳"激光实验示意图

的目标物受到外部的刺激后，会产生爆炸导致的冲击波，更进一步加速了目标物核心的燃烧，这种燃烧的可持续性也更加长久。如果这种核聚成为了现实，国家点火装置内靶室的温度将超过1亿华氏度，内部的压力也会超过地球大气压的1千亿倍。

美国国家点火装置为了在实验室中形成核聚变燃烧，已经坚持了长达10年之久的开发。国家点火装置"人造太阳"中的核反应堆目标物是氘和氚，氘能够通过并不复杂的技术，从海水里采集；氚在金属锂中存在，锂则是土壤里的一种非常普遍存在着的元素。所以说，氘和氚在现实中的开采和利用，与核裂变需要铀或钚相比，更加简单易行。

但迄今仍未证明利用氘和氚气体融合后持续燃烧产生能源的方法可以投入使用。除了美国的"人造太阳"计划，中国、俄罗斯等世界大国当下也都在研究类似"人造太阳"的核聚变技术。如果科学家一旦掌握了实现太阳内部核聚变的技术，人类的子孙后代将享受到科技发展带来的飞跃，能源短缺的时代将一去不复返。

国家点火装置的官员预测，通过核聚变反应堆的发电站会在2020年开始正式运行，到了2050年会有四分之一的美国民用能源由核聚变供给。

R136a1

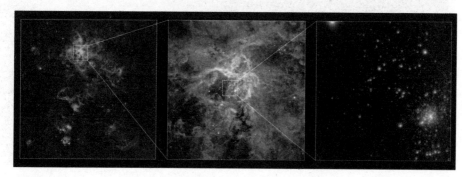

RMC 136a

第二节 "高富帅"版太阳

我们所处的太阳系的恒星太阳只是很普通的一颗恒星，跟这颗被天文学家命名为"R136a1"的"高富帅"版太阳比起来，太阳系的太阳只能算得上"矮穷丑"了。

317

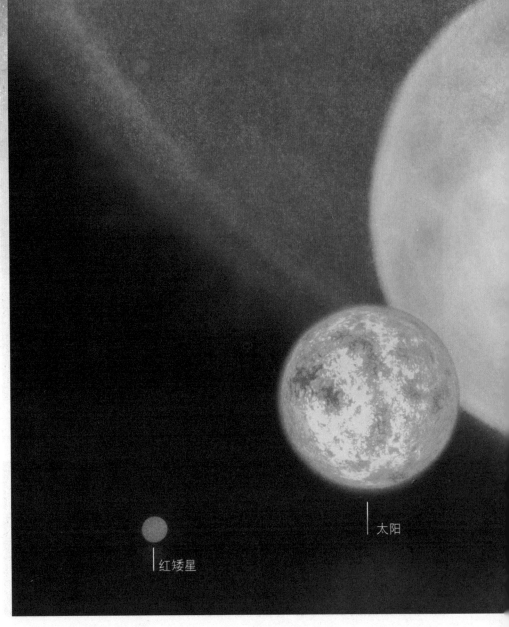

太阳

红矮星

R136a1与太阳大小参照

　　"R136a1"恒星为天文学家到目前为止探索到的宇宙中质量最大的恒星，它的质量是太阳320倍，亮度是太阳1000万倍，R136a1恒星会创造多个超大质量恒星的宇宙纪录，它是目前为止人类发现的质量最大以及亮度最高的恒星，估计在短时间内我们很难再发现超越它的"巨无霸恒星"。不过，这颗恒星目前受强烈的宇宙风侵蚀，其质量逐

R136a1

蓝矮星

渐减少。

　　这颗"高富帅"版太阳的发现可帮助天文学家更好地理解超大质量恒星的特性，以及揭开它们在形成之前为什么会拥有如此庞大的质量。英国谢菲尔德大学天体物理学教授保罗·克劳瑟负责的这支欧洲研究小组，他们探测到R136a1恒星处在两个较为

NGC 3603

年轻的恒星簇之间，这两个恒星簇分别为NGC3603和RMC136a。研究小组通过欧洲南方天文台甚大望远镜和哈勃望远镜的观测资料进行了深入研究。

　　NGC3603恒星簇与太阳的距离是22000光年，它被天文学家命名为"恒星诞生工厂"，大量的恒星诞生于扩展的气体和灰尘云。RMC136a恒星簇是一个形成年代相对较近的恒星簇，它的内部有大量的年轻超大质量炽热恒星，位于狼蛛星云之中，狼蛛星云位于大麦哲伦星系，这个星系距离地球165000光年。

科学家认为，从这些"高富帅"版恒星诞生之后，其质量便逐渐溢出，例如遭受猛烈的宇宙风的侵蚀，最终缩减了这些恒星的质量。这些恒星形成时的质量极大，不过，随着时间的流逝，它们的质量逐渐减少。这颗寿命大概是100万年已经进入"中年"的恒星，它的质量已经消损了五分之一，这些消损掉的质量是太阳的50倍之多。

假如把R136a1恒星放在太阳系，那么这颗恒星发散出的强烈放射线会更加高效地对地球进行杀菌。不过，如果这颗"高富帅"版恒星位于太阳系，地球公转的时间将缩短至3周，同时地球将遭受非常强烈的紫外线辐射，使地球上很难生存生命。

此外，在NGC3603恒星簇，天文学家能够直接探索到两颗超级质量双子恒星，这两颗双子星的每颗恒星诞生之初质量是太阳的150多倍。

超级质量的恒星十分罕见，科学家利用高分辨率的甚大望远镜的红外仪器进行了观测。

观测的结果表明，其中质量最小的恒星都是木星质量的80倍，科学家的这项最新研究证实超大质量恒星的上限是之前的两倍，大约是太阳质量的320倍。

近期，天文学家依旧会致力于探索这些超级质量的恒星的诞生与发展，因为它们比较短暂的生命以及遭受强烈的侵蚀，使得对于它们的形成过程研究变得非常复杂。科学家认为它们可能是诞生之初就质量非常大，或者在此后同较小的恒星进行了合并。

不过，即使是"高富帅"，质量是太阳8~150倍的恒星，也会以超新星爆炸形式结束其短暂的一生，它的残留物质以中子星或者黑洞的形式出现。当它们通过超新星爆

飞马51

炸来结束生命时，不会残留太多的物质。

第三节　来自美国星球手册的生命探索

一直让人类不停地纠结的，地外是不是存在智慧生命的话题终于有了一丝宽慰——一直苦苦探索外星生命的天文学家终于有了"靶心"。2012年2月，由于美国宇航局的外星生命搜寻计划资金被削减，科学家们"报复性"地近日公开了10份非常有可能存在智慧生命的星球手册，下面就让我们的天文望远镜对准这些目标过过瘾。

10颗可能有生命的星球

由于计划资金被削减，科学家公开的这张名单中，罗列了10颗处于太阳系附近的

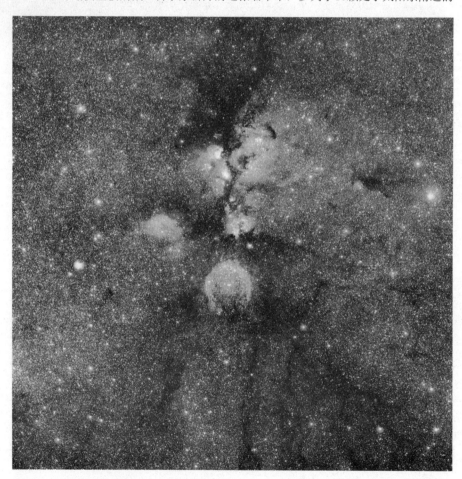

天蝎座内一个巨大的恒星新生区，距离地球大概5500光年

恒星，而这10颗恒星所处的天体系统中极有可能存在生命。这些恒星之所以被选中的原因也是很复杂的。银河系中将近4000亿颗星星，最后仅有10颗恒星荣登这份榜单，可见入选条件的苛刻。

为什么会如此苛刻呢？首先，这些恒星要距离太阳系近，否则人类探测器触及不到；其次，有些恒星太热又或太冷，很显然这将不适合生命的发展；一些恒星太年轻又或太衰老，当然也不可能孕育出生命；一些气化现象太严重，不可能有适合生命生存的岩石类行星在其周围运行。

科学家根据这些条件，最终选出的10颗恒星，无论从形状、年龄以及组成构造上都非常合适，而且，它们附近都有像地球一样的行星，这些行星上可能还存在水，这为生命的存在提供了最基本的条件。

科学家给我们提供的这份名单，上面说的10颗疑似有生命的星球就是2020年美国

褐矮星

宇航局"地外行星"探测器会去重点探测的地方，所以说，星际"驴友"们有了这份名单就等于拥有了地外生命可能居住地的观测特权，他们可以利用天文望远镜去观察这些星球上是否存在生命以及何时存在过生命。

寻找外星智慧生命

科学家名单上的10大可能存在生命的星球包括瑞士科学家于1995年首次在太阳系外探测到的编号为"51号飞马"的恒星。

这颗恒星周围有一颗像木星一样的行星绕其运转，上面存在生命的可能性非常大。除了这个，名单中还有一颗天蝎座中编号为"18号天蝎"的恒星，这颗恒星所在的天体系统和太阳系很相像。

另外，还有"阿尔法人马座B"，这颗离太阳系距离最近的恒星之一以及处于南半球天空的一个三星体系，该三星体系离我们仅仅只有11.8光年，一颗恒星冷而暗淡，属褐矮星，围绕着另一颗褐矮星运转，它们一起又围绕一颗常规恒星运转，这颗常规恒星类似太阳，光度是太阳的十分之一，它的附近也存在孕育生命的条件。

当然了，名单也只是一张纸，在还没有确切地搜寻到地外生命之前，谁都无法肯定到底哪颗恒星附近的行星上有没有生命，这个名单只是列出"最大可能"。外星如果存在生命，很可能由另外一种成分组合而成，所以说，它们的形态意识很可能跟地球生命有着根本上的差异化。

外星人就在你身边

其实外星人早已潜伏在了我们的身边。这听起来确实有些恐怖，是真的吗？据澳大利亚广播公司报道，澳大利亚的相关研究员林维瓦在一份《天体生物学》的刊物上登出了自己的新理论，搜寻地外生命的踪迹不一定非要跑到其他星球上，在人类身旁就极可能存在外星生命体，"外星人"也许就潜伏在我们地球上，不过，你别以为它们会是长着臭虫眼睛相貌丑陋的怪兽。这些"外星人"其实只不过是体内带有地外生命的基因而已。我们每个人身上其实都拥有地外生命成分。科学家提出"外星生命说"，"外星人"也许就生活在我们中间。

第四节 恒星不恒

世间万物无时无刻不在运动，在天空中的恒星虽然看似恒定不动，但其实它也有自己的运动轨迹。不同的恒星运动的速率和方向有所不同，因此天空中相互之间的相对位置会随之发生改变，这种变化被称为恒星的自行。所有的恒星之中，包括那些用人类肉眼无法观测到的恒星在内，自行速度最快的便数巴纳德星，其自行的速度高达每年10.31角秒（1角秒是圆周上一度的三千六百分之一）。其他的恒星，自行速度要小很多，大部分的速度都小于1角秒。

恒星自行的大小无法直接反映出恒星真实运动速度的大小。以相同的运动速度，距离地球远的恒星看上去很慢，而距离我们较近的则看上去很快。巴纳德星距离地球

巴纳德星

很近，不到6光年，所以其真实的运动速度也仅仅只有88千米/秒。

恒星的自行只是反映出了其在垂直于地球上我们视线方向的运动，称为切向速度。恒星在沿着我们视线方向的运动，这一运动速度被称为视向速度。巴纳德星的视向速度是-108千米/秒（负视向速度表示向地球方向接近，而正视向速度表示远离地球方向而去的速度）。恒星在空间的速度，应是切向速度和视向速度的合成速度，对于巴纳德星来说，它的速度为139千米/秒。

上面讲到的恒星空间运动，可以分为三个组成部分。第一部分是恒星在环绕银河系中心所做的圆周运动，这是银河系自转的反映。第二部分是太阳参与银河系自转运动的反映。去掉这两种运动的反映后，才属于恒星自身的运动，被称之为恒星的本动。

在1718年，英国天文学家哈雷在编制南天星表时发现"恒星不恒"，并向世人宣布了此理念，这一惊人的发现彻底颠覆了几千年来人类认为的"恒星不动"的传统概念。

此后，天文学家在研究恒星谱线的位移的过程中，验证了恒星自身确实在运动。因为恒星与地球之间具有相对的运动从而造成谱线波长的变化。恒星离地球较近时，光的波长随之减小，谱线于是向紫端进行移动（简称紫移）；远离时，波长随之变长，谱线于是向红端进行移动（简称红移）。根据测量谱线的位移，便能够推算出恒星的视向（为地球上观测者的视线方向）速度。天文学家称恒星自身固有的运动为本动。太阳凭借着每秒19.7千米的本动速度朝向武仙座方向运动。而同时，太阳又以约250千米／秒的速度围绕银河系的中心进行旋转，银河系中其他的恒星都像太阳一样，除了本动外，都在绕着银河系的中心进行旋转。

各个恒星运动的方向也各有不同。比如说天狼星以8千米／秒的速度向地球方向运动，而织女星的速度较之更快，为14千米／秒；牛郎星的速度要比人造卫星甚至宇宙火箭快出N倍：26千米／秒。另一方面，位于猎户座的参宿七，以21千米／秒的速度向地球相反的方向运动；位于夫座的五车二速度较之更快，为30千米／秒；金牛星座的毕宿五比五车二速度更快，为54千米／秒。这些恒星运动的方向距地球越来越远。但是即便如此，它们的运动速度相对来说还不是最快，位于天鹅星座中的行星，其运动速度高达583千米／秒。

说到这里，大家一定会觉得困惑，为什么恒星运动的速度如此之快，而在我们看来却一动不动呢？

正因为在如此浩瀚的宇宙中，人类肉眼可见的恒星每年自行（即恒星在天球的位移速度）不到0。在天文学家已测量过的20余万颗恒星中，被人们称之为"飞星"的蛇夫座巴纳德星，其自行最大，也不过每年10″51。它在天球上每移动1°，需要350年。

除此之外，由于恒星距地球十分遥远，人类肉眼看上去是一个点，使我们无法到它在运动。就好比飞机速度要远快于汽车，但是感觉上，从身边飞驰而过的汽车的速度高于天空中缓缓飞过的飞机，这是同一个道理。另外恒星向四面八方进行运动，我们地球又随着太阳在天球上、在银河中不停地运动着。由于这些种种原因，使得古时候的人，甚至现代人都错把"动"星当"恒"星了。

第五节　喜欢抱团的家族

除去独立的恒星，联星系统是由于两颗或更多的恒星受到重力的束缚而在轨道上互绕着，联星是最普通的联星系统，然而三颗以及更多恒星的系统也被观测到。而由于要稳定轨道的缘故，这些联星系统常常产生阶级制度的共轨联星。同时也存在着较之更大的、被称为星团的集团：从只有寥寥无几恒星的星协到巨大的数以十万颗恒星的星团，全部被称为球状星团的集团。

联星系统是长时间处在一定的重力场束缚下的恒星集团，一般情况下都由巨大的0和B型恒星构成的，并且80%的恒星是联星系统以及多星系统。然后独立恒星的部分由于发现了更小的天体而不断地增加，科学家们发现只有25%的红矮星有伴星。由于85%的恒星都是红矮星，因此在银河系内大部分恒星都是孤独的。

宇宙中的恒星分布是不均衡的，而且一般都是与星际之间的尘埃、气体同时存在于星系中。一个典型的星系包括数千亿颗的恒星，而在可观测到的太空中的星系的数量也逾一千亿个（10^{11}）。曾经我们认为恒星只在余星系之中存在，但现在在星系际的空间中也发现了恒星的存在。天文学家们推测在宇宙中至少有700垓（$7×10^{22}$）颗恒星。

除了太阳，距地球最近的恒星属半人马座的比邻星，其与地球的距离是39.9兆（10^{12}）千米（即4.2光年）。光线从半人马座的比邻星射到地球上需要4.2年。航天飞机在其轨道上绕地球运行的速度约为8千米/秒，即时速约30000千米，大概需要150000年才能抵达。包含靠近太阳系的区域，如此的距离，在星系盘中也颇具典型。恒星位于星系的中心以及球状星团内部的距离会更接近，反而在星晕中的距离

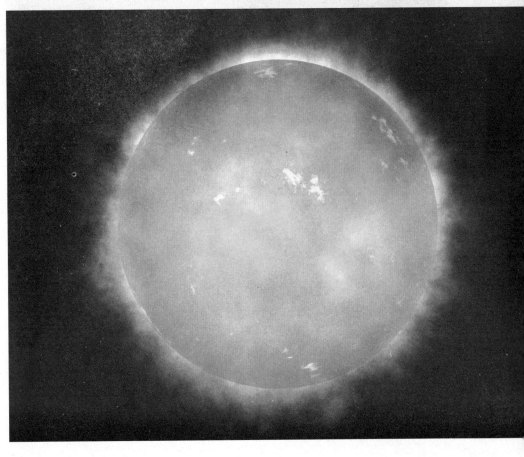

红矮星

舒展的半人马座

会更遥远。

相对于星系的中心，恒星之间距离是相对宽阔的，因此恒星之间相互碰撞是极其罕见的。但是在球状星团内部以及星系的中心则常常发生恒星碰撞。也正因此类碰撞便诞生了蓝掉队星，在同一星团中，这些不同寻常的恒星的表面温度要远远高于光度相同的主序带恒星。

一般来讲，恒星之间距离用光年来量度，由此表明恒星间的距离非常之大。科学家们常常通过周年视差法、星团视差法、力学视差法、造父变星法等进行测量恒星之间的距离。

第六节 最浪漫的事……

这道看似平淡无奇的黄光，就是来自银河系内一颗恒星发出的

在这个世界上能想到的最浪漫的事就是我始终在一旁发光发热，而你永远在我的温暖怀抱之下，永远都不分开，一直到我们慢慢地老去——恒星就是一个典型的浪漫分子。

恒星可以利用热核反应在把氢转化为氦的过程中发光。恒星上持续着核聚变的阶段，在这个阶段中恒星损失了质量，但是却释放了能量（光）。光的本质其实就是原子核外层的电子向内层跃迁时放出的光子。

恒星的诞生

在星际空间存在着大量非常稀薄的物质，它的主要成分就是气体和尘埃。这些物质的温度大概为10～100K，一立方厘米中存在1～10个氢原子。星际物质在空间的分布是不均匀的，它们通常是成块成块地出现的，构成弥漫星云。在此星云中，四分之三的质量的物质都是氢，处于电中性或电离态，其余的则包括氦以及非常少的比氢更重的元素。在星云的一些区域内还存在着气态化合物分子，例如氢分子、一氧化碳分子

329

任何质量的恒星的诞生过程皆大同小异

等。假如星云里包括的物质足够多，那么它在动力学上就是不稳定的。在外界引力的影响下，星云会向内部收缩同时分裂成比较小的团块，通过数次的分裂与收缩，慢慢地在团块中心构成了致密的核。当核区的温度升高到氢核聚变反应可以进行时，一颗新的恒星因此诞生了。

主序星

恒星以内部氢核聚变为主要能源的发展阶段就是恒星的主序阶段。处于主序阶段的恒星称为主序星。可以说一颗恒星的主序阶段要算是它的青壮年期了，恒星在这期间停留的时间占全部寿命的九成以上。这是一个相对来说比较稳定的阶段，向外膨胀和向内收缩的两种力基本可以保持平衡，恒星整体上呈不收缩也不膨胀的状态。恒星处于主序阶段的时间会根据恒星质量的不同而差别很大。质量越大，光度越大，能量消耗也就越快，停留在主序阶段的时间就越短。举个例子，质量是太阳质量的15倍、5倍、1倍、0.2倍的恒星，停留在主序阶段的时间分别为1000万年、7000万年、100亿年和10000亿年。

现阶段的太阳也是一颗主序星。太阳目前的年龄是46亿多年，所以，太阳的主序阶段已过去了大概一半的时间，还需要50亿年的时间，太阳才能演化到下一个阶段。同其他的恒星相比，太阳的质量、温度和光度大体上都是居中的，所以说，我们可以把太阳当成一颗非常典型的主序星。进而，主序星的很多特征，都能够从太阳上研究

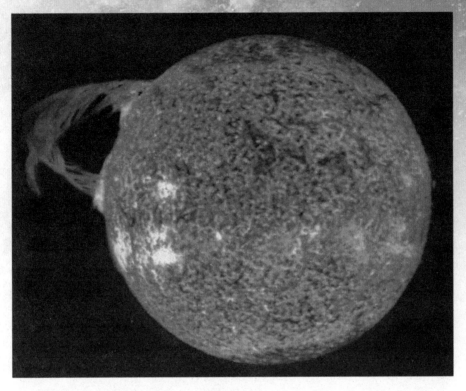

"正当年"的太阳

得出，对于恒星研究的某些数据也能够通过太阳来进行由点及面的了解。

红巨星与红超巨星

当恒星中心区的氢消耗殆尽从而变成了由氦组成的核球后，氢聚变的热核反应就不能够在中心区持续进行了。这期间在引力的重压下，缺少了辐射压来平衡，恒星的中心区就将被压缩，温度便会快速升高。中心氦核球的温度升高后会让紧贴着它的那一层氢氦混合气体受热达到产生氢聚变的温度，热核反应又被重新启动。持续下去的话，氦球慢慢增大，氢燃烧层也会同时向外部扩展，使星体外层物质受热膨胀起来向红巨星或红超巨星的阶段发展。转化的过程中，氢燃烧层产生的能量也许还要比主序星阶段多上很多。不过，星体表面的温度不仅不会升高，相反的还会下降。这其中的主要因素就在于：外层膨胀后受到的内聚引力变弱，即使温度下降，其膨胀压力依然可以抗衡或者是超过引力，此时星体的半径与地表面积增大的程度就会大于自产能力的增长，所以说，总光度虽然可能会有所增长，但是表面温度却会降低。质量大于4个太阳的大恒星在氦核外重新启动氢聚变的同时，核外放出来的能量并没有明显的增加，可是其半径却增加了好几倍，也正因如此，表面温度便会由几万K下降到3、4千

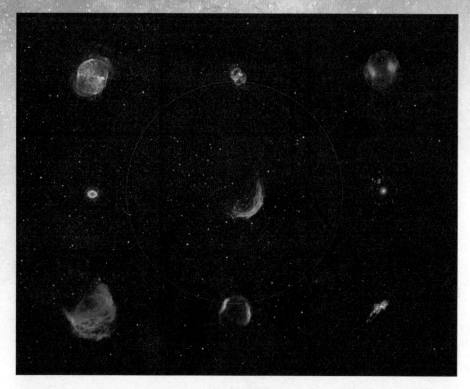

由濒临死亡的类太阳恒星抛出的行星状星云是恒星演变的最后阶段，光辉而短暂

K，变成了一颗红超巨星。而质量小于4倍太阳的中小恒星在步入红巨星阶段时，其表面温度降低，光度反而会急剧增加，这是因为它们外层膨胀所损失的能量比较少但是产出的能量会比较多。

根据预测，太阳将在红巨星阶段停留大约10亿年时间，太阳的光度会升高到今天的几十倍。到了那个时候，地球的地表温度就会上升到今天的两三倍，北温带的夏季最高温度甚至会达到100℃。

大质量恒星的死亡

大质量恒星在经历过一系列的核反应之后，形成了重元素在里、轻元素在外的洋葱状结构，它的核心主要成分是铁核。在此之后，核反应不能再提供恒星的能源，铁核开始向内坍塌，与此同时，在外层的星体会被炸裂向外抛射。爆发时光度或许会瞬间增加到太阳光度的上百亿倍，甚至达到整个银河系的总光度也不是什么不可能的事，这种爆发就被称为是超新星爆发。超新星爆发过后，恒星的外层解体变成向外膨胀的星云，中心则会遗留下一颗高密度的天体。

金牛座中最著名的蟹状星云就是于公元1054年的超新星爆发所形成的遗迹。超新星爆发的持续时间虽然还不到1秒，但是温度却可以在瞬间上升到万亿K。超新星爆发对于星际物质的化学成分也有着非常关键性的影响，这些物质同时也是建造下一代新恒星的原材料。

超新星爆发时，爆发与坍塌会在同一时间发生，坍塌作用使核心处的物质被压缩得更为密实。经过理论上的分析表明，电子简并态还不能够抗住大坍塌和大爆炸的如此异常的高压，位于这么巨大压力下的物质，电子都会被挤压到与质子结合，成为中子简并态，密度将达到每立方厘米10亿吨。所以说这种物质所形成的天体叫做中子星。一颗与太阳质量相当的中子星的半径大概只需要10千米。

从理论来说，中子星也有它的质量上限，它的最大质量不能超过3倍于太阳的质量。如果在超新星爆发后，其核心剩余物质还大于3倍的太阳质量，那么中子简并态也无法抵抗所受的压力，只能持续坍缩下去。直到最后，这团物质收缩到非常小的时候，在它附近的引力就会大到足以将速度最快的光子彻底束缚住。由于光速是已知任何物质运动的最高速度，如果连光子都不能摆脱的话，那么它将能够束缚住一切物质，所以说，这个天体是不会向外界发出任何信息的，与此同时，外界对它探测所用的任何媒介，一旦接近它就将不可避免地被其吸入进去。天体本身不发光并能够吞下包括辐射在内的任何物质，它就如同一个漆黑的无底洞。想必说到这里，大家就都能知道我要说的是什么了，没错，这个霸道无比的天体就是"黑洞"。对于黑洞的探索，在现如今的天文学及物理学中都具有十分重要的意义。

科学家还发现了一个比较有趣的现象，其实木星和土星的表面发散出去的能量要

银河系内错综复杂的恒星轨道

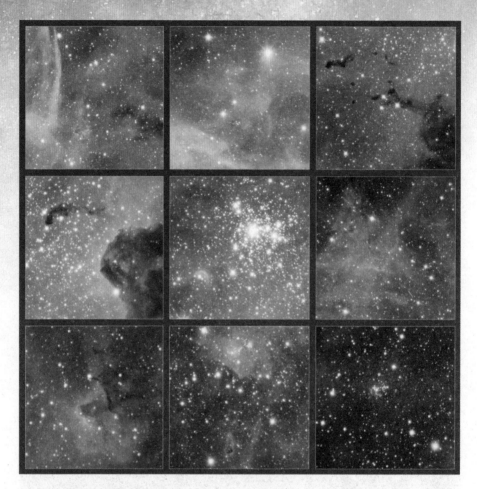

7500光年外船底座大星云，大量的恒星正在诞生

比它们所吸进去的能量多，这就说明木星和土星其实也是可以发光的，只不过它们发出的是红外线，而不是肉眼可以看得见的光而已。

第七节 不可思议的宇宙"胎盘"

宇宙就如同一个母体的胎盘，在培育着生命——各种恒星以及各种星云。通常来说，恒星的起源是宇宙中一团庞大的气体云在自身引力的影响下发生了塌缩，与此同时，年轻的恒星就开始形成了，继而行星的发展过程也就此开始了。

当然了，在通常的情况下，不是所有恒星都是这样诞生的。近期天文学家就观测到了一种新型的宇宙"胎盘"在培育着不同的生命状态。一颗"婴儿"恒星在它的发展阶段中会在其附近存在原始行星盘，持续地聚集着气体等物质，经过长时间吸收积累的过程把气体和尘埃旋转聚集，并且在最后阶段将这些原料转化成各种有秩序的、形态迥异的外星世界。

之所以会出现这种状况，是因为对于一个理想化的行星系统来说，每个行星的轨道都和主恒星之间具有一定的间隔。但是，一个针对系外行星的观测站，观测到了太阳系之外的行星世界具有各种奇怪的状态，很明显它们是不遵守秩序的。对于这个原因，一组天文学家在期间宣布，他们可能已经探索到了这个谜题的答案，利用模拟行星系统形成的阶段演示，天文学家们发现了那些不遵守秩序的系外行星是怎样在新的机制下占据着重要位置的，与此同时，天文学家们还将模拟结果与实际的观测数据进行了对比。

这颗冉冉升起的"婴儿"恒星，离地球450光年。它就是金牛座F星

美国亚利桑那大学月球和行星实验室助理教授伊拉里亚·帕斯库奇认为，行星在年纪尚轻的恒星附近的轨道上分布并不是非常均匀的，与此相反，有区域还会出现行星"荒漠"的景观，即没有一颗行星存在，但是，有些时候在某个位置上还会出现"连环撞车"的情况。

那么，"行星荒漠"与"连环撞车"是怎样造成的呢？在年幼的"婴儿"恒星形成之后，在其附近会产生旋转的气体云，随着时间的发展，这些气体云将慢慢地变成扁平状，继而演化像盘状的行星盘，这时，行星就可以在这盘子上形成。在事件发生之前，引力作用与"拔河"将在原始行星云与尘埃中精彩上演。"婴儿"恒星倒是可以把原始行星盘上物质当成"食物"，慢慢地增加着自己的"体重"，同时产生强大的引力场，继而拉拢过来更多的"食物"。并且发出强大的能量辐射把原始行星盘推到一旁，高效地把正在落进恒星的气体以及尘埃阻隔住，从而形成一定的间隔，随着时间的推移，向外辐射的推动力跟恒星引力之间达到了一个平衡点，如此一来就可以把"婴儿"恒星附近的区域彻底清理干净了。这个理论非常有效地揭示了在恒星形成阶段所发生的全部过程。不过，帕斯库奇助理教授的研究小组也同时提出："婴儿"恒星所产生的强大辐射也存在热效应，同样会作用于原始行星盘上。

英国莱斯特大学的研究人员理查德·亚历山大则提出：在十分靠近恒星的行星盘物质存在着极度高温，在超级强大的引力与辐射推动力的影响下，它依旧会处于一个相当平稳的区域，然后，原始行星盘上的引力强度比较低的地方，被加热的气体则会逃逸到星际空间中。这种现象在天文学上被称为"光致蒸发"，也同样可以说明"婴儿"恒星系统中的质量造成了流失。假设脱离"光致蒸发"区域，由于恒星的能量辐射太弱又不足以使物质升温，所以说，这个现象只有距离"婴儿"恒星比较近的原始行星盘上才能发生。

帕斯库奇与亚历山大同时提出，一颗与太阳级别相当的恒星，它的"光致蒸发"区域处在一至两个天文单位（一个天文单位为地球到太阳的距离），这是一个很有意思的现象。随着时间的发展，质量庞大的行星将在"婴儿"恒星周围诞生。不过，这些行星依旧被植入原始行星盘上的物质。而新生的恒星可利用引力作用聚集出一些原始行星盘上的物质，新产生出来的物质将"拖绑"行星盘上物质的运转，削减它的轨道动量。

与此同时，当原始行星盘上的物质运转速度慢慢变慢之后，就将失去它们的轨道而距离"婴儿"恒星越来越近，从而最终落入其中，行星迁移的过程也让质量庞大的行星朝向"光致蒸发"的区域移动。所以说，"婴儿"恒星的四周行星就有可能出现"连环撞车"，这种分布不均匀的情况，已经在我们所观测到的多数行星系统中存在了。随着系外行星观测技术的不断发展，我们将会发现更多的不按套路出牌的星际"小家伙"。

第十七章 个性恒星

恒星的种类各种各样，有联星、变星、新星、超新星、类星体、中子星、脉冲星等，这些各种各样的恒星，我们都有必要探索一遍。

第一节 神秘的联星

联星又被称为双星，它主要是由两颗绕着同一个重心旋转的恒星组成。相对于一颗来说，另一颗恒星就是它的"伴星"。相对于一般的恒星来说，它们之间的位置看起来非常接近。

联星

最初，弗里德里希·赫歇尔在1802年创造了"双星"这一词汇。给其下的定义为：双星系统是由两个星体根据吸引力定律组成的一个系统。双星很多种类，一颗恒星围绕另一恒星运动，又或者两者同时围绕对方，并且具有互相间的引力作用，这种双星被称为物理双星；两颗恒星看起来相互间的距离非常近，但是实际上它们之间的距离却非常远，这种类型的被称为光学双星。我们一般说的双星，如果没有特别指定的话，那么大多数都是指光学双星。依据观测方式，用天文望远镜观测到的双星叫目视双星；只能用分析光谱变化才可以辨识出来的双星称为分光双星。

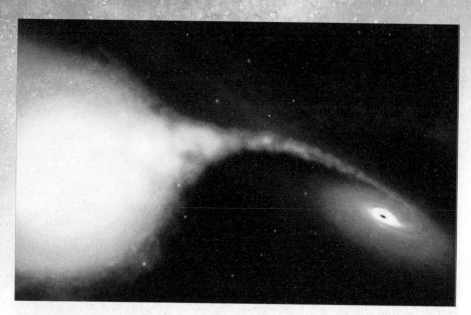

天鹅座X-1双星系统

除此之外，还有一种现象，即一颗恒星绕着另一颗恒星转动，同时存在第三颗恒星又环绕它们运动的，这种双星被称为三合星。依此类推的话，当然还存在四合星、五合星等，而它们都有一个统一的称谓，即聚星。最近，人类探索到绝大多数的已知恒星被包含进了双星甚至多星的系统当中。双星的观测，对于天体物理学来说非常重要，因为两颗恒星的质量可以通过观测其旋转的轨道来确定。这样一来，大量的星体质量就可以据此推算出来了。

任意一对或多个，在星际中看上去距离很近的恒星都有很大的可能是双星，最著名的就要数北斗七星（大熊座）的开阳和辅了。然而，实际上这两颗星体在空间中的距离非常遥远，只不过从地球上看上去，它们在方向上大致相同。类似这种被误认了的假双星，就是光学双星或光学对了。

在天文望远镜发明之后，人们可以很轻易地发现大量的这样的光学对。1780年，天文学家们测量了大约700对双星间的位置和距离，在经过20多年的观察后，终于发现了其中有50对居然可以互相改变彼此间的距离和位置。

目前，比较著名的双星系统有天狼星、南河三、大陵五以及天鹅座X-1，据推算，天鹅座X-1中的一个组成星体很可能是黑洞。

真正意义上的双星，是有万有引力作用的一对恒星，当这类恒星能在天文望远镜的放大效果下，被拆解成两颗星时，就称为目视双星。在一些特殊情况下，它们的唯一特征就在多普勒位移发散出来的光。这种星体系统，就是著名的分光双星，在这一对星中相对是接近的谱线，首先会同时朝向蓝色方向移动，我们称之为蓝移，在远离我们时，谱线则会同时朝红色方向移动，毫无疑问这种现象就是红移。在相对于双星的质心运动时，它们的轨道运动会使谱线开始循环进行。如果轨道的平面与我们的视线方向相对一致的话，那么这两颗星则会很有规则地部分甚至全部互相遮盖，这种星体系统被称为食双星，大陵五就是其中的一个典型例子。

双星簪是非常罕见的，它既是目视双星又是分光双星，它的发现对人类来说是相当珍贵的资料来源。目视双星相互的实际距离非常大，在周期上一般都是几十年有的甚至达到一个世纪。因此，它们的相对运动幅度非常小，以至于连分光镜都不能有效地观测出来它们的实际速度。另一类相反的，分光双星之间的距离非常近，所以它们的相对运动速度是非常快的。但是，又因为它们的距离太过接近，以至于看不出它们到底是不是目视双星。所以说，要确定目视双星同时又是分光双星的话，要有一个先决条件，那就是——必须离地球非常非常近。

第二节　善变的变星

变星是一种星光强度可以改变的恒星。不过，它的亮度变化可是有周期性的，这个周期性可以半规则，也可以是完全不规则的。

按照光度变化的开始和特殊性，我们可以把变星分为3大类：食变星、脉冲变星、

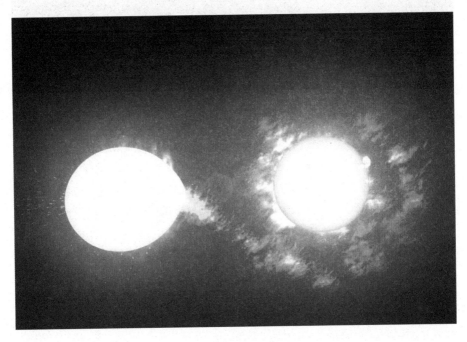

大陵五

爆发变星。

食变星：双星系统中的子星。当我们在地球上看它的时候，如果这个子星正在它的伴星之前通过，那么它的一部分就会掩盖住伴星的光；如果伴星在这个子星之前通过，那么它就会部分遮盖住这个子星的光。当这样的情况每每发生时，双星系统光感度会出现起伏状态。双星大陵五则是这其中最有代表性的一个食变星。大陵五的英文名称为algol，意思是闪烁之魔。它跟其他两种类型的变星和食变星不同。这两种变星都是自身变光的。说白了就是，它们发出的辐射能随着时间的变化而变化。

造父变星

脉冲变星：自身呈周期性的胀大与缩小，这样就会导致它们的亮度和大小都存在脉动。这其中的两个典型代表为，造父变星和天琴RR星是脉动变星。

爆发变星：包括新星、超新星等。这类变星是可以突然爆发出具有辐射能量的变星。亮度的瞬间增加只能维持非常短暂的时间，随后就会渐渐地变暗。

引起这种光感度变化的原因可以分为：几何原因，例如交食、屏遮等；物理原因，例如脉动、爆发等；以及这两种原因同时存在的状态，例如交食加上两颗恒星之间的质量交流。

更具光感度和光谱变化的不同，我们可以把变星划分成几何变星、脉动变星、爆发变星三大类。在这三大类的下层结构，又能够再分出若干个子次型。其中脉动变星和爆发变星都是物理变星，它们同属于不稳定恒星。

昴星团及其周围的星云

　　按照变星的光变原因，我们可以把它分成内因变星以及外因变星。内因变星的光变是光感度的真实客观变化，在这种变化的同时，它的光谱和半径也在改变，我们还可以把这类变星称为物理变星；而外因变星的光感度、光谱和半径不变，它们是双星，这类变星光变的主要原因是出于在轨道中运动的子星的相互掩食或是椭球效应。外因变星的另一个称谓是几何变星或者是光学变星。内因变星的数量可以占到变星总量的80%，它同时可以分为脉动和爆发两个特征完全不同的两大类。而前者可以占到内因变星总量的90%，光感度的变化是由星体脉动效应所产生的；爆发变星的光感度变化是由一次或者更多次的周期性爆发所产生的。对变星分类的方式，也随着人类对宇宙认识的不断拓展而慢慢地发生了改变，近些年，在人类发现的越来越多的双星中，不光包括了几何变星，同时也存在着物理变星。

　　变星种类如此之多，已经涉及了恒星发展的每个阶段，对变星的研究，必然会对恒星发展理论有着立竿见影的效果。例如，了解食变星，人类就可以在确定恒星质量、大小等物理数据上取得长足的进步和务实的方便；造父变星的周光关系，则可以为宇宙的尺度测量提供最基础的校准数据，新星、超新星最大光感度可作为一个大致上的距离指针；变星分别存在于中介星族 Ⅰ、旋臂星族、盘星族、中介星族 Ⅱ、晕星族，五种不同空间结构次系，这就对银河系的构造以及动力学的研究产生了重要的意义。

341

物理变星则是由于本身的物理原因，例如辐射产生的总体能量发生了改变，而引起光感度发生变化的恒星，这类恒星被归为不稳定恒星。在现有的已经被人类探索到的两万多颗变星中，绝大多数都是物理变星。光感度的变化则是这种变星的一个非常主要的特征，这其中的原因可能在于它存在的周期性脉动，呈不规则性的爆发；又或是发生了强大的具有毁灭性的大爆炸等原因产生的。所以说，物理变星也可以分为诸多种类。在这之中的绝大多数就是脉动变星以及爆发变星。由于这类变星对我们的星际探索有着举足轻重的意义，同时研究它们困难也非常大，所以说，它们就格外地引起星际探索者们的关注。

爆发变星在爆发前，星体处于相对稳定，至少是缓慢变化的一个状态，但是，一旦爆发的话，星体的亮度则可以瞬间增加到原来的几千倍甚至是几亿倍，有的在白天都可以看得到。但是，在经过一段时间的爆发后，又会渐渐地暗淡下来。其中的一部分爆发变星，又被人们称之为"灾变变星"。

爆发变星的爆发程度有大有小，同时它爆发出来的亮度也有大有小，而且，有的爆发变星的爆发次数还不止一次。爆发变星可以涵盖很多种类的恒星，例如新星、超新星、再发新星、矮新星、类新星、耀星等。耀星可以在短则几秒，长则几十秒内的亮度突然增加，在经过十几分钟到几十分钟的爆发过程后，又会渐渐地回复到原来状态的一类特殊变星。它们的亮度在平常是基本保持不变的，而亮度一旦增大，有的则可以暴增到百倍以上。但这样的高亮度爆发，却只能维持十几到几十分钟，看上去恰好像一次闪耀，所以我们给它取名为耀星。

在1924年发现的船底座DH星就存在上述的这种现象。它的亮度在三分钟内迅速地增加了11倍。为人类所观察的最多的还是存在于太阳附近的耀星。例如半人马座比邻星就是这样的耀星。人类在星团星协中也同样观测到了耀星，其中以昴星团最多，具有460多颗；猎户座大星云区排在次席，也有300多颗。

然而，绝大多数的耀星都是星体非常小，温度非常低的红矮星，平常的亮度就低，耀亮的持续时间也是非常短，所是说，这就是为什么我们把更多的观测精力放在了太阳附近。实际上，耀星的数量还是非常庞大的。当我们用一架大型天文望远镜观测的话，就可以在平均每90分钟内看到一次耀星。据不完全统计，在银河系的恒星中，大约有80%~90%的恒星都可以归入到耀星的范围之内。耀星的星体地表都存在着局部活动区，而一次次的耀亮恰恰就发生在这些地区，这一点就和我们之前说过的太阳耀斑活动非常相似，当然啦，这些恒星耀亮时所产生的辐射能量则要比太阳耀斑所产生的能量大100~1000倍。

第三节 新星、超新星——多数恒星的最后归宿

新星是在亮度上短时间内（几小时至几天）突然剧烈增加，继而又缓慢变弱的一类变星，它的星等增加幅度大多在9等~14等之间。由于新星在亮度暴增之前都很暗，就连大型天文望远镜都看不到，然后，一旦爆发后，人类在地球上用肉眼都可以看到，因此，"新星"的名字由此而来。事实上，新星并不是刚刚诞生的恒星。现在对新星的普遍观点就是，新星是来自双星系统中的。这个双星系统中的一颗子星是体积小、密度大的白矮星，而另一颗则是颗巨星。当两颗子星距离很近的时候，巨星上的物质就会受到白矮星引力作用，向白矮星运动过去。这些流动的物质，其主要成分是氢。当氢落在白矮星上后，就使得白矮星"死灰复燃"，在它的外层产生核反应，这样就会让白矮星的外层爆发，继而一颗新星由此产生。新星爆发之后，所释放的气壳则脱落出去，致使气壳不停地膨胀，星体半径增大，同时密度就会减弱，最终消散在茫茫星际之中。但是，随着气壳的膨胀与扩散，新星的亮度就此缓慢减弱了。

壮观的仙后座超新星爆发

我们之前说过，古希腊哲学家亚里士多德曾经提出过星空是永远不变的理论。不过在1572年，第谷·布拉赫却宣布他在天上观测到了一颗新星，而这恰恰就是来自中国《明史稿》中记载的"明隆庆六年冬十月丙辰，彗星见于东北方，至万历二年四月乃没"所说的那个星体。又过了30多年，也就是1604年，开普勒又在蛇夫座中观测到了另一颗新星，这同样在中国史籍中有所体现，即明朝万历三十二年的尾分客星。这样的话，"星空不变"这个亘古概念立刻不攻自破，事实上，早在公元前204年，于牧夫座出现的新星就被中国的史书《汉书》记录入案了。"汉高帝三年七月有星孛于大角（牧夫座α），旬余乃入。"这可以说是人类历史上最早记录新星的文献之一。

一颗标准的新星，它的亮度可以在数天之内暴增到一万倍以上，它的最大亮度能够持续几个小时，然后再慢慢地变暗。但是，它在变暗时的速度要比增亮时的速度慢上很多。新星在亮度最高的时候，它的绝对光度甚至能够达到太阳光度的10万倍。

被彗星环绕的白矮星

只不过它离我们太过遥远了，所以在地球上，在人类的眼里它们还只是一颗普通的星星。而新星爆发时所产生的能量能够到达10^{38}焦。这个数据代表着，它在数百天内，所产生的能量相当于太阳在10万年里所能释放的能量总和。根据对新星光谱的调查，人类初步掌握了关于新星的一些细节。新星爆发时，半径会增长到太阳半径的100~300倍，然后在爆发过后，它的体积却又会大幅度缩小；爆发时，新星星壳会无节制地向外扩张，从而远离星核，最终会发展成为稀薄的星际介质；爆发时，恒星失去的质量能够达到10^{26}千克，这大约相当于太阳质量的万分之一。

当恒星爆发时的绝对亮度超过太阳亮度的100亿倍、核心温度100亿℃，新星的爆发亮度的10万倍时，就成为了超新星爆发。超新星爆发时所产生的能量可高达(10^{43})焦，这就大致相当于太阳在它的100亿年的主序星阶段所产生的能量总和。超新星爆发时，抛落出去的物质的速度能够达到10000千米/秒，亮度达到最高值时，超新星的直径可与太阳系的直径相同。

超新星爆发遗址

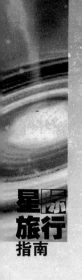

在1970年观测到的一颗超新星，在其爆发开始后的一个月里直径以5000千米/秒的速度增加，最大时增加到了3倍于太阳系直径。在此之后，它的直径又开始缩小。可以说，一颗超新星爆发就相当于一颗大质量恒星的"暴死"。对于这类大质量恒星，如其质量达到了太阳质量的8~20倍，那么，由于质量如此之大，在恒星演化的末尾阶段，当星核和星壳彻底分开的时候，往往就要发生一次超级规模的大爆炸。这种大爆炸就是我们之前说的超新星爆发。在1572年和1604年观测到的新星都可以说是超新星。其实，天文学家不光在银河系内，甚至在许多河外星系中都发现了超新星，这些超新星的总数可以达到数百颗。但是在人类的历史上，我们用肉眼可以直接观测到并且之后又记录在案的却只有6颗。

超新星是一颗恒星在其"一生"所经历过的规模最大、最具灾难性的爆发。它的爆发形式有几种：一种是质量大小和太阳相当的恒星，其次属于双星系统的成员，再次是一颗白矮星。这种类的爆发和新星的不同是发生核反应的位置，它的是在核心，致使整个星体全部炸毁，变成气体后就扩散到了恒星际的空间中；另外一种超新星，它原来的质量比太阳要大上好多倍，但是它不一定非要属于双星系统成员。这类超大质量的恒星，在其核反应的最后时刻，同样会发生灾难性的爆炸，然后将大部分物质变成气壳甩出，不过，其中心附近的物质将会留存下来，最后就会变成一颗中子星。

第四节　中子星：宇宙中的死亡陷阱和无底深渊

如果你正在为超新星那巨无霸的质量而赞叹不已的话，那么接下来的内容会让你更为震惊！它就是密度更为庞大的中子星。

中子星，又被人们称为波霎。这里有必要解释一下，脉冲星都是中子星，不过，中子星却不一定都是脉冲星，对此，我们要最终确定收到它的脉冲才能下结论。言归正题，中子星是恒星演化的最后阶段，在经历了重力崩溃超新星爆炸之后，可能成为的为数不多的终结方式之一。简单来说，就是质量还没有达到可以变为黑洞的恒星，在"濒死"时塌缩形成的一种在恒星与黑洞之间的星体，它的密度比地球上所有物质的密度都要大上很多倍。

中子星的原始形态大多是质量比太阳大上8倍以上的恒星。它在爆发塌缩过程中所释放的强大压力，致使它的物质构造发生了翻天覆地的变化。在这种情况下，不光它的原子外壳被压碎，就连原子核也被彻底摧毁了。这个时候，原子核中的质子和中子就会被压力挤出来，而质子和电子被压到一块后又结合成为了中子。最后，当全部中子都被挤在了一起，一颗中子星便诞生了。显而易见的是，中子星的密度，即便是由原子核所组成的白矮星也不可能跟它相提并论。在中子星上，每立方厘米的物质都能

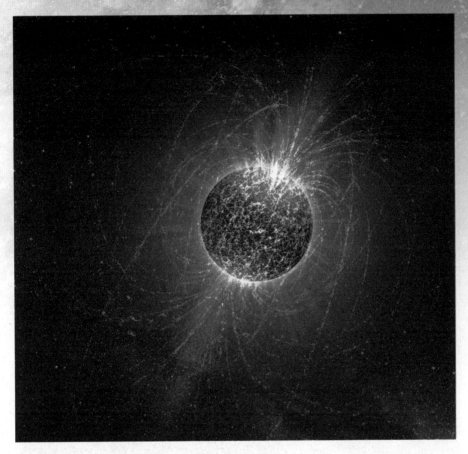

可能是离地球最近的中子星

够达到一亿吨重甚至是十亿吨重（地球测量）。

具体来说，中子星的密度是10^{11}千克/立方厘米，这就表明，在每立方厘米上，它的质量竟然有一亿吨之巨！相对于白矮星每立方厘米的几十吨，后者显然变得又不值一提了。我们可以用一个具象的例子，来说明中子星的质量之大。在中子星上，一个火柴盒大小的物质，需要用地球上的96000个火车头才能拉动！所以说，中子星的高质量现象，是足够吸引人的。实际上，中子星的质量的另一个惊人对比是，半径为10千米的中子星的质量居然同整个太阳的质量相同了。

当恒星缩成中子星后，它的自转速度就会增加，可以一秒钟转几圈到几十圈。与此同时，收缩后，就会让中子星变成一块非常强大的"磁铁"，而这块"磁铁"会从它的某一部分向外发射出电波。当中子星快速自转时，所产生的效应就像灯塔上的探照灯一样，有规则地并且是不间断地向地球发射电波。每当发射电波的部分朝向地球时，我们就可以收到它发来的电波；而会发电波的这部分又会随着星体的转动而转移，这时，我们就无法收到它发来的电波。因此，我们在地球上收到的电波是具有间

中子星的磁场可以使它的表面温度增加

歇性的。我们把这种现象叫做"灯塔效应"。

再举一个比较具象的例子，中子星的辐射能量相当于太阳的100万倍。以当今全世界的用电量来看，中子星在一秒内辐射能量的总和如果全部转化为电能，那么，就够人类在地球上用几十亿年了。

中子星和白矮星相同的是，中子星是恒星发展到演化后期的形态，中子星同样是在老龄恒星的中心所产生的。不同的是，能够发展成为中子星的恒星，它拥有更大的质量罢了。据天文学家们的计算，当年老的恒星质量大于太阳的10倍时，它就有变成中子星的可能，而质量小于太阳的10倍的恒星，绝大多数情况下只能成为一颗白矮星。

中子星与白矮星的不同之处，不仅在于产生它们的恒星质量不同。中子星和白矮星所处的物质存在的状态也是完全不一样的。

说得更直接点儿，虽然白矮星有很大的密度，但是，依然处于常规物质构造可以

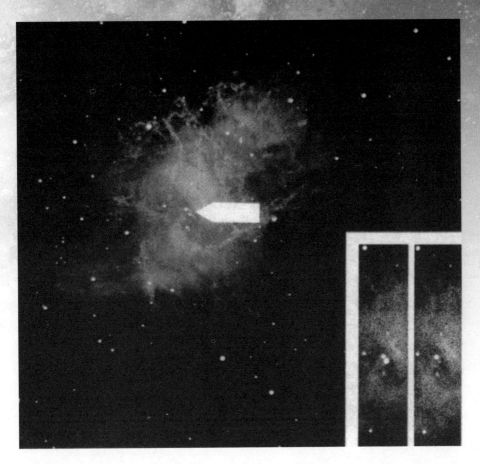

中子星的结构

接受的最大密度范围之中：它的电子依然是电子，原子核也依然是原子核。但是在中子星里，压力非常之大，这让白矮星中的简并电子压根本就无法负荷：电子被压进了原子核里，与质子中和成了中子，这样的话就让原子变成只由中子构成的。而一颗中子星就是由这类的原子核紧紧排列在一起所组成的。毫不夸张地说，中子星就是一个巨大的原子核。所以说，中子星的密度就是原子核的密度。至于中子星的质量大到什么程度——就连光线都是呈抛物线挣脱的。

但是，在这里要说明的是，中子星其实并不是恒星的终极形态，接下来，它还需要继续演化。因为它的高温，在此过程中，它的能量消耗也非常迅速，所以，它要利用减慢自转来消耗角动量从而保持亮度。当中子星的角动量也消耗殆尽后，它就会变成一颗不会发光的黑矮星了。

第五节　红移的类星体

　　20世纪60年代，科学家们在浩瀚的星际中观测到了一种特别的天体，从探测器发回来的照片上来看，这个天体就像是一颗恒星，但根据计算，这颗类恒天体肯定不是恒星，它的光谱倒有点像行星状星云，但是它又不是星云，从它所处的位置发出的无线电波类似星系但又不是星系。最后，专家们给它取了个名字叫"类星体"。

欧南天文台发现的类星体，它的质量是太阳的20亿倍

　　下面，我们先来说一下另一个星际名词"红移"，在宇宙大爆炸的理论中，所有星体都在向周围发散，渐渐地和我们越来越远；由于多普勒效应，在离我们远去的恒星所发出的光线的光谱会偏向红光光谱方向移动。

　　而将前两个名词相加——类星体红移，就是我们刚刚说过的星体远离我们的一个过程。

　　红移是银河系以外的天体一个共同的特性。所以说，大部分的人坚信，类星体存在于银河系之外。

　　在20世纪60年代发现的那种新型天体，在它的照片底片上，显现出了类似恒星的影像，而且它的光谱存在巨大红移，还可以发射出非常强的无线电波。这种类星体的最明显的特征就是它正以相当快的速度离我们远去，所以说，它才拥有很大的红移。类星体跟我们的距离都非常遥远，最近的也要在几十亿光年之外，有的甚至更远，但是，它们的光学亮度看上去却并不弱。由此可见，它们的光辐射的能量会是普通天体的成百上千倍，同时，它们的发射无线电波的功率要比普通天体大上100万倍。可以

类星体3C48

说，发现类星体，要算得上是20世纪60年代天文学领域的四大发现之一了。最开始，天文学家最先接收到的是它发出来的无线电波，但是，当时并没有人知道这种电波是从哪来的。

不过，最后马修斯和桑德奇还是找到了射电源3C48的光学对映体，当时的它看上去就像一颗恒星。用分光观测法分析，在这个天体的光谱中，存在着很多宽而强的发射线，在当时，还没有人能够辨识出这些谱线。直到1963年，射电源3C273正式被认证为一个13星等的类似恒星的天体。M.施米特发现它的光谱与3C48的光谱非常相像，最后经过多方努力终于成功地辨识出了3C273的谱线。

辨识的结果表明，这些光谱是地球上为人类熟知的元素所产生的发射线，不过它的红移非常大，达到了0.158。3C48的谱线最终也得到了辨识，它的红移更大，能够达到0.367。在此之后，天文学家们又相继发现了另一批性质与3C48和3C273相似的射电源。它们同样可以在照片底片上呈现出类似恒星影像，故此，它们被称为类星射电源。经过光学观测后，类星射电源的紫外辐射也很强大。在此之后，又陆续发现了一些光学性质与3C48和3C273相似的天体，但是，这些天体并没有发出射电辐射。这种天体最后得名"蓝星体"。类星射电源和蓝星体也被人们统称为类星体。从1960年的第

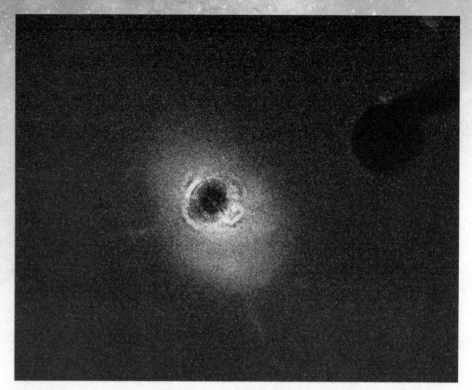

类星体 3C273

一次发现，到1979年这将近20年的时间里，天文学家们就已经观测到了1000多个类星体，在这之中类星射电源大约就有300多个。

第六节　脉冲星为何发射脉冲？

脉冲星，属于变星。1967年人类第一次发现了脉冲星。当时，还只是一位女研究生的贝尔，观测到了狐狸星座中有一颗星正在发出一种带有周期性的电波。在经过很多轮的分析之后，天文学家们将它规划成了一种未知的天体。这种星体可以持续地发射出电磁脉冲信号，所以，人们就干脆将它称为"脉冲星"了。

脉冲星发射出的射电脉冲，是非常有规律的。起初，天文学家们也对此非常迷惑，有些人甚至一度将它当成了外星人主动向人类发来的电报。据说，首次被发现向地球发来信号的脉冲星就被取名为"小绿人1号"。

最后，在几位天文学家耗时一年的不懈努力下，这个来自星际的陌生家伙最终被证实，它就是一颗正在做飞速自转运动的中子星。而且，正是因为它的飞速自转，才能发出射电脉冲。

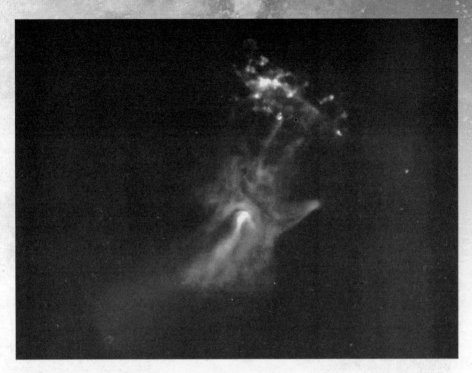

这颗脉冲星信号在起初还被误认为是"小绿人"在跟地球打招呼

脉冲星磁场效果演示

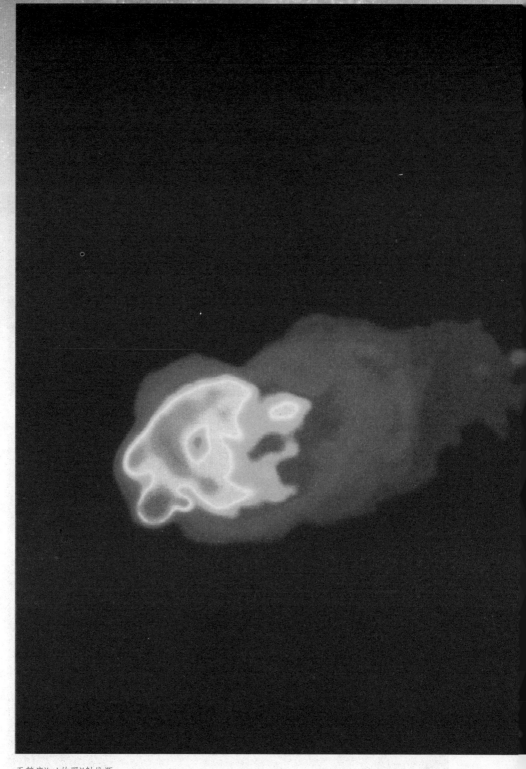

天鹅座X—1的强X射线源

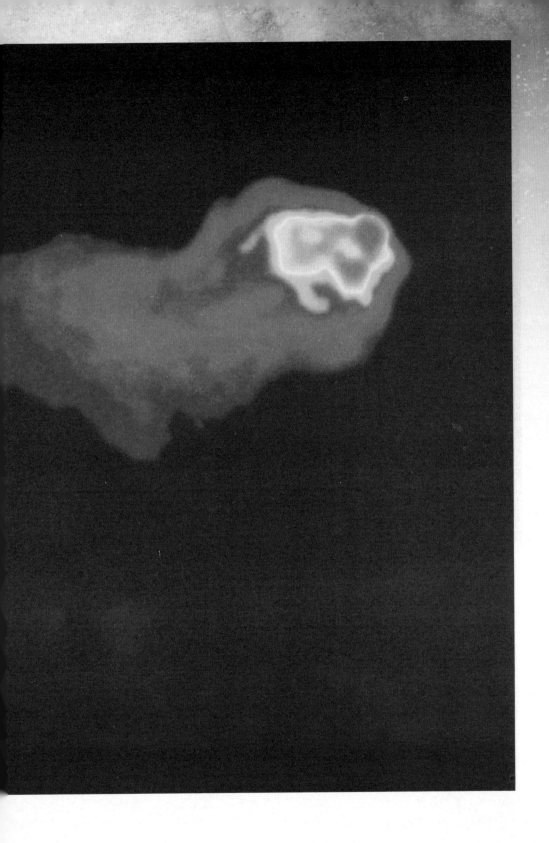

星脉旅行指南

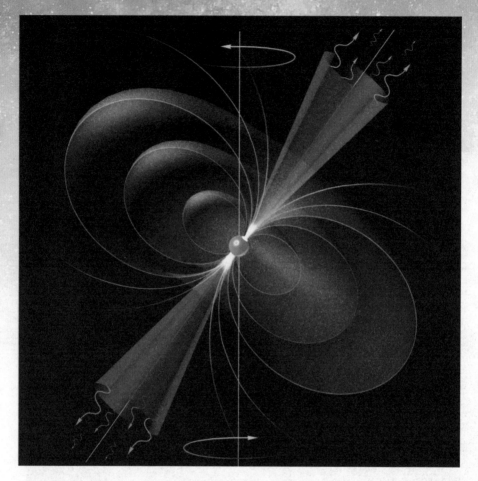

脉冲星脉冲信号示意

就像地球拥有自己的磁场一样，恒星也同样具有磁场；同时，也正像地球可以自转一样，恒星也同样都存在着自转属性；还是像地球那样，恒星磁场的方向并不一定和自转轴同处于一条直线上。所以说，每次恒星自转一周时，它所拥有的磁场就会在星际空间中运转出一个圆，并且非常有可能朝向地球一次。

这样一来的话，是不是所有的恒星都可以发射脉冲了？当然不是，要想发出跟脉冲星一样强度的信号，那得需要一个同样强大的磁场。而且，只有那些体积很小、质量却很大的恒星的磁场才会非常强。就像我们之前提到过的中子星，就是这样一种高密度强磁场的恒星。

另外，恒星的体积越大、质量越大，那么这颗恒星的自转周期也就越长。就像我们再熟悉不过的地球，它的自转周期是24小时。而脉冲星的自转周期竟然可以短到0.0014秒！要想赶得上这种速度，就算白矮星来了都不行。这从另一个方面表明，只有超高速自转的中子星，才有可能成为脉冲星。

人们不禁要问了，脉冲星为什么可以发射脉冲呢？

到目前为止，虽然还没有100%的确凿证据，但是所有的脉冲星专家都在坚信着，脉冲星并不是在或明或暗地闪耀着发出光亮，而是可以释放出相对稳定的能量流。只是这一能量如同手电筒发射出的光一样，凝聚成为一条非常狭窄的光束，从该脉冲星的磁极发射出来。中子星的磁轴和旋转轴两者之间存在着一定的角度（这跟地球上磁北极、地理北极位置稍微有差别一样）。星体在自转的时候，它发出的光束也跟救护车上的警灯差不多，扫过星际。只有当这条光束直接笼罩在地球上时，我们才可以利用天文望远镜探测到来自脉冲星的信号。这就是为什么，一条相当稳定的光束最后却变成了脉冲光。

但是有些天文学家也提出了一些不同的意见。最新的观点认为脉冲星发出的光并不是来自它的磁极，而是来源于它的周围。这种观点同时指出，脉冲星之所以发出脉冲光是源于它的磁场在快速地上下翻滚来回震荡，不停变化的磁场产生了星体周围存在的极高感生电场。这个感生电场的最高值出现在磁场经过零点的周围，同时还使带电粒子加速，让它们发出同步辐射。这是脉冲信号产生机理的另一种解释。

磁场振荡模型的一大优点就是它有太阳这样一个低频振荡的模板。大家都知道，太阳磁场方向每过11年就将翻转一次，如果太阳塌缩变为中子星，那么它的自转周期就将缩短到几秒甚至几毫秒，与此同时，它的磁场翻转周期也将有机会达到毫秒级。电磁振荡模型也存在着问题，例如星体磁场真的可以如此快地翻转吗？当然了，我们之前提到过的灯塔模型也存在着一定的问题：磁场快速旋转的过程中，真的可以从磁极发光吗？

来自脉冲信号的辐射，一度被当做是中子星的极端磁场的特有行为。但是，在这之后天文学家却发现，在一部分主序星上，例如超冷星TVLM513-46546以及化学特殊星CUVirginis，也同样发现了有些相同的脉冲辐射，而这些星体的磁场都很低（数千高斯）。这样的发现，对磁场震荡模型是有帮助的。因为这表明，磁场震荡模型降低了对磁场强度的需求。

大部分的脉冲星都能够在射电波段被观测到。少量的脉冲星也可以在可见光、X射线甚至γ射线波段内被观测到，例如比较典型的蟹状脉冲星就可以在射电到γ射线的各个波段内被观测到。

第十八章　另类的恒星"视"界

第一节　最快最大的"旋转木马"

VFTS102的旋转世界

VFTS 102艺术加工图

　　近期，天文学家发现了一颗温度非常高而且亮度是太阳亮度的10万倍的恒星，这颗恒星处于大麦哲伦星系中的蜘蛛星云，蜘蛛星云正是大麦哲伦星系(距离地球160000光年)中产生恒星的地方。天文学家便将此恒星命名为VFTS102。

　　由于离心力的作用，VFTS102恒星以每秒600千米的速度高速旋转，因此VFTS102相当于是恒星世界里速度最快的"旋转木马"，但让人担忧的是，VFTS102恒星是否会因如此之高的自转速度而就此毁灭？

　　VFTS102曾经拥有一个暴力的过去，其曾被一颗在双星系统中的爆炸伴星弹出。该项观测结论是由欧洲南方天文台甚大望远镜，智利帕拉纳尔天文台提供的。VFTS102通过与另一颗恒星近距离的相互运动，分离此恒星表面的气体，从而产生并保持快速旋转状态。

　　是什么导致VFTS102的自转如此之快？来自美国的天体物理学家马特奥—坎迪罗表示，这是因为有气体落到了这颗伴星上，增加了它的质量，导致其旋转加速。这与侧击网球令网球旋转加速相似，由于落在恒星上的气体是不平衡的，使得其加速旋转。

　　在2007年，坎迪罗提出过一个假设——当气体质量增加之后，位于双星系统中的恒星的旋转速度也会增加。坎迪罗表明VFTS102恒星如此的独树一帜，不仅仅因为它自

双星旋转系统内享受"飞一般"的感觉

身旋转的速度非常快，还因为它远离另一颗伴星的速度可达到每秒30千米。坎迪罗曾经说过，"作为双星系统的一部分，可有效地解释这种太空奇特性。"

多年前的研究表明，那些伴星每每经过壮观爆炸自己的生命时，另一颗恒星将被从质量巨大的双星系统中弹出。坎迪罗指出，理论上来讲，在计算模型中，恒星以很高的速度自转，同样也会以非常高的速率远离伴星。更让人兴奋的是，研究证明一颗恒星与之前的理论相辅相成。

一颗脉冲星和超新星残骸距VFTS102恒星较近，而超新星残骸正是来源于VFTS102的伴星。坎迪罗认为，伴随着这颗伴星的死亡，伽马射线和显著的"烟花"也一并爆发。类似VFTS102恒星，以如此之高的速度旋转、质量超大的恒星将产生光线和宇宙物质流。

第二节　每天都是"仲夏夜"

上文提到自转最快的恒星，此节说一个很特别的恒星——目前为止温度最低的恒

WD0806－661B

星，我们称这颗恒星为"WD0806－661B"，质量6倍于气态巨行星木星。凯文－卢赫曼，美国著名天体物理学教授，发现了这颗温度最低的恒星，测算表明，此恒星的表面温度与美国的亚利桑那州的夏季温度相差无几——如此温度的恒星确实不可思议。根据卢赫曼的说法，这颗恒星体积很小，温度与地球相类似。天文学家利用地球上灵敏度最高的望远镜——美国宇航局的斯皮策太空望远镜对600颗近地恒星进行扫描时发现了这颗温度极低的恒星，环绕一颗距太阳6300万光年密集塌陷的白矮星运行。该恒星与银河系内的大部分恒星相比，距离我们所在的地球非常之近。

褐矮星WD0806－661B是一颗温度极低的恒星，和所有的恒星一样，由尘埃和气体构成。由于尘云中无法提供充足的质量，导致无法产生"点燃"恒星所必备的高热原子核反应条件。因此这颗褐矮星有可能由于其地表的温度在-27到80摄氏度之间，而适合未来人类居住。

毫不吝啬的宇宙级喷泉

从1995年，人类自第一次发现褐矮星以后，科学家就一直在苦苦寻找温度最低的褐矮星。发现这种恒星的意义是远大的并且是不可估量的，其有助于使科学家了解温

度与地球相似的系外行星的大气。WD0806-661B所环绕的白矮星也会发光，和我们的太阳一样，会一直延续到生命最后阶段然后剥落外层。

WD0806－661B的运行轨道相当于地球与太阳间距离的大约2500倍那么长。卢赫曼在去年春天才正式在他发表的研究论文中宣布他这一发现，那时还无人可以证明WD0806－661B是目前为止是所有恒星中温度最低的褐矮星。但在《天体物理学杂志》刊登的一篇新论文中，他证实了这一发现。

第三节　星际"洒水车"

除了自转速度快和温度奇低的这些特别的恒星，在距离地球750光年的地方存在着一颗更奇特的类太阳恒星，它以爆炸的形式喷射大量水滴到太空中，这种喷射所释放出来的水液速度要远远高于高速子弹运行的速度——因此这颗恒星被称之为"星际洒水车"。

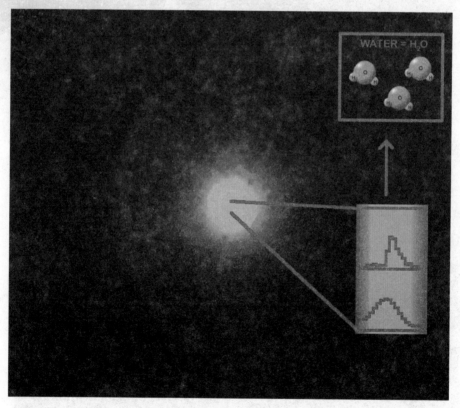

科学家在这颗恒星周围发现了大量的水蒸气

这颗"星际洒水车"在宇宙中喷洒液态水，随着越来越多的围绕恒星附近的下落灰尘的增加，喷射物质流会从这些恒星胚胎南极和北极开始。这颗恒星所释放出来的大量水滴的速度是亚马逊河水流速度的数亿倍，假如我们把喷射流比作巨大的胶皮管，把水滴比作子弹，这些恒星所释放出来的水滴的时速高达到20万千米，这相当于机械手枪射击子弹速度的80倍。这颗被称之为"星际洒水车"的恒星位于英仙星座北部，将近1亿年的寿命，至今为止仍被包围在在巨大的气体和灰尘云之中，提供了一个可孕育诞生新恒星的环境。这种出现在英仙座原恒星中的水喷射流现象可能是所有原恒星必须经历的一个短暂的过程。

为了能够观测到这辆"星际洒水车"，科学家使用欧洲宇航局能够洞悉气体灰尘云部内部的赫歇尔太空观测台的红外仪器，观测到氢气和氧原子存在的光线痕迹，这两种水构成的基础元素在恒星周围运动。通过追踪这些原子的踪迹，大部分科学家认为，在这颗被称之为"星际洒水车"的恒星上产生的水的区域温度可高达数千摄氏度。但如果这些水滴汇合入向外喷射的气体流中，这些水滴将会以高达10万℃的温度爆炸，使它们重新回到气体状态。当灼热的气体落在温度较低的恒星环绕物质上（这些恒星环绕物质与恒星的距离约合地球与太阳距离的5000倍），它们将减速，在气体快速冷却的区域形成一个激波阵面，它们将浓缩重新形成液态水。

这颗被称之为"星际洒水车"的恒星的发现是科学界的另一大奇获，着实让科学家兴奋不已，因为是这颗洒水恒星的发现让科学家们解密了初期太阳系的进化过程以及液态水的形成过程。

这颗恒星就好比一个恒星自动洒水系统，内部可能压缩星际物质——悬浮在恒星缝隙之间的稀薄气体。与此同时，因为构成水的氢气和氧气又是恒星形成灰尘盘的主要成分，因此这种原恒星洒水系统利于新生代恒星的形成与生长。

第四节　吞噬同伴，只为保持长生不老

被称之为"星际洒水车"的恒星的发现，或许不足让人瞠目结舌，但是一颗杀害自己同伴的恒星的发现，会不会让你感到些许震惊呢？现在，"钱德拉"——美国宇航局X射线天文台就监测到一颗类似太阳的恒星在不断地吞噬周围较小的星体。

如何知晓它在吞并其他的星体呢？根据"钱德拉"X射线测图像表明，最近这颗恒星吞噬了周围的恒星以及附近的巨型行星碎片。

这颗吞噬其他星体的恒星被称之为"BP Piscium"。天文学家认为，"BP Piscium"不断地吞并周围其他较小的星体的目的是让自己保持"长生不老"——可见这是如此自私的一颗恒星。

来自罗切斯特技术协会的天文学家乔尔-卡斯特纳表示，这颗BP Piscium恒星有可能是一个恒星吞噬恒星的世界，或者是恒星吞噬行星的世界。

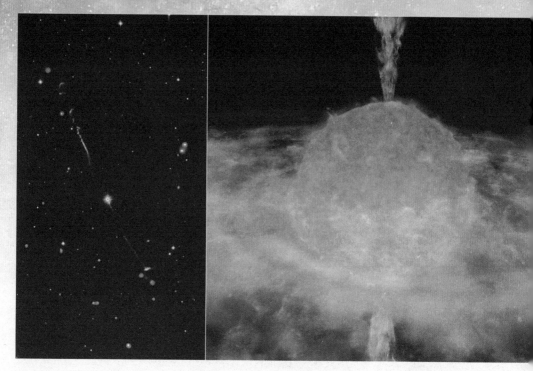

BP Piscium

　　自从许多年前，美国加利福尼亚州大学天文学家本-朱克曼和卡斯特纳发现BP Piscium恒星至今，这颗恒星一直是充满了神秘色彩，是科学家们解不开的谜团。从立克天文台的光学图像可以判断，BP Piscium恒星与地球的距离为1000光年，并且恒星的两极发现有一对数光年长的喷射流。此外，灰尘气体盘一直围绕着这颗恒星，这些都是年轻恒星的特质。

　　但是，BP Piscium恒星却是独树一帜，孤零零地存在于宇宙中，而其余的年轻恒星大都存在为簇状结构，从它的直径、表面引力和成分可以判断这是一颗相对年老的恒星。日前，根据美国宇航局"钱德拉"X射线天文台的最新监测数据，科学家们终于可以解释这个困扰多时的谜团。假设BP Piscium恒星是一颗新生的恒星，那么它每天会喷射很多的X射线，但是事实上，它每天喷射的X射线微乎其微。这些X射线喷射量与快速旋转的年老的恒星极为相似，而BP Piscium恒星与此类古老的恒星的温度也十分相似。

　　科学家们大胆地猜想此恒星曾有一个相伴的恒星，但是它在BP Piscium恒星中心地带爆炸，并被此恒星慢慢吞噬掉。我们大概永远也不会观看到这一爆炸、吞噬的过程。BP Piscium恒星曾被《天体物理学杂志通讯》杂志的刊文曝出已有10亿年生命史，现下它已经进入年老恒星即将耗尽燃料的红巨星阶段，随着吞噬它周围的其他行星或者二元恒星，它的体积越来越大——毫无疑问，我们的太阳也有可能在未来数十亿年演化成红巨星时吞噬掉我们所赖以生存的地球。

即便是所有的星体都被毁灭，但是第二轮行星还是有可能会从宇宙的灰烬中衍生。天文学家通过斯皮策太空望远镜观测到，在围绕BP Piscium恒星的气体盘中似乎存在着一颗巨行星。宇宙中恒星之间的吞噬现象不足为奇，在此之前曾监测到星系被撕毁，吞噬周围较小星系的情况，脉冲星被死亡同伴的能量冲击而加速旋转。

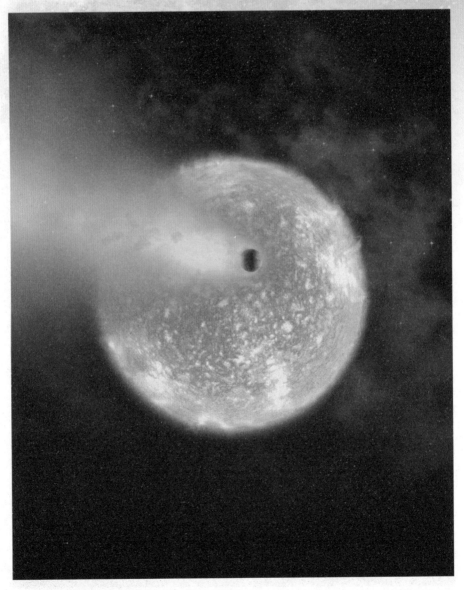

BP Piscium捕捉猎物的瞬间

第五节　自产钻石的行星

　　本节我们来介绍一颗大家感兴趣的恒星——一颗生产钻石行星的恒星。不久前，美国天文学家在一颗名为"贝塔·皮克托里斯"的恒星附近发现了超乎想象的碳资源，因为这颗恒星的进化过程和太阳系的进化过程十分相类似，所以科学家们大胆地

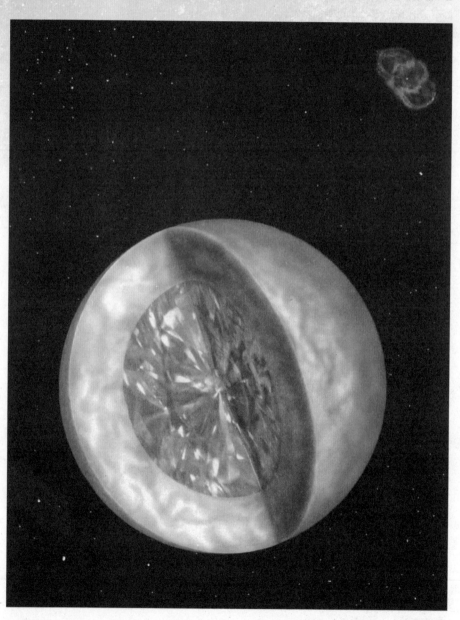

钻石恒星

推测这颗恒星附近可能会生产钻石行星。能够监测到自产钻石行星的恒星是一件非常让人震惊的现象，由于位于中心区域的恒星在结构上来讲与我们的太阳有所不同。科学家们在这颗恒星周围发现了气体尘埃云，其直径可达3000亿千米，而且科学家们同时还观测到有大量的碳，并以气态存在。根据科学上已存在的理论上看，是不可能有气体物质存在这颗恒星周围的，因为这些气体经过恒星的辐射作用，理应远离恒星的周围区域。

科学家们认为从气体构成上来讲，存在于这颗年轻的恒星周围的气体应该与存在于太阳系内的气体相似。这是为什么呢？由于恒星不断地对这些气体进行强辐射，理论上说那里应该有氢物质或其他种类的气体产生。但是，科学家们通过FUSE探测器和哈勃空间望远镜，最新监测资料和间就表明，那里确实存在着大量的碳元素。碳和其他重元素不同，比如镍和铁，会对辐射作用产生激烈的反应。所以，科学家们认为，很有可能在这颗恒星周围正在形成新的行星，自然，在这些新生的行星上，石墨和甲烷的存在量会是相当之大。

钻石的周围有什么

经过科学家推算，"贝塔·皮克托里斯"——这颗自产钻石行星的恒星至少有2000万年的历史了，它距离地球大概60光年之遥，温度约是太阳的9倍多，体积是太阳的1.8倍。远在1984年，天文学家们已经发现了这颗恒星，但是时至今日，科学家们才真

正有能力去证明和确定它和它周围物质的一部分特征。

科学家们猜想，"贝塔·皮克托里斯"恒星附近的碳可能是由于彗星和小行星的碰撞或摩擦产生的。但这一猜想苦于无法找到有力的证据，至今尚不能得到证实，因为在我们的太阳系内，很多普通小行星和彗星中碳储量微乎其微，甚至有很多小行星和彗星的碳储量几乎为零。

最近，科学家对这一现象做出了两种不同的解释，其一，科学家分析在很早以前，在我们太阳系内的小行星和彗星上曾藏有富饶的碳物质，伴随着时间的推移在各种至今无法得知和解释的外力作用下使它们的内部成分也随之发生了变化。

其二，科学家们推测，"贝塔·皮克托里斯"恒星附近的小行星和彗星都含有丰富的碳物质，甚至高于位于太阳系中的小行星和彗星的碳含量。一旦上面的推测被证明，那么在今后的时间里，"贝塔·皮克托里斯"恒星周围将毫无疑问地形成一系列珍稀的钻石行星，而这些钻石行星上面的山脉将全部是由钻石堆积而成。此外，即便在这些钻石行星上还无法取证是否可以孕育生命，但是我们不可否认这种可能还是存在的。

Beta Pictoris集团可能是星际最大钻石"厂商"

第六节　原生态外星植物啥颜色？

除了地球以外，是否还有其他星体可以孕育生命，这一直是科学家们无法证实的疑问，比如我们赖以生存的地球哺育着拥有智慧的高等生命以及绿色的植物，科学家不断地猜想，假设有地球以外的星球可以孕育生命，那么该星球表面的植被应该呈现出什么颜色呢？

一般说来，一个星球表面上所生存的植被颜色将直观地呈现出星球的色彩，此外，植被的颜色还由其从母体恒星（比如地球与太阳之间的关系）采集到的能量产生的光合作用决定。光合作用匹配传达到生物体的光线光谱，这些光谱是母体恒星的辐射光谱与行星大气层和液体水的过滤效应的有机结合。从深紫色到浅红色的光线都能够进行光合作用，对于那些比太阳温度更高的恒星，植物更容易吸收蓝色的光线，黄色至红色则表现出成熟期的颜色，而那些温度比较低的红矮星，植物更容易去吸收可见光线，因此植被的颜色表现为黑色。

迄今为止，人类不断地在探寻着外星人，但是，已经告别了几十年前那般的盲目寻找，人们对于地球之外的生命的认识和理解越来越深刻越来越理性，并逐步地尝试着用科学的手段来解释其中的奥秘。与其等待外星人与地球联系，不如人类主动出击去寻找地球以外的生命。现在由于技术水平的限制，我们可能还无法探索到更高级的地外文明，但是我们可以探寻支撑生命最基本的物理层面和化学层面的真理。

2007年7月，天文学家监测到并证实了宇宙中存在一颗系外行星，其大气层中有大量水蒸气的存在。日前，世界各国的宇航局都正在积极地研究发明可以探测到能够孕育生命的类地行星的望远镜，其基本原理是基于行星的光谱范围。为了探寻其他恒星体系中的某一颗行星上的光合作用色素，天文学家需要充分地分析和解剖这颗行星在整个的进化过程中的所经历的任何阶段。例如：在某颗行星上发现，其获取的光合作用的色素可能与地球20亿年前的植物特征相类似，天文学家就需要针对系外行星在不同的进化阶段的植物的光合作用的不同特征进行相应的匹配。

如今天文学家根据恒星的质量大小、颜色、温度和寿命长短进行了划分，只确定了几种类别的恒星有能力去孕育以及进化高级的生命体。从温度高到温度低的恒星，目前可以分为F、G、K和M四类恒星，比如我们的太阳正隶属于G类恒星；而F恒星是较大、燃烧较明亮的恒星，仍有数十亿年才能燃烧殆尽；K和M恒星则是质量较小、比较昏暗、颜色更红和寿命更长。M恒星包括银河系内较为常见的红矮星。

来自加利福尼亚州立大学的著名恒星天文学家马丁·科恩已经搜集到了F、G、K和M这四类恒星的相关数据和资料，墨西哥国立自治大学天文学家安蒂格娜·西古拉运行以上四类恒星可进化生命的区域的类地行星计算机模型，研究恒星辐射和大气层要素

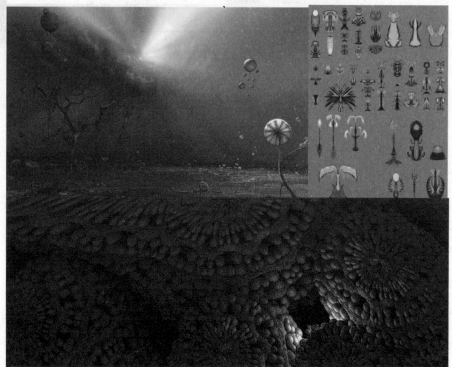

外星植物就长这样

之间的交互作用，以推断行星大气层的化学成分，以及氧气含量。

　　从计算机模拟显示的结果来看，在F恒星体系中的行星，参与植物的光合作用的是大量的蓝色光量子，令植物拥有花青色素，呈现出蓝色；M恒星体系的温度情况使得植物的颜色存在着较大的变化空间，由于该恒星体系行星上存在着大量近红外光量子，促使植物可从可见光和红外线光之间选择演化成较多类型的光合作用色素，由于该行星罕有光线反射，因此行星表面的植被在人类肉眼下表现为黑色。

另外，由于在年轻M恒星表面上超紫外线耀斑的存在，所有的植物都将生存在水栖环境下。对于我们的太阳所属的G类恒星，该恒星体系中的植物光合作用产生的叶绿素首先吸收红色和蓝色光，因此植物一般呈现出绿色；而K恒星体系上的植被则表现为淡红色，像地球一样，它表面上生存的植物光合作用主要来源于可见光。

第四篇　第三站，银河系

第十九章　绕过宇宙魔窟

　　当恒星的史瓦西半径小到一定程度时，就连垂直表面发射的光都无法逃逸了。这时恒星就变成了黑洞。说它"黑"，是指它就像宇宙中的无底洞，任何物质一旦掉进去，"似乎"就再不能逃出。由于黑洞中的光无法逃逸，所以我们无法直接观测到黑洞。然而，可以通过测量它对周围天体的作用和影响来间接观测或推测到它的存在。

第一节　永远填不饱的"星坟"

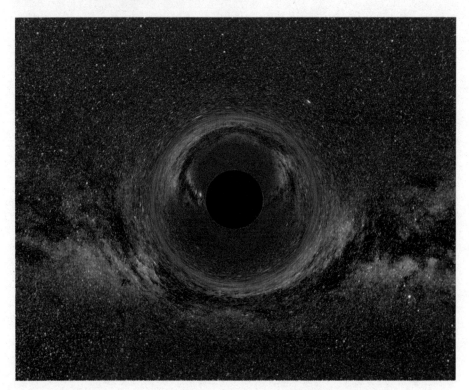

扭曲星云的黑洞

在天气不错的夜晚人们仰望浩瀚的星空，那些一闪一闪的小星星乍看上去实在是没有什么个性，它们存在过的唯一痕迹只是它们明亮过。但是，还有一些发不出亮光的星体，它们存在的意义更为重大。美国宇航局发射过高科技的天文观测系统，专门研究星际中那些看不见的光线。在传回的x射线宇宙照片里，最让人惊讶的一幕是那些之前被认为"消失"了的星体依然会放出非常强大的宇宙射线，甚至远远强过太阳这样的恒星体。这就证实了一个长久以来怪异的设想——宇宙中存在着"黑洞"。

黑洞的特性不能用常规的理论观念思考，但是它的原理却能让中学生都能够接受。黑洞诞生的一个先决条件就是：一个超级大的物体，收缩在一个非常狭小的范围内。末期阶段的恒星恰恰就具备了类似的条件。当恒星的能量进入衰竭阶段时，超高温的火焰无法抵消来自自身的重力，慢慢地向内聚合，原子收缩——这时，牛顿法则便开始起作用了：恒星开始进入了白矮星的阶段，它的体积将会变小，亮度却高得惊人。白矮星阶段再次内聚，最后突变为一个点，在这个过程中耗时不到1秒。呈现在我们面前的是一个恒星消失了，另一个黑洞却由此诞生。

X射线显示被黑洞撕碎的恒星

一个类似太阳这样庞大的恒星发自内部的引力如此之大，但也很可能，最终缩成一个乒乓球，甚至"什么都没有"。由于没有限制的密度，缩塌了的星体拥有令人无法想象的引力，在它附近的物质都有可能被吸进去，甚至连光线都无法逃脱——这也是我们无法发现它的原因。这个无法探知的洞，就是我们所说的"黑洞"。天文学家

坚信大部分星系的中心都存在着黑洞，包括我们所处的银河系。根据相对论的理论内容，宇宙的90%都消失在了黑洞之中。所以就出现了一种令人吃惊的说法："无限的黑洞就是宇宙的本身。"

天鹅座x—1黑洞系统

黑洞里面到底存在着什么？我们也只有从理论上推测了。假设，有一位勇敢的宇航员驾驶飞船飞进黑洞，那么他能感觉到的第一个状况就是无情的引力。从飞船的窗口望出去，外面是星光衬托下一个平底锅底圆盘，飞得再近一点，远处看似宽广的"地平线"会发射出x光，将深不可测的黑洞包围住。在它的附近光线会被扭曲，变成一个光环。这时宇航员要想飞回去就已经来不及了，他会被引向黑洞的中心飞去，头脚间的巨大引力将会使得他感觉到如同坐在刑具台上，来到"地平线"以外的3000英里处，引力就会将他撕碎。

那么，如何才可以在毫无边际的星际中找到黑洞呢？人类已经开始用光学天文望远镜和x射线观察装置密切地注视着数十个"双子"星座了，它们的特殊之处在于两个恒星大小一样，谁都不能被谁俘获，因此，形成相互间的轨道运转。如果当中一颗恒星发生了不稳定的轨道变化，它的亮度会降低甚至是消失，那么就很有可能源于它的附近产生了黑洞。

人类为了探索星际黑洞已经付出了不少努力。其中，比较成功的一次是在肯尼亚发射的第一颗x射线卫星观测系统，它的代号为"乌胡鲁"，这个装置在开始运行后3个月内，就观测到了天鹅星座的变化。天鹅座x－1星发出的"无线电波"可以让天文学家准确地测定出它的具体位置。x－1星比太阳要大上20倍，和地球的距离为8000光年。研究结果证明这颗亮星的轨道运动已经发生了变化，起因就源于它那看不见的"邻居"——1个比太阳大上5到10倍的黑洞，它绕x－1运动的周期是5天，两者之间的距离为1300万英里。这也是人类能够确定的最早的一颗黑洞体。

年轻黑洞诞生过程

　　这是自哥白尼、伽利略之后，一个具有如此革命性的宇宙理论。黑洞的普遍存在一旦被认证，那么宇宙的神秘性绝对会超出我们所能想象的范围。大家都知道宇宙正处于一个不断的向外扩张的阶段中，这是"宇宙核"在最早阶段爆炸所产生的结果，宇宙核就是一切物质的起源。当宇宙核中的物质越来越稀薄时，宇宙是不是就能够停止扩散？星体强大的引力能否最终引起宇宙收缩？相对论对此疑问的回答是："是的。

黑洞的存在在一定程度上证实了这种预言。即便是宇宙不会最终消失在一个黑洞中，但也极有可能会消失在几百万个黑洞中。"除此之外，揭开宇宙黑洞之谜，还意味着会给予与人类终极命运相关的一个明确的结果。

观测一个恒星由坍缩到形成黑洞的过程时，由于在相对论中并没有绝对的时间，所以说任何观测者都可以有一个自己的时间测量。又源于恒星的引力场，所以，在恒星上的一个人的时间就会和远处的另一个人的时间有所不同。

假设在一个坍缩星的表面站着一个勇敢的宇航员，他和恒星一同向内坍缩，依据他的表，每秒钟可以发一个信号到另一个环绕这颗恒星运行的宇宙飞船上去。在他手中的表的某一时刻，例如11点钟，这颗恒星也恰好向内收缩到了它的临界半径，这个时候引力场可以强大到没有任何东西能够逃逸出去，这名宇航员的信号就无法传到空间飞船上去了。就在11点到达的时候，在宇宙飞船上的伙伴会发现，这名航天员发回来的一连串信号的时间间隔就会越来越长。只不过这个间隔在10点59分59秒之前显现得会非常微小。在收到10点59分58秒以及59秒发出的两个信号之间的信号时，他们只需要等待比一秒略长的一点时间，但是，接下来，飞船上的人必须要为11点发出的信号等待无限长的时间。依据宇航员的手表，他的光波是在10点59分59秒和11点整之间从恒星地表发出去的；但是从宇宙飞船上看，发过来的光波则被发散到了无限长的时间间隔里。从而，在宇宙飞船上所收到的这一连串的信号时间间隔就会变得越来越长，所以说，从恒星传来的光就会变得越来越红、越来越淡，到最后，这颗恒星就会变得相当朦胧，乃至从宇宙飞船上就再也无法观测到它了，剩下的就成了空间中的一个黑洞。但是，这颗恒星会接着以相同的引力作用影响到宇宙飞船，从而使飞船可以继续绕着刚刚形成的黑洞旋转。

可惜的是，出于以下几个问题，让之前的假设情景不能得以完全现实。离恒星越远的地方，受到的引力就越弱，所以说，作用在这位勇敢的宇航员脚上的引力一直会比作用到他脑袋上的要大。在恒星还没有收缩到临界半径之前，这种力差就已经把这

进入黑洞

名宇航员拉成了面条，又或者更现实的将他直接撕裂！但是，在宇宙中存在着质量超级大的天体，例如星系的中心区域，它们受到了引力坍缩而变成黑洞；一位在类似星体上的宇航员在黑洞诞生之前不会被撕开的。实际上，当他同恒星到达临界半径时，不会感觉有任何异样，甚至在经过永不回返的那一个临界点时，都不可能注意得到。不过，随着这块区域持续坍缩，只需在几个钟头之内，作用到这名宇航员的头和脚的引力差会变得非常巨大，以至于可以将他再次撕裂。

现在还有另一种观点，即时间换空间。在外围的宇宙飞船上看来，航天员进入视野里这一秒将被无限拉伸，与此同时，这临界点的视野范围非常有限，不过，在航天员眼里，自己的这一秒则是很正常的时间流逝，但是，在下一秒钟，他的时间流逝却早就超越了外面宇宙飞船的无限未来，在空间上，早已不是外面的飞船可以观察得到的了，所以说，宇航员不会被拉成面条，而是来到了一个新的宇宙空间，无论这个空间是不是跟我们现在的相同或是有多么的大不同。

第二节　黑洞吞吐之谜

J1655黑洞

吞：由黑洞和常规星球组成的双星系统的X射线光谱表现出有几百万个气体旋风绕着黑洞在旋转，这使得大多数热气会呈螺旋状向黑洞内部扩散，大概会有30%的气体被驱散到宇宙空间。

吐：J1655黑洞带动的磁场风，因磁场的压力驱使气体向圆盘上以及圆盘外扩展，同时将带走能量。

长久以来，天文学家都知道，宇宙黑洞是依靠疯狂吞噬周围星体物质来持续完成膨胀的，但是，黑洞怎样吞噬、又如何解决这些物质，却一直让人无从探知。美国密歇根大学的乔恩·米勒带领的研究调查小组找到了答案，这个小组利用"钱德拉"X射线天文望远镜在我们星系中观测到了一个黑洞，在对黑洞周围气体发出的X射线进行分析之后，继而，终于解决了宇宙的一大谜团——黑洞的吞吐规律。那就是，被黑洞"吞"下去的，最后也一定会被"吐"出来。只有通过这样的方式，宇宙才能够保持物质之间的能量平衡。

此次，被观测到的黑洞体系被称为J1655。米勒对此作出解释："依据星际规则，J1655应该算得上我们的邻居，所以说，我们可以利用它来探知所有黑洞特性，这其中就包含了我们在类星体中所观察到的奇怪现象。"

磁场帮助黑洞施展"吸星大法"

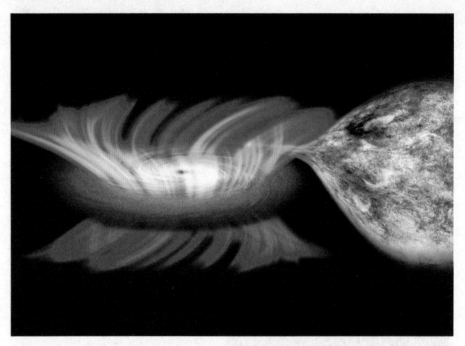

在黑洞周围，由气体所组成的吸积盘吹出来的风，可能会带走比黑洞所补捉到的物质还要多

米勒发现，这个黑洞系统依靠超强的磁场引力而不是靠重力来持续吸收周围的天体物质(气体、灰尘)进入黑洞圆盘的。在这个过程里，上述物质开始脱离之前的运行规律，并向黑洞靠近，这样就形成了"角动量"，换句话说，黑洞能够由此持续不停地吸收物质和能量。被转换了方向的气体让黑洞周围慢慢地产生很多个越来越大、名为"加速区"的圆环，它们跟土星环差不多。在"加速区"里，大量超高温的气体围着黑洞转动。

伴随着物质越吸越多，黑洞一定要分流现有的角动量，这样才能为持续进入的物质能量提供足够的空间。举个例子，就好比一辆庞大的水车，为了保持持续转动，它必将在灌进水的同时洒出相同量的水。黑洞也是一样的，它必须在吸纳进物质的同时释放出相同的能量。

几十年来，天文学家们始终认为圆盘里磁性物质之间产生摩擦，导致圆盘从里向外产生风流，并且导致外部气体向内部发展。而"钱德拉"X射线天文望远镜向我们展现了一个具有重要意义的证据，即磁力在黑洞产生的进程中占据了绝对地位。

两种方式助黑洞往外"倾吐"

米勒还观测到，当圆盘被物质的摩擦力挤压时，就会导致圆盘温度上升，同时释放X射线。不过，天文学家长期以来都知道只凭借摩擦力是不足以使气体完全抽离黑洞的。在气体能转进黑洞之前，气体必然会产生其轨道角动能，才能逃离黑洞，不然的话，就只能留在黑洞的轨道上运动了。

实际上，除了摩擦力以外，磁场风也可以帮助黑洞释放出物质能量。米勒小组发现，旋转的磁场风在"加速区"中能够达到500千米/秒的速度，其中的一部分物质能量因此被它"驱赶"返还给了宇宙空间。最后，米勒小组认为，分子的摩擦以及磁场风导致被吞入黑洞的物质能量以及被吐出的物质能量保持了平衡。

为了进一步证实这种理论，米勒和他的研究人员们，利用电脑模拟了一场磁场风，再通过"钱德拉"X射线天文望远镜探测到银河系内的黑洞风，从而将两者特性进行比较。最终，"钱德拉"X射线天文望远镜返还资料表示，黑洞风的运动方式和电脑所模拟的磁场风是完全一样的。这个结果让米勒小组成员非常振奋，只是，米勒依旧沉稳地表示，证实了磁场风的存在，其实只是人类在探索黑洞成长中迈出的第一步。

但是，到目前为止，天文学家还不是很有把握解释角动量是如何被释放出来的，不过，他们设想是由于圆盘的磁动荡所引发的。圆盘的动荡生成了摩擦力，产生一股从内而外的风，风携带着角动量，由此导致物质进入了黑洞。

黑洞仍然存在许多未解之谜

米勒在接受采访的时候说过，这次的发现是探索黑洞成长的重要的一个环节，其长远的意义非常深远。这次工作对探索其他相似星体增长的磁场角色也非常重要，例如中子星和白矮星，将导致越来越多的天文学家观测其他相似星体的增长，了解它们是否也存在磁性圆盘所形成的磁场风。

但是，虽然这种认识很重要，但也确实是第一步。"我们需要更多更细致的观察。'钱德拉'X射线天文望远镜让我们完成了重要的一窥，在之后的发射会有更加细致的细节来表明黑洞的吞噬。"涵盖了圆盘的磁场怎样工作？有多少物质落进了黑洞？作用是怎样的？磁场是否有一个像蛇一样的盘绕黑洞的过程等。

黑洞是个洞吗？

"黑洞"能轻易地让人望文生义被联想成"大黑窟窿"，事实上并不是这样。我

黑洞不是黑窟窿

们说的"黑洞"，其实是一种这样的天体：它的引力场非常强大，就算光都无法逃脱出来。依据广义相对论，引力场会让时空发生扭曲。当恒星的体积非常大的时候，它的引力场对时空可以说几乎不存在任何影响，从恒星表面上某一点产生的光能够朝任意方向呈直线射出。而恒星的半径越小，它对周围的时空弯曲发挥的作用越大，向着某些角度产生的光就会顺着弯曲的空间返回恒星的表面。

当恒星半径小到一个特定临界值时，就连垂直表面产生的光线都被俘获了。此时，恒星就成为了黑洞。说它"黑"，其实是说它类似宇宙中的无底洞，普遍观点，任何物质一旦进入其中，就再也无法逃出。

难倒霍金的黑洞

1975年，英国著名物理学家史蒂芬·霍金提出"黑洞悖论"，这个理论的内容是，在黑洞产生后，开始向周围辐射能量，最后，会由于质量殆尽而彻底消失。一旦黑洞消失了，被吸入进黑洞里的信息也将一同消失。这个理论让霍金一举成名。但是在2004年7月，霍金却又推翻了29年前自己提出的那个理论。他的意思是，黑洞不能把进入它的边界地域的物质信息吞没，相反的，还会将上述信息"撕碎"后释放出去。

天空因黑洞而星光灿烂

科学家猜测，自从大爆炸之后，宇宙中50%的射线都来源于黑洞没有吞噬掉的物质，这其中涵盖了最亮的类星体。这些被黑洞丢弃的物质带着光亮穿梭在星际之中，变成了星光闪耀的星球。换一种说法，也可以说正是黑洞照亮了整个星际。

第三节　惹不起，就躲得起吗?

我们的宇宙飞船怎么躲开那可怕的黑洞呢?

黑洞中隐藏着强大的引力场，正因为引力场特别的强，所以连光子在内的任何物质只要进去了就完全无法逃脱了。产生黑洞的星核最低质量大概是太阳的3倍，当然了，这是星核的最终质量，并不是恒星在主序阶段的质量。除了这种恒星级别的黑洞以外，还有其他类型的黑洞——微型黑洞，它形成于宇宙的初期；超大质量黑洞，它可能位于星系中央。

星系中心的超大质量黑洞

黑洞不让任何在其之内的任何事物为外界发现，这也是这种物体为什么被称作"黑洞"的另一个缘故。我们不能利用光的反射来观测它，只可以利用受其影响的周遭物质来间接地探知黑洞。话虽如此，黑洞还是具有自己的边界的，即"事件视界"。

根据推测，黑洞是恒星死亡后的剩余物，是在非常特别的拥有巨大质量超巨星塌缩时形成的。除此之外，黑洞的形成还有一个先决条件，就是它必须是一颗质量大于钱德拉塞卡极限的恒星进入到末期阶段而生成的，质量小于钱德拉塞卡极限的恒星是不能变成黑洞的。

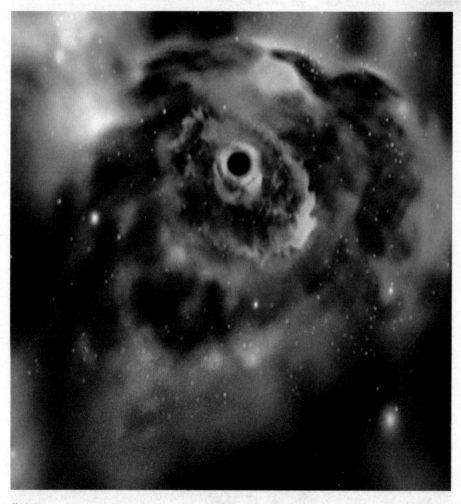

微型黑洞

一个物体要有7.9千米/秒的速度，就能够不为地球引力拉回地面，从而在上方环绕地球转圈子了。我们把这个速度称之为第一宇宙速度。如果打算完全脱离地球的引力束缚，从而飞到其他行星上去，那么速度要达到至少11.2千米/秒，我们把这个速度称为第二宇宙速度。也可以称它为逃脱速度。这个数据结果是依据地球质量和半径大小演算出来的。换句话说，假如有一个物体要逃离地面的话，那么最起码起码要有这么高的速度。可是相对于其他天体来说，若想从它们的表面上逃离的话，需要的速度就可能同样是这么高了。天体的质量越大，半径越小，要想脱离它的引力束缚也就越困难，逃脱的速度也就要求越高。

当黑洞出现在我们的身边，将是怎样的一场"壮观灾难"

依据此理，我们不妨这样设想一下：也许存在这么一种天体，它的质量非常大，但是半径却非常小，从而使从它上面逃离的速度达到了光速这么高。换句话说，这个天体的引力非常强，连秒速30万千米的光都能够被它的引力给拉住，逃不出来了。既然这个天体连光都能束缚住，那么我们就无法观测到它，所以说，它就是黑的了。光可以说是星际中速度最快的了，任何物质的速度都无法与光速相比，既然光都无法从这种天体上逃出来，那么，任何其他的物质也都别指望跑出来了。一切物质只要被拉了过去，就无法再出来，这就好比掉进了一个无底洞，这样的天体，当然就是我们说的黑洞了。

大家都了解，目前太阳半径是70万千米。如果有一天它变成了一个黑洞，那么它的半径就要大大缩小。至于小到多少？只剩下了3千米。要是地球就倒霉了，目前地球的半径是6000多千米。如果它也要变成黑洞，那么地球的半径就要缩小到几毫米的程度。目前还没有这么厉害的"压缩机"，可以把太阳和地球缩到这么小！但是，黑洞这种东西就是这么的离奇古怪。刚刚说过的假设，可不一定是我们凭空幻想出来的，而是严格依据科学理论推算出来的。众所周知，黑洞是由末期的恒星演变而成的，像一些小质量的恒星，到了它的末期，会演变成白矮星；质量大的则会变成中子星。此外，我们还要再加一句，质量更大的恒星，等它到了末期后，就会变成黑洞。由此来看，白矮星、中子星和黑洞，不就是恒星末期之后的三种演变结果吗？

由于黑洞的密度非常大，依据公式我们清楚密度=质量/体积，为了使黑洞的密度变得无限大，那就需要让黑洞的体积无限小，同时，质量也要变得无限大，这样才可以形成黑洞。黑洞可以说是源于一些恒星"灭亡"后变成的死星，它的质量很大，体积很小。但是这样的话，我们的问题也就出来了——黑洞会一直存在吗？答案是否定的，黑洞也有消失的一天，因为黑洞具有强大的吸引力，但是却一直会存在着质子逃脱黑洞束缚的现象，这样长久下去，黑洞就会渐渐地蒸发，直到最后一刻变成了白矮星或者更直接的爆炸，它爆炸所形成的冲击力足够毁灭地球，而且是1万次以上。天文学家频繁地利用天文望远镜观测黑洞爆炸的场面。黑洞爆炸所产生的尘埃是组成恒星的必要物质，这样就可以初步了解太阳系是怎样形成的了。

第四节　跟"黑战"比，"核战"简直弱爆了

凭借现在的科技水平，黑洞不光能够在实验室中被创造出来，而且预计在50年后，拥有超级能量的"黑洞炸弹"会让目前令人类心惊胆战的"原子弹"也相形见绌。

人造黑洞的想法最先由威廉·昂鲁教授提出来的，他认为声波在流体中的表现同光在黑洞中的表现非常相似，假如让流体速度超过音速，那么实际上就等于是在该流体中造出了一个人造黑洞现象。但是，利昂哈特博士预计制造的人造黑洞因为缺少足够强大的引力，除了光线之外，不能像宇宙中的的黑洞那样吞噬掉周围的任何物质。

俄罗斯科学家亚力克山大·特罗菲蒙科则认为，能吞噬掉任何物质的真正宇宙黑洞也完全能够在实验室里造出来：首先，一个跟原子核差不多大小的黑洞，它的能量会强过一所核工厂。一旦有一天人类真的造出了黑洞炸弹，那么一颗黑洞炸弹在爆炸之后所产生的能量，会相当于好几颗原子弹在同一时间爆炸产生的效果，黑洞炸弹至少能够造成10亿人伤亡。

黑洞可以发散出非常耀眼的光芒，体积将缩小，甚至能够爆炸。这正是霍金于1947年提出的令全世界震惊的理论。

霍金的理论是来源于灵感支配脑力飞跃，这个理论结合了广义相对论以及量子理

论。他发现黑洞周围的引力场在释放能量的同时，也消耗着黑洞本身的能量和质量。

假设一对粒子会随时随地被创生，被创生的粒子就是正粒子与反粒子，但是，如果把这一创生过程挪到黑洞周围的话，就会存在两种可能发生的情况：两粒子湮灭或者一个粒子被吸入黑洞。"一个粒子被吸入黑洞"的这种情况就是说，在黑洞周围创生的一对粒子中的一个反粒子会被黑洞吸进去，同时正粒子将逃逸，因为能量不能凭空创生，所以我们假设反粒子带着的是负能量，正粒子带着的是正能量，而反粒子的全部运动进程可以被看成是一个正粒子与它逆反的运动进程，例如一个反粒子被黑洞吸进去，也可以把它看成是一个正粒子从黑洞逃逸。这种情况就代表一个携带着正能量的粒

"人造黑洞"预想图

子从黑洞中"越狱"了，这样的话，就说明黑洞的总能量在减少，根据爱因斯坦的公式 $E=mc^2$，我们可以得出能量的减少会导致质量的减少。

如果黑洞质量越来越小，那么它的温度将会越来越高。一旦如此的话，当黑洞的质量受损时，它的温度和发射频率就会增加，所以它的质量损失就会变得更快。这种"霍金辐射"对大部分的黑洞来说却是能够忽略不计的，因为大黑洞辐射的相对缓慢，而小黑洞则以非常高的速度辐射能量，一直到黑洞最终的爆炸。

第五节　"银河地铁"穿越时空

简单说来，"虫洞"相当于连接宇宙遥远区域之间的时空管道。暗物质维系着虫洞出口的开放。虫洞能够把平行宇宙和婴儿宇宙相连接，并能够提供时间旅行的可能性。虫洞也可能是连接黑洞与白洞之间的时空隧道，所以它同时也被称为"灰道"。

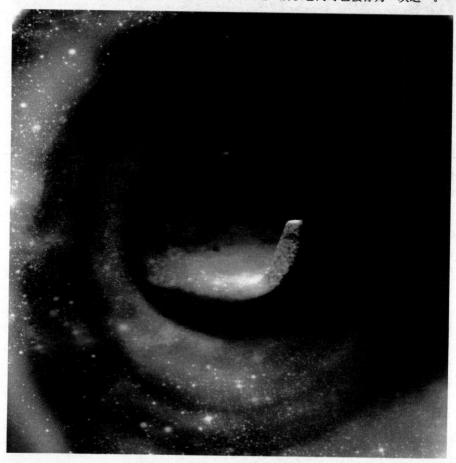

穿梭虫洞

早在19世纪50年代，就有科学家对"虫洞"进行过探索，由于受到当时历史条件的限制，一部分物理学家认为，在理论上可以运用"虫洞"，但"虫洞"的引力太强，会撕碎一切进入的物质，所以说，它没有被用在星际旅行上的可能性。

不过科技发展到了今天，这个超科幻的虫洞早已不是科幻片的专用情节了，德国奥尔登堡大学布克哈德·克雷豪斯博士就表示：开启星际中的虫洞甚至用不到正能量，这就可以说明，虫洞能够不依靠其他物质完成开启，也就是说它能够从 "虚空"

中形成。人类能够利用"虫洞"来实现时空旅行，转瞬就能到达太阳系任一行星周围或者离我们有数百万光年距离的巨蟹座、仙女座等大的星系。

但是，天文学家同样指出，没有人能够靠近虫洞，更不用说穿越虫洞了，这是因为虫洞不具备稳定性，需要负能量的作用才可以开启，而负能量到底是不是存在却又是另一个大问题。不过，这一发现还是激发了诱人的科研前景，既然虫洞的形成不用正能量以及负能量的作用，而是"凭空而生"的，那么，我们就能观测到星际空间中是否存在着虫洞。比我们更加先进的外星文明可能已经掌握了利用虫洞完成星际间穿梭的庞复"银河地铁"系统，而当今的人类在探索星际中的虫洞后也能够把它当成通往其他星际空间的通道。

时空隧道

关于虫洞的资料，第一次在爱因斯坦的相对论中有所呈现，物理学家在对爱因斯坦方程中的史瓦西解研究时，找到了可与遥远时空想关联的神秘通道。爱因斯坦在其

欢迎开启时光之旅

相对论中涉及了利用负能量维系时空中藏匿的翘曲，一般情况下在质量比较大的星系或是恒星附近才会现身。

1916年，爱因斯坦在公布并且出版了他的方程后不长的时间里，奥地利的物理学家路德维希·弗拉姆也同样预测到了星际中存在的"时空隧道"。

1921年，物理学家西奥多·卡鲁扎与奥斯卡·克莱因也同样受到了爱因斯坦理论的熏陶，把广义相对论拓展到了五维的时空，把电磁力以及引力在这个时空中相统一。但又有理论学家提出宇宙中所谓的四种基本力都能够用十维的时空来解释。最重要的是，如果时空的维度一旦大于四维，那么虫洞的开启将基本没有存在的可能性，除非存在充足的负能量来支撑。

1935年，爱因斯坦和物理学家纳森罗森共同设想了一个用两个黑洞通过一条时空隧道连接的时空穿梭理论，而把这种虫洞投入到时空旅行中，那么就要保证当中一个

半人马座A到底是个什么洞

黑洞存在着特殊的时空构造，以保持时空大门的长时间开启。常规中的黑洞拥有极强的引力场，所有物质一旦超过事件视界就会被强大的引力所束缚。在爱因斯坦-罗森桥（虫洞）产生的时空隧道上，黑洞有着举足轻重的地位并且被用作通道的一端。

　　爱因斯坦和罗森提出的"虫洞"构想看似源于一个绝对意义上好奇心的因素，其实他们还有一个令人惊讶的目的。例如在平行宇宙里有一条神秘的通道与另外一个宇宙相连，被连接上的另外一个宇宙也同样拥有着自己的恒星、星系以及行星。尽管现如今的宇宙学理论家普遍认为只存在一个宇宙，但是在爱因斯坦与罗森提出虫洞的那个年代里却并不是这种情况，那时候的理论家们，还对宇宙充满着无限想象。

　　幸运的是，在广义相对论中可以接受另一种类型虫洞的存在。1955年，美国物理学家约翰·惠勒的研究结果说明，在人类所处的宇宙中有着一条能够快速连接两个时空区域的隧道，这可以让我们完成真正意义上的星际旅行。

　　他给出了一个非常流行的名词——"虫洞"，将之赋予了存在于两个黑洞间的时空隧道。但是，令人产生疑义的是，惠勒的虫洞与爱因斯坦-罗森桥都有着同样的缺

陷，这些虫洞都存在着不稳定性。举一个最为典型的例子：输出一个光子经过这种虫洞的门口，一旦光子触碰到这个"大门"，马上就会触发并产生事件视界，这样的话，看似是开放的虫洞这时就会变成封锁的了。

更加令人存疑的是，美国行星天文学家卡尔·萨根对此的研究显示，虫洞是一个能够移动的时空区域。我们在星际中探索这样的虫洞，例如空间天文望远镜在扫描恒星附近时空并且触及到一个虫洞时，我们就会观测到视界中的虫洞就会瞬间变化，虫洞毕竟还是另外一个宇宙的门户，拥有完全不同于我们所在这个宇宙中的特征。

在卡尔·萨根的一部科幻小说里，虫洞就被赋予了能够在银河系中迅速运输的通道功能。卡尔·萨根还专门就这个问题，咨询加州理工学院宇宙理论学家基普·索恩，而索恩却认为虫洞极有可能就是一个骗局。不过，在1987年，索恩的两名研究生迈克尔·莫里斯以及乌里耶特塞韦尔计算出可形成虫洞所必要的先决条件，他们发现在负能量的介入下，能够持续保持虫洞的开放状态，如果拥有充足的负能量，那么就会排斥强大引力，从而开启虫洞的大门。

负能量完全不是一个可笑的幻想，在真空里，两块平行的金属板之间就会产生负能量，就是会生成比外部的真空中还要少的能量。这是由于在正常的真空状态下就像波浪滚滚的大海一样，造成的波浪根本不适合两块平行金属板中间缝隙，所以说，金属板之间产生的能量就会比外面的更小。不过，科学家们通过对表面的计算发现，用来维系索恩-莫里斯-耶特塞韦尔虫洞的开启所要用到的负能量相当于整个银河系里全部恒星用一年的时间所聚集的能力，这显然是太匪夷所思了。

根据科学家的计算，庞大的漩涡类虫洞还是不太容易观测到的，它们藏匿在宇宙气体和尘埃当中，与黑洞非常相似，例如半人马座A中的黑洞极有可能就是一个虫洞，我们银河系的中心区域的黑洞也很有可能是虫洞，最近的观测结果显示，黑洞附近形成温度极高的物质吸积圆盘散发着强烈的X射线，而这些现象是与虫洞相似的，假如半人马座A是一个黑洞的话，那么我们就会发现气体在穿过事件视界后，X射线瞬间消失，并且不会再次出现；相反假如半人马座A是一个虫洞的入口的话，那么宇宙气体在穿过它的内部后，依然会出现X射线，因为虫洞是不具备事件视界的。

如果未来真的可以制造虫洞，那么我们所在的银河系里的星际地铁线路将会非常拥挤，因为恒星之间的距离仅数光年。可能在某一个时间段，还能够建立起连接银河系与仙女星系的地铁隧道。从各个种类的时空理论演算出的虫洞理论中，例如爱因斯坦-高斯-博内特理论，都有着很多种的虫洞解决办法，从而连接到我们星际当中的不同区域，这种虫洞将为未来的"星际地铁"系统开辟一个无限相似的前景。

第二十章 星汉灿烂，"实"出其里

星汉灿烂，若出其里，银河系的美好风光怎么能错过呢？站在银河系的上空，去感受宇宙的浩瀚和美丽，此乃人生之幸事。

第一节 "数"说银河

美丽银河系

银河系是太阳系所处的一个恒星系统，在它的内部包含了1200亿颗恒星以及大量的星团、星云、各种类型的星际气体以及星际尘埃。

银河系从侧面看，就像一个中心稍微鼓起的大圆盘，这个圆盘的直径大约为10万光年，太阳系的位置在距银河系中心大概2.6万光年的地方。鼓起的地方叫做银心，是恒星密集区域，所以，我们在地球上看过去会是白茫茫的一片。俯视银河系呈旋涡状，并且带有4条螺旋状的旋臂从银河系中心开始，均匀且对称地向外伸展开来。银河系中心以及4条旋臂的周围都是恒星最为密集的地方。（较大的旋臂有4条，但最近的观测结果表明主要的旋臂其实就两条，另外两条还没有发育完全。）中间最厚的部分大概是12000光年。

太阳在一条被称作猎户臂的支臂上，它和银河系中心的距离大概有2.64万光年，呈逆时针旋转（太阳绕银心旋转一周大概要用2.5亿年）。银河系的发现经过了相当复杂的过程。天文望远镜发明之后，伽利略第一个用天文望远镜发现了银河，他观测到银河是由恒星构成的。在此之后，T.赖特、I.康德、J.H.朗伯等人下了结论，银河以及全部恒星极有可能集合成为了一个相当庞大的恒星系统。

18世纪的后期，F.W.赫歇尔用个人制作的反射天文望远镜开始对恒星计数观测，来确定恒星系统的组成以及大小，他坦言恒星系统是扁盘状的，太阳离盘中心的距离很近。在他死后，他的儿子J.F.赫歇尔继承了他的事业，继续对恒星系统进行更深层的研究，最终把恒星计数的观测发展到了南天。

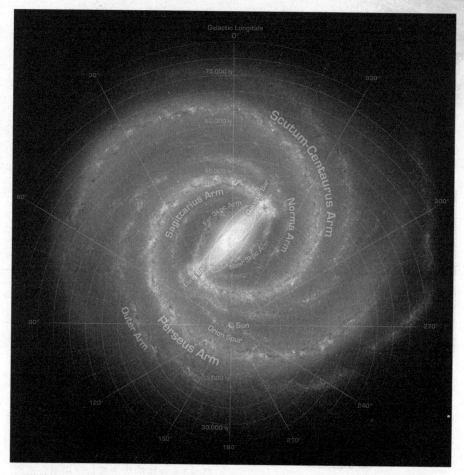

银河系旋臂

　　20世纪初，天文学家把以银河为表观现象的恒星系统称为银河系。J.C.卡普坦应用统计视差的办法测定了恒星的平均距离，并且结合之前的恒星计数，从而形成了一个银河系模型。在这个模型中，太阳位于中间，银河系表现为圆盘状，直径为8千秒差距，厚2千秒差距。H.沙普利利用造父变星的周光关系，测定了球状星团的距离，从而用球状星团的分布来研究银河系的组成以及大小。他所提出的模型为：银河系是一个呈透镜状的恒星系统，太阳并不是它的中心。沙普利得出，银河系直径80千秒差距，太阳离银心20千秒差距。这些数值之所以这么大，是因为沙普利在计算距离时并没有计入星际消光。

　　20世纪20年代，银河系的自转被人类发现之后，沙普利的银河系模型获得大部分人的认可。银河系是一个超大型的棒旋星系（漩涡星系的一种），Sb型，一共有4条旋臂。包含一到两千亿颗恒星。整个银河系在作较差自转，在太阳的位置自转速度大概

394

为220千米/秒，太阳围绕银心转动一周大概是2.5亿年。银河系的目视绝对星等是一20.5等，银河系的总质量大概是太阳质量的1万亿倍，大概是银河系全部恒星质量总和的10倍。这是银河系内拥有范围大大超过明亮恒星盘的暗物质的绝对有分量的证据。说到银河系的年龄，目前比较主流的观点是，银河系是在宇宙大爆炸之后的不长时间内形成的，用这种方法还可以推算出，银河系的年龄大约是145亿岁左右，左右的误差大概在20亿年。

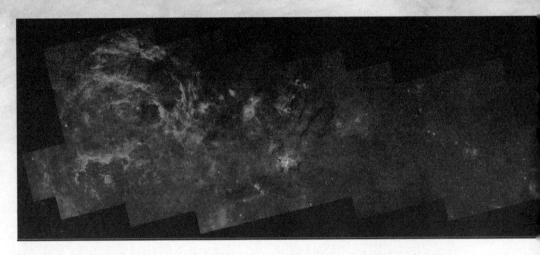

哈勃天文望远镜拍摄到的最新银河系中心景象

第二节 这里的"超级地球"，组团等你来探索

地球的位置是在银河系的边缘上，在如此偏远的地方独自但并不孤独地运行着。在整个银河系中大约有80%是由最常规的红矮星所构成的，这也是银河系中最常见的恒星类型了，它们属于M型主序星。红矮星的表面环境同类似太阳的G型主序星是不一样的，它的温度显得更低，体积也比较小，由于红矮星内部的氢核聚变显得不那么剧烈，所以说它的寿命要比太阳更加长久。天文学家利用对红矮星附近行星进行的抽样调查，得到了一条让人相当惊讶的结论：银河系当中1600亿颗红矮星里，大概有40%的红矮星附近拥有着与地球大小差不多的行星（不是类地行星），而且这些行星位于与红矮星在距离非常恰到好处的轨道上。这项调查表明，这些数量相当之多的行星上已经具备了液态水可以出现的温度环境，众所周知，这一条件正是生命从诞生到发展所必需的。

银河系内大概有1.2%的恒星存在能够支持生命发展的环境条件的行星，换句话说，银河系内可能拥有大概10亿颗行星，能够允许生命在其上存在，而且很大程度上还很幸运地，在这当中的大多数可能都位于在靠近银河系银心区的地方。在这个核心区域，这里存在着超级地球，就等着我们的星际旅行团队来发现并登陆吧！

你准备好了吗？

　　我们要去寻找银河系的核心部位，因为天文学家们认为银河系的核心部位可能比边缘位置更适合居住。银河系核心区域虽然存在着高频率的超新星爆炸现象，这种类型的爆发事件会摧毁周围几光年范围内的任何生命状态，不过，源于银河系核心部位的行星形成效率更高，适合居住的环境出现的速度完全能够超过被毁灭的速度，这就可以允许大量"超级地球"的存在。相当一部分的"超级地球"其实就在距离地球不远的地方——在距离地球30光年以内的地方就很可能存在着上百颗类地球行星。

　　而为什么我们会如此确定这些红矮星的周围会存在宜居的超级地球呢？那是源于红矮星不远处的宜居区域——即行星需要适宜的温度来保证其表面可以存住液态水。因为红矮星非常容易出现恒星爆炸又或是火焰喷发的现象，所以说，和恒星离得太近也不行，这会让其周围的行星受到X射线以及紫外线的高强度辐射，这就让行星上的生命状态很难维持下去。

　　2011年2月天文学家就发现了两颗"超级地球"，它们分别绕着两颗白矮星"Gliese581"和"Gliese667C"运转，其中一颗在天秤座、与地球的距离大概在198万亿千米处（约合20光年），被天文学家称为Gliese581g的行星是到目前为止在环境条件上和地球最为接近的行星。在此之前，天文学家还发现了太阳系以外，比较"宜居"的行星是"HD85512b"以及"开普勒-22b"等。

Gliese581

Gliese667C

Gliese581g

HD85512b

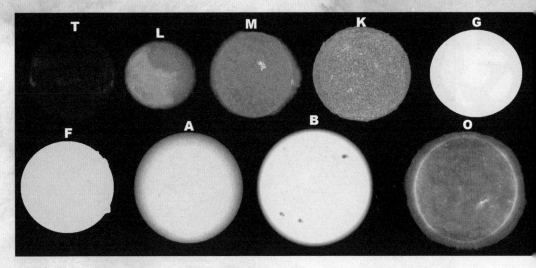

不同类型星球

第三节 银河边缘有什么?

地球所处的位置就是银河系的边缘，那么，银河系的边缘到底有些什么呢？天文学家目前也在努力地对我们的邻居进行着探索与研究。澳大利亚的天文学家利用对银

星际之旅已经到达银河系边缘

麒麟座V838就位于银河系的边缘

河系靠外的卫星星系，特别是对人马座矮星系的观测，发现球状星团的运行规律能够
透露出一些关于暗物质的相关信息。在对仙女座星系的观测过程里，天文学家也一样
观测到了相同的状况。大多数人都了解，球状星团是银河系里年龄最老的结构之一，
它产生的时间也非常久远，天文学家们推算，它形成的时间点应该在130亿年之前。当
然了，还是有一些球状星团是比较年轻的，它们的诞生时间也相对较近。

　　天文学家们认为这类球状星团有三大类别：

　　一、古老的星簇，诞生时间离现在非常久远，散落在星系盘和星系中心鼓起的周
围，而且拥有非常高的金属含量。

　　二、星簇所构成的星团，比较年轻。在庞大的星系附近，拥有着比较小型的卫星

银河系暗物质

星系，而这些小星系和被扭曲成细长的结构，它们就被称作是恒星潮汐流现象。

三、星系外围中存在着恒星的残骸。

在星系整个的诞生过程中，会慢慢地形成颇具规模的盘状结构，在此过程中，附近的宇宙空间一定要提供足够的能量和物质支持星系的演化，所以说，在一个典型的螺旋星系诞生的整个阶段里，必须要提供能聚拢支持星系形成的物质材料，这是一个非常重要的先决条件。

但是，也不一定所有的上述物质都来源于这个星系，原因是什么呢？

为了破解这一谜团，天文学家通过对银河系外围藏匿着的年轻星簇进行了观测研究，根据它们的分布状况进行推论，在刚刚提到过的球状星团的分类中，年龄比较小的星簇环在银河系的边缘区域分布的比较分散，它的疏密程度大大超过了其他球状星团所在的空间范围。这些诞生的较后期的环结构最大的可伸展到120千秒差的区域，相当于距离为40万光年处的宇宙空间，然后，年龄更大的星簇环却只位于30千秒差的范围内，相当于距离为10万光年处的宇宙空间。古老的星簇与相对年轻的星簇还拥有另一个特殊性质。年轻的星簇还没被观测到和整个星系盘一起运转的现象，而年龄偏大的星簇环则渐渐地沿着星系盘相同方向做着旋转运动。以澳大利亚的天文学家斯特凡凯勒为首的研究小组，通过对这些卫星星系所在区域的细致观测，发现其中年代比较靠近的位于银河系外围比较宽阔的空间区域，分布情况呈扁平状，而且跨度相当大，而且，它和银河系的旋转倾斜轴夹角只有8度。

通过观察天文学家们还发现，在一个同银河系银盘几乎垂直的扁平大圆上，像一个非常薄而且跨度相当大的光环环绕着的银河系。澳大利亚国立大学的天文学家的观察数据与其出现了惊人的吻合，多数目前已经探知的矮星系几乎都分布在相同的平面上，这些看起来好像有些暗淡的光环平面被天文学家称之为卫星星系平面环。这个发现的意义在于，目前天文学家所观测到的球状星团都是卫星星系被引力撕碎后所留下来的遗迹。

在对银河系边缘的观测过程中，天文学家还发现了被引力撕碎的对象拥有年代较近的特征，换句话说，球状星团在恒星年龄的构成上有着非常大的差异性，这个发现同时也意味着，银河系边缘出现跨度如此之大的环结构并不是由单个或者多个被称为小卫星星系的物质构成的，它是在漫长的宇宙历史的发展过程中，来自相同方向的小星系与银河系互相的影响与作用而产生的。我们的邻居，仙女座星系，又叫做M31星系，在对它附近的卫星星系散布状况的观测研究中发现，也同样出现了相同的环状平面，与仙女座星系盘倾斜角大约为59度。

这种现象出现的原因是什么？天文学家对此的解释为：在银河系边缘附近拥有我们无法看到的暗物质，暗物质的分布可能是丝状的分散分布。通过对银河系外围卫星星系行为的观测，同时也表现出，这是对暗物质进行探索研究的一个首选方向。虽然暗物质在当下的物理学中还是相当难以预测的，在对暗物质模型的研究过程中，还并没有出现在小尺度上怪异的丝状分布状况。与之相反的，在银河系的周围，天文学家推测这些环分布的平面拥有着暗物质参与其中的过程，整体描述为一个扁球状的巨大环平面。

银河系外围的环平面是由一个小星系与银河系在宇宙历史的更早期相互作用所产生，银河系外围的环结构平面应该比现有银河系出现得更早一些，早期星系碰撞造就了如今银河系的模样。此后，位于银河系边缘的卫星星系则是在星系演化的历史长河中慢慢形成的。天文学家目前相信，对银河系边缘卫星星系的研究可以在一定程度上了解暗物质的行为模式，其影响范围可以间接呈现暗物质的分布。这个现象尤其针对处于银河系外围的人马座矮星系，目前人马座矮星系部分结构已经被银河系的引力所破坏，其中可能还有暗物质的作用，这个卫星星系在潮汐力的作用下，星系中被剥离出来的恒星已经混在银河系之中，这种情况一直持续下去，直到最后被完全分离。

第四节 银河系正在"节育"

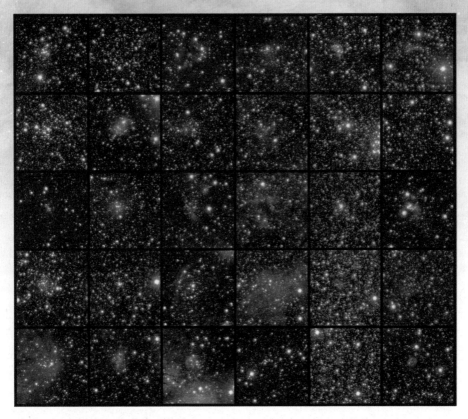

被银河系尘埃遮挡住的罕见星团

相当一部分的天文学家认为，地球所处的银河系，正在进入"中年危机"——这场危机会让大多数的恒星诞生活动成为历史。银河系在很短的时间内，会与另一个星系进行合并，也只能产生一个非常短暂的活跃期，而在其余时间里，银河系的将来会完全是沉闷乏味的。

按照常规观点，星际中的大部分星系都能够被归为三类。

一、红星系，即星系中的恒星形成活动很缓慢或完全停滞，充满了年老的红色恒星；

二、蓝星系，即星系中的恒星形成活动很活跃，而且充满了年轻的蓝色恒星；

三、处于两者之间的星系被称为"绿谷"星系，这种星系与前者相比，还是比较

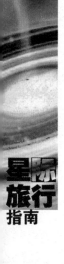

银河系一直在做着"新老交替"

少见的。它被认为处于从蓝星系向红星系转变的过程中，恒星形成活动逐渐减弱。

令人感到不安的是，依据之前的一项揭秘报告，表明地球所处的银河系正在经历一个这样的衰退阶段。银河系很可能已经步入了向红星系演变的"绿谷"阶段，银河系也终将会成为一个毫无生机的星系。

天文学家们如此判断的依据是什么呢？

是颜色。天文学家从银河系中所在的区域很难最终定论它的整个颜色，虽然尘云为观测者们制造了很多"盲点"，遮挡了银河系里绝大多数区域发出的可见光。但是，天文学家利用可以穿透尘云的红外线对其进行观测的结果表明，银河系内的恒星形成频率正处于一个不高不低的普通水平，如果把它分类成红星系则频率太高，如果分类为蓝星系的话，那么频率却又过低。

除了用颜色来分辨银河系的走势，天文学家为了彻底了解银河系到底处于它生命演变的哪个阶段，还模拟了一场2500万个星系的诞生和发展过程，依据恒星诞生发展的活动频率、规模和质量总和选出了同银河系十分相近的星系。科学家模拟的这些银河系大部分都是"绿谷"星系，这就证明了真正的银河系也正在经历这种过渡阶段。

在星际漫长的发展史中，银河系中心超大质量黑洞的爆炸可能就是它开始中年危

M18

机的源头所在。在物质被吸进黑洞后所产生的辐射"气泡"可能使气体温度升高并被排斥出银河系之外。

再过500万年，当银河系与相邻的仙女座星系合二为一时，可能将出现一个短暂的恒星诞生、发展的活跃期。天文学家指出仙女座星系的属性特征也证明了它是一个"绿谷"星系。为什么会持有这种观点呢？那是源于银河系和仙女座星系在合并阶段里，剩余的气体或许会向合并过后的天体中心漂移，这将引发一个时间相对较短的恒星"婴儿潮"，然后这个星系就迈入老年阶段。

相信，当任何人听到有关银河系即将老龄化的消息都会hold不住的，不过为了让这个结果听上去不太那么的令人沮丧，天文学家也出来安慰大家，红星系的活动也不是完全停歇不前的。很多红星系在"退休阶段"还是会保持十分充实的生活的，例如

离银河系不远的椭圆星系M87就一直从它的中心区域的黑洞中释放出壮观的喷流。

　　银河系的未来究竟如何？跟我们更加密切的太阳系的未来又会怎样？以至于我们的地球到底会怎样？到目前为止，谁又能真正意义上的给它们盖棺定论呢？还是跟随我们星际旅行的步伐，去到另一个领域——星云。去看看那里正在发生着什么。

第五篇
第四站，剥"云"渡"河"

第二十一章
星际"驴友"都是"星云控"

行星状星云——恒星灾变残余无疑是宇宙中最美丽的天体，但是它们依然很神秘。虽然许多气体—尘埃星云离地球比较近并且被我们详细研究过，可是它们仍使天文学家们感到困惑和不解，让我们去了解吧。

壮美星云

第一节　穿过星云的迷雾

星云是由星际空间的气体和尘埃结合成的云雾状天体。星云内的物质密度是非常低的，若拿地球上的惯用标准来衡量的话，那么在星云内部有些地方可以说是真空的。但是，星云的体积却非常大，经常可以覆盖方圆内几十光年。所以说，大多数星云跟太阳比的话，还是要重上很多倍的。

星云的形状是多种多样的。星云和恒星其实有着"血缘"关系。恒星散发出的气体会变成星云的一部分，星云物质在引力影响中会被压缩成恒星。在特殊的条件下，星云同恒星是可以互相转化的。

一开始，任何在宇宙中的云雾状天体都被称作星云。后来随着天文望远镜的发展与完善，人们的观测技能不断的提高，才把最初的星云分类成星团、星系和星云三种类型。

星际物质与天体的发展存在着紧密的联系。观测结果表明，星际气体主要由氢和

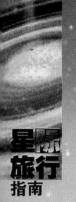

氢两种元素构成，这同恒星的成分是相同的。人们甚至一度猜测，恒星是由星际气体"凝结"而成的。星际尘埃是一些很小的固态物质，成分包括碳合物、氧化物等。

当人们说到宇宙空间的时候，我们的第一印象就是那里是一无所有、黑暗单调的真空。其实不然。恒星之间广阔无垠的宇宙空间可能是单调乏味的，但那可不是绝对意义上的"真空"，在这其中还是存在着很多的物质。这些物质就包含了星际气体、尘埃和粒子流等，我们给它的名词定义就是"星际物质"。

跟恒星做对比，星云具有质量大、体积大、密度小的特点。一个普通星云的质量至少相当于于1000个太阳，而星云的半径通常为10光年。

星云的命名，通常的依据是它的位置或者形状，例如：猎户座大星云，天琴座大星云。

因为星云的密度非常稀薄，它的主要成分是氢。依据这个理论我们可以推算出，当星云的密度达到一定的界定值时，就会在引力的影响下收缩，体积则会变小，慢慢地聚集成为一个团。大多数人认为恒星就是星云在其发展阶段，在引力的影响下，收缩、聚集、演化而诞生的。恒星成型之后，就会大量地抛射物质到星际空间，演化为星云的一部分原材料。

发射星云

发射星云是受到周围高温度光量的恒星的影响而发光的，这些恒星所散发出的紫外线会电离星云内的氢气，从而使它们发光。发射星云可以发散出各种不同颜色的光的游离气体云（也就是电浆）。之所以会造成游离，主要原因一般是来自附近恒星发散出来的高能量光子。这些种类各异的发射星云大部分是氢Ⅱ区，这正是年轻恒星形成的场所，质量比较大的恒星的光子是造成游离的源头；而行星状星云是濒临死亡的恒星抛射出来的外壳被暴露的温度极高的核心加热而被游离的。

发射星云

星云的颜色主要受化学组成和被游离的量的影响，因为在星际间的气体相当大一部分都是在相比较下只要较低能量就能游离的氢，所以大多数的发射星云都是红色

406

的。如果有更高的能量能造成其他元素的游离，那么绿色和蓝色的云气都有可能出现。经由对星云光谱的研究，天文学家可以推断星云的化学元素。大部分的发射星云都有90%的氢，其余的部分则是氦、氧、氮和其他的元素。

反射星云

反射星云

反射星云是靠反射附近恒星的光线而发光的，呈蓝色。由于散射对蓝光比对红光更有效率，这和天空呈现蓝色以及落日呈现红色的过程相同，所以反射星云通常都是蓝色。

以天文学的理论来说，反射星云主要成分就是尘埃，单纯地反射周围的恒星或星团光线的云气。这些邻近的恒星不能提供足够的热量让云气像发射星云那样由于被电离而发光，但依然可以有充足的亮度能够让尘粒因散射光线而被看见。所以说，反射星云显示出的频率光谱类似照亮它的恒星。

暗星云

如果气体尘埃星云附近没有亮星，那么星云就会是黑暗的，这就是暗星云。暗星云因为它自身既不发光，周围也没有光可以提供给它反射，但是它会吸收和散射来自它后面的光线，所以说，暗星云还是可以在恒星密集的银河中或是明亮的弥漫星云陪衬下观测得到的。

暗星云

弥漫星云

弥漫星云就像它的名字一样，没有特别限定的边界，呈现出了没有规律的形状，就像天空中的云朵那样，不过，弥漫星云通常都得要用天文望远镜才能看到的，大多数只能通过天体照相机花很长时间曝光才可以显示出它们美丽的状态。弥漫星云的直径有几十光年左右，其密度为每立方厘米平均10^{100}个原子。它们主要散落在银道面周围。比较知名的弥漫星云是猎户座大星云、马头星云等。弥漫星云是星际介质集中

弥漫星云

在一颗或几颗亮星周围而造成的亮星云，这些亮星都是形成不久的年轻恒星。

行星状星云

行星状星云的形状类似烟圈，它的中心是空的，而且通常情况下会有一颗非常明亮的恒星。这颗恒星持续向外抛射物质，变成星云。这就表明，行星状星云是恒星晚年演化的结果。比较著名的同类星云有宝瓶座耳轮状星云以及天琴座环状星云。

行星状星云

第二节 星系奥秘

当我们仰望星空的时候，贯穿天空、非常壮观的银河总是可以让人们无限神往，不断畅想。如果我们细致观测的话，就会不难发现银河事实上是由无数颗星星组成的。这在天文学理论里，我们把这种由成千上万亿颗恒星以及散布在它们中间的星际气体、宇宙尘埃等物质组成的，跨度为成千上万亿光年空间距离的天体系统叫做"星系"。为人所熟知的，我们的太阳其实就是银河系里的一颗非常普通的恒星。

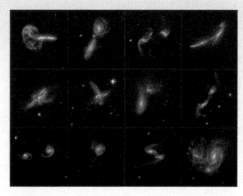

星系大赏

银河系并不是宇宙中唯一的星系，但是，因为我们之间的距离太过遥远，这些星系看上去远不如银河般如此浩瀚。通过天文望远镜，这些星系看起来就像是朦胧的云雾。距离银河系最近一个星系就是大麦哲伦星云和小麦哲伦星云，但是，虽然如此它们也距离银河系有十几万光年了。通常来说，我们把除银河以外的星系，统称为"河外星系"。

恒星系又称星系，它是宇宙中巨大的星际"岛屿"，同时也是宇宙中最大、最美丽的天体系统之一。截止到目前，人类已在宇宙中探测到了约一千亿个星系了。除了之前提到的离我们比较近的两个星系外，已知离我们最远的星系有将近一百五十亿光年。

起初，星系曾一度被归类到星云当中，一直到1924年，在准确测定了仙女座星云（仙女座河外星系）的距离之后，星系的存在才被我们所接受。

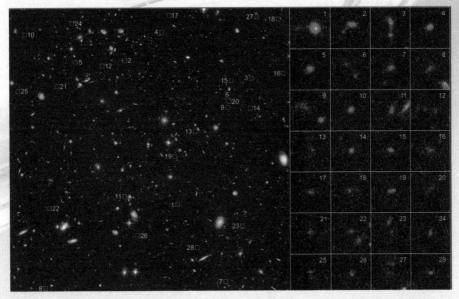

星系发展分布图

　　星系的形状是复杂多样的。人们简单地划分出椭圆星系、透镜星系、漩涡星系、棒旋星系和不规则星系等五大类。星系在宇宙空间内的分布也是不均匀的，大多数情况下它们会聚集成团。少则二三成群，多则几百个抱成一团。天文学家将集团现象称为"星系团"。

　　星系以及在其内部的恒星都是处在运动中的。就像我们熟知的——地球绕着太阳转，太阳绕着银河系转，而同时银河系作为一个整体，它的自身也在不断地运转着。在星系的内部，恒星有两种运转方式：它们一边围绕着星系的核心运转，与此同时，也在特定的范围之中做着随机运动（弥散运动）。

　　星系的诞生和发展跟宇宙早期起源演化有着密不可分的关系。通常的观点认为：当宇宙从大爆炸中诞生时，所有物质都被抛射到空间之内，从而形成了宇宙中的"气体云"。这些气体云自身是在平衡之中的，但是在某些能量的影响下，这种平衡被打破了，物质全都聚拢到了一处，那时候的质量能比得上现在太阳质量的上千亿倍！这些物质团在此之后的运动中破散开来，并最终形成了无数颗恒星。最原始的星系就这样诞生了。通常说来，星系诞生的时期大约在100亿年前。

　　而说到星系的演化，在人类对星际的认识过程中，曾一度把星系状态的序列当成演化的序列，即把星系当成是从椭圆形开始的，然后再慢慢发展到透镜型、漩涡型、棒旋型，直至后期变成不规则的形状。不过，这种观点如今已被彻底推翻。目前的主流理论认为这种发展过程与恒星诞生的力学机理有关联，不过也还是停留在假说的层面上。

很长一段时间以来，天文学家认为星系发展得比较快是因为它们在不断地吞噬着星际气体，不过，最近的一项观测表明，实际上，星系的发育是因为其缓慢地吞噬着其内在的恒星物质。

源于美国宇航局斯皮策天文望远镜的观测结果显示，这项最新研究结果表明在浩瀚的宇宙，星系长久以来都是在不断地吸食着形成恒星的燃料物质。正是由于这项星系发现，才驳斥了此前一直占主流位置的理论，这种观点是说星系在恒星的瞬间爆炸中趁机吞噬着恒星的燃料，在这之后，又和其他星系进行混合。

美国宇航局斯皮策科学中心首席调查员兰加-拉姆-查瑞说："我们的研究显示在遥远宇宙

透镜星系

区域大量星系合并不是星系增长的主导因素，我们发现这种类型的星系间嗜食现象非常罕见。相反，我们观测发现星系增长的一种机制，典型的星系以稳定的气体流作为'食物'，而稳定的气体流可使恒星体积增长得更快，且远超出此前的预想。"

星系跟银河系相同，在其中包含了大量的恒星、气体和灰尘，它们利

不规则星系

用"进食"宇宙的气体，同时将其转变成新的恒星，从而慢慢地发育壮大。天文学家在很长一段时间置疑形成于几十亿年前的遥远星系是从哪获得恒星燃料的。

相关研究人员表示，最容易被接受的理论就是星系是通过与其他星系合并而发育的，星系都在进食宇宙气体就会发生星系碰撞。查瑞和研究小组使用斯皮策天文望远镜观测到了自宇宙大爆炸后存在10至20亿年间的20多个遥远星系，他们希望能够彻底揭开星系谜团。

令天文学家感到惊讶的是，这些星系是利用"阿尔法放射线"燃烧发光的。该放射线则源自恒星释放出的紫外线轰击的氢气，高等级阿尔法放射线则昭示着恒星诞生

频率非常高。

研究人员表示，经过测量后显示，70%的星系存在阿尔法放射线的行迹。在此之前的研究，使用紫外线天文望远镜观测到的恒星形成数量是斯皮策天文望远镜红外线观测恒星数量的六分之一，天文学家认为这样的差别或许是源于大量灰尘的存在导致的，它遮盖了许多波长光线，但让红外线通过。

研究小组的最新一期的发现表明，在之前的数亿年里星系一直过着相对平稳的"放牧生活"，同时产生了相当数量丰满的恒星，有些丰满的恒星质量居然是太阳的100多倍。

椭圆星系

大多数的星系都属于椭圆星系，很多椭圆星系绝大程度上是由于星系的相互作用，碰撞或合并诞生的。它们能够发展到非常大的体积（与螺旋星系比较），而且庞大的椭圆星系通常会出现在星系群的中心位置。星爆星系则是星系之间碰撞之后的效应，很有可能是导致庞大的椭圆星系形成的主要原因。

椭圆星系

螺旋星系

在螺旋星系中，螺旋臂的形状与对数螺线非常相似，在理论上，表示这是数量庞大的恒星的一致转动所产生的一种干扰模式。如同恒星一样，螺旋臂也环绕中心运转，不过运转的角速度却并不是常数，这就说明，恒星可以穿越过螺旋臂，螺旋臂则是高密度区或是密度波。当恒星进入螺旋臂时，它们将减速，由此形成更大的密度；螺旋臂之所以可以被看见，那是由于高密度促使恒星在此处诞生，所以说螺旋臂上存在许多明亮和年龄小的恒星。

螺旋星系

例如，我们所处的星系——银河系，有时候就被简称为银河，它就是一个有着巨大星系盘的棒旋星系，直径大约3万秒差距（10万光年），厚度约为3000光年；拥有约3千亿颗恒星（3×10^{11}）和大约6千亿颗太阳的质量。

漩涡星系

具有旋涡结构的河外星系称为旋涡星系，在哈勃星系分类中用S代表。螺旋星系的螺旋形状，是在1845年观测的猎犬座星系M51时第一次被发现的。螺旋星系的中心区域呈透镜状，周围则围绕着扁平的圆盘。从隆起的核球两端延伸出若干条螺线状旋臂，叠加在星系盘上。螺旋星系可分为正常漩涡星系和棒旋星系两种。

漩涡星系

棒旋星系

棒旋星系是中心呈长棒形状的螺旋形星系，一般的螺旋形星系的中心是有圆核的，而棒旋形星系的中心是棒形状，棒的两边有旋形的臂向外伸展。

矮星系

虽然椭圆星系和螺旋星系之间的差距是非常明显和突出的，星际间大多数星系都是矮星系，这些细微的星系大小都比不上银河系的百分之一，而且仅仅存在几十亿颗恒星。多数矮星系或许都会环绕着单独的大星系运转，就拿我们的银河来说，就至少有一打类似的矮星系。矮星系还可以继续分成椭圆、螺旋和不规则。因为矮椭圆星系从外观上与大的椭圆星系存在一些相似之处，所以说，它们经常会被当成矮球状星系。

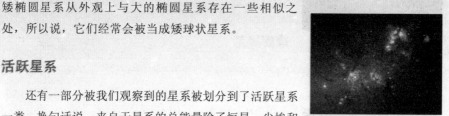

棒旋星系

活跃星系

还有一部分被我们观察到的星系被划分到了活跃星系一类，换句话说，来自于星系的总能量除了恒星、尘埃和星际介质之外，还有另一处重要的来源。像这样的活跃星系核的标准模型，根据能量的分布，认为是物质掉落入位在核心区域的超重质量黑洞造成的。

矮星系

活跃星系

第二十二章　河外星系观览一条龙

　　宇宙是由空间、时间、物质和能量，所构成的统一体。是一切空间和时间的综合。一般理解的宇宙指我们所存在的一个时空连续系统，包括其间的所有物质、能量和事件。在这个空间内，我们能够实现星系一日游吗？

第一节　仙女座河外星系

遥望仙女座

　　仙女座河外星系的发现是现代天文学领域一个非常重要的事件，它的得名源于位于仙女座内，它是一个非常庞大的旋涡星系，之前一直被人们称为"仙女座大星云"。它是可以在北半球用肉眼直接看得到的最亮并且离地球距离最近的大星系。

　　普遍观点认为，银河系在外观上同仙女座大星系非常相似，两者一起主宰着这个星系群。仙女座大星系所散发出来的光线是由好几千亿颗恒星成员联手贡献产生的。仙女座大星系另一个名字是M31，这是由于它是著名的梅西耶星团星云表中的第31号弥漫天体。M31的距离非常遥远，从它那儿发出的光到地球的话，要用200万年的时间。星云中的恒星可以分类为大概20个群落，这就代表着它们或许是来自仙女座星系被

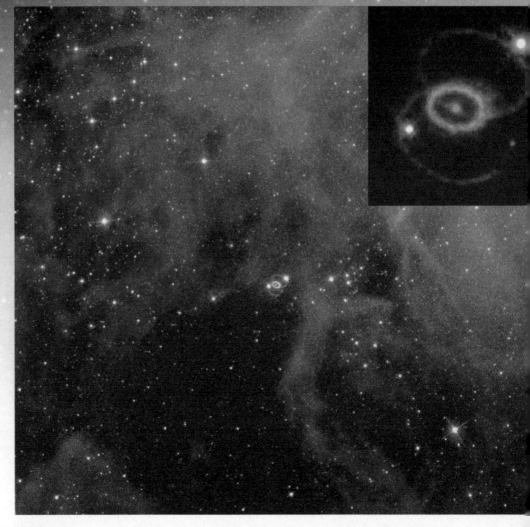

寻找仙女座

"吞噬"的相对比较小的星系，它在《梅西耶星表》中的编号是M31，而在《星云星团新总表》中的编号则是NGC224，当然，人们最习惯的称谓，也最具美感的称谓还是仙女座大星云。

仙女座星系的直径是50千秒差距（16万光年），相当于银河系直径的一倍，是本星系群中最大的一个星系。仙女座星系同银河系还是有着诸多相似之处的，对两个星系比较研究，可以为清楚银河系的运转、结构和演化提供十分重要的数据资料。

仙女座河外星系的构造同银河系一样，都存在密集的核、旋臂、星系盘和星系晕，其中具有3至4千亿颗恒星，当然存在明亮的恒星云以及暗黑区域，另外它们都有很多的变星、星团以及新星等特殊天体。仙女座河外星系与银河系之间的距离大约为

200万光年。换句话说，我们在夜晚的天空中所看见的是大约200万年之前的仙女座大星云。

近观仙女座西南部

仙女座河外星系与它附近的河外星系M32（NGC221）以及NGC205，一起组成了"仙女座三重星系"。这个三重星系与银河系、三角星系以及大小麦哲伦星云等约40个星系，又一同组成了一个"星系群"。

银河系与仙女座星系目前都在相互靠近对方，大约30亿年之后，这两个星系很可能会发生碰撞，之后，在相互合并的阶段中会短暂地产生一个明亮、构造又非常复杂的混血星系。在这个阶段中，很多恒星会被毁灭，而在星系中存在着的大部分游离的气体也会被压缩进而生成新的恒星。大约再过几十亿年后，星系的旋臂就会消失，两个螺旋星系将会合并成为一个巨大的椭圆星系。

但是，两星系的碰撞、合并只是发生在遥不可及的未来，所以说，这对近期的人类或者说太阳系来说，根本构不成威胁。

第二节　猎犬座河外星系

遥望猎犬座

近观猎犬座旋涡星云，旋臂清晰可见

猎犬座星系处于猎犬座的北面，离地球大约有1400万光年的距离。猎犬座星系也分类于漩涡星系，天文学家坚信，处于猎犬座漩涡星系中一颗围绕恒星运转的行星，在很大程度上就存在外星智慧生物。这颗与太阳相类似的恒星叫做贝塔CVn。它的附近行星看上去具有所有生命以及高度文明可以存活和发展的首要条件。而这颗恒星与地球之间的距离是26光年。

关于猎犬座河外星系还有一个美丽的西方神话，有一位女神叫凯莉丝杜，她温柔而美丽，天神宙斯特别喜欢她，经过了百般追求，后来凯莉丝杜便生下了一个儿子叫阿尔卡斯，善妒的天后赫拉知道了这件事之后非常愤怒，遂将凯莉丝杜变成一只大母熊之后将其赶进了森林里。自幼失母的阿尔卡斯长大后变成了一位非常出色的猎人，但是

猎犬座星座图

他并不了解自己母亲的遭遇，有一天赫拉命令命运之神安排阿尔卡斯与母熊妈妈在森林里相见，母亲看见日思夜想了无数个日夜的儿子，在极度兴奋下竟然忘了自己现在是一只大熊，情不自禁地就朝儿子阿尔卡斯飞奔过去，而毫不知情的阿尔卡斯以为大熊要伤害他，就要举箭射杀它。正当弑母的罪孽即将造成之际，宙斯冲破了愧疚与胆怯的心结，将阿尔卡斯变成一只小熊，并将它们安置在了天上成为大小熊星座，这样他们母子俩就会永远在一起了。但天后赫拉依然不肯善罢甘休，她指派了一位牧夫，牵着两只猎犬，一路追赶着大熊和小熊。不管是什么时间，猎犬总是紧随在两只熊的后面，忠实地履行着天后赫拉下达的命令。

还有另一种说法，猎犬座亚克多罗斯，意思其实是熊的卫护者，它是宙斯派来保护他们母子二人的（大熊座和小熊座）。

第三节 大、小麦哲伦星系

大麦哲伦和小麦哲伦星云是离银河系距离最近的两个邻居。大、小麦哲伦星云是银河系的两个伴星系。这两个星云从外形上来看不光是没有规律，根本就形似一团火山云。其中大麦哲伦星云与地球的距离是160000光年，直径大概是银河系的1/20；小麦哲伦星云与地球的距离是200000光年，整体大小也才够得上银河系的几百分之一。在地球上，它们在北纬20°以南的地区升出地平面。大、小麦哲伦星系是南天银河附

大麦哲伦的弥漫星云

近两个可以用肉眼清楚地捕捉到的云雾状天体。大麦哲伦星系在剑鱼座和山案座，张角大概6°大小，是月球视直径的12倍；小麦哲伦星系在杜鹃座，张角大概2°，是月球视直径的四倍；两个星系在天球上相距大概是10°。

　　10世纪的阿拉伯人和15世纪的葡萄牙人远航到赤道南边的时候，都注意到了在南天夜空下的这两团云雾状天体，他们叫它们"好望角云"。在1521年，葡萄牙航海家麦哲伦于环球航海时，第一次对它们做出了精确描述，在这之后，就用他的姓氏来对其命名了。大的一个叫大麦哲伦星云，简称大麦云（LMC）；小的一个叫小麦哲伦星云，简称小麦云（SMC），而这合称就是麦哲伦云。1912年，美国天文学家勒维特观测到了小麦云的造父变星的周光关系，赫茨普龙和沙普利随后对此进行了距离测定，在这之后变成了最早被确认的河外星系。大麦云与小麦云在空间上相距5万光年。大小麦云同属于最近的星系之列，这让我们可以细致地分析出它们的成员天体，所以它们是极其重要的天文观测对象，也同样是星系天体物理资料的重点采集对象来源。

小麦哲伦星云

麦哲伦星云是一种小并且不成规矩的星系，属于银河系的卫星星系，它绕银河系运行的周期是15亿年。也正因如此，它才没有相对标准的固定形状，麦哲伦星云俨然变成了南半球星空上争议最多的天体，也同样是最能激发人类无穷想象的天体。有的天文学家就指出，麦哲伦星云很有可能将同宇宙中存在的暗物质相互作用，从而形成星系的弯曲。

那么，什么是星系弯曲呢？这其实是一个复杂的名词解释，不过我们依然可以用简单的方式对其进行普及：邻近星云的运行可能对我们目前所处的银河系产生影响，就好比在水箱的另一端鼓动，在水中就能造成波浪形状扭曲，现在的银河系银盘已经成为碗的形状了。

我们对南半球著名的天体进行一下分类的话，那么除了玫瑰般艳丽的钥匙孔星云、闪耀的南十字星座外，就要数大、小麦哲伦星系了。

德国一位业余的天文爱好者去澳大利亚观星时，还一度将大、小麦云错当成了天上的两朵"云"，"怎么风吹不走？"一时成为笑谈。

遗憾的是，这两个天体在中国内陆的纬度上是看不见的。

第四节　室女座河外星系

典型的河外星系之一室女座河外星系又名草帽状星系，它属于庞大的旋涡星系，它的侧面呈中央突出的球形，赤道边缘则是盘状，四周有旋臂。第一个观测到草帽星系的人是法国天文学家梅襄，室女座河外星系"诞生"的那天是1781年5月11日。梅襄在给另外一位天文学家写的信中是这样说的："我在乌鸦座的上方发现了一个星云，它似乎不含有恒星。"

室女座

　　室女座河外星系在人类探索河外星系的历史长河中也起到过重要的作用。1755年德国哲学家康德就曾提到过，在宇宙中存在着无数个如同我们所处的银河系一样的天体系统，并且认为当时所观测到的星云就是自己所说的这种天体系统。德国天文学家洪堡生动地将宇宙比作无际的海洋，这些星云就像是一个个岛屿，所以叫管它们叫宇宙岛。"宇宙岛"这三个字看似有点类似童话，但是正是"宇宙岛"的提出，才让人类将当时所掌握的宇宙信息长长地跨出了一大步，引起了天文学家们的广泛关注。

　　要找到这个"草帽"，必然要先找到室女座。下面就我们一起去拜访室女座吧！室女座可以说是未见其形先闻其名，原因有三。

　　一、它是著名的黄道星座，每年秋季，太阳要花上45天才可以穿过这个星座。

　　二、它的面积很大，在整个星空的88个星座当中，论大小它排名第二。

　　三、室女座里面聚集了数量相当之多的河外星系，继而成为了天文学家的重点关注对象。

　　草帽星系的质量也非常大，大概是13000亿个太阳质量。其线直径为14万光

室女座中心区域

年。这个星系还有一个显著的特点：那就是有一个暗条横穿星系核。这个暗条是因为散落在星系盘中的尘埃和气体的吸光作用而形成的。要想观测到这个星系暗条，那么就要在中等的天空条件下，用口径20厘米以上、放大倍率比较高的的天文望远镜才能看到。

关于室女座还有一段令人感动的希腊神话故事。室女座在古希腊人的眼里是身上长着翅膀，手拿麦穗，好像在和人们一起庆祝丰收的农神得墨特尔。得墨特尔是众神之王宙斯的姐姐。她受到了希腊人民由衷的尊奉与爱戴，她给干涸的土地带来雨露，她让百草繁茂、五谷丰登，老百姓在她的帮助下过着衣食无忧的生活。得墨特尔还有一个女儿，名叫帕耳塞福涅，她美丽又善良，女神非常宠爱自己的这个女儿。冥王哈得斯对帕耳塞福涅的美貌垂涎已久，一心想据为己有。有一天，趁帕耳塞福涅一个人出外游玩的机会，哈得斯终于将帕耳塞福涅强行抢回到了他的冥殿，并且让她成为了自己的妻子。

当得墨特尔女神从远方巡视归来后，发现自己可爱的女儿居然不见了，心里十分焦急。她赶忙出来寻找帕耳塞福涅的下落，几乎走遍了每一个村落，但是都没有得到女儿的消息。女神伤心极了，于是离开家来到一处僻静的山谷，隐居在这里的山洞之中。这样一来，人间的农事就没有人掌管了，草木枯黄，大地也变得一片凋零。天上的众神见此情况赶忙前去禀报宙斯。宙斯就派了一位使者来到冥殿，求冥王放了农神的女儿。但是，这个时候，帕耳塞福涅已经住惯了地府，日子过得也很快乐。当然

室女座内有两团星云像一对大眼睛

了，她还是很想念妈妈的。于是乎冥王便同意神使将她带回家，去看望母亲。

得知女儿又回到了家中，农神别提有多高兴了。她愉悦地走出了山洞，从此大地又恢复了生机，田野再次披上了绿装。母女相见，彼此非常激动。但是，帕耳塞福涅还是告诉了妈妈，她已经吃了冥间的食物，按规定是必须返回冥国去的。农神听了女儿的话后非常失望，但也无可奈何。天神宙斯知道了这件事后，他也很同情姐姐的遭遇，就亲自找冥王商量，让帕耳塞福涅一年中有六个月的时间能够和她的妈妈在一起，剩下的半年再回到地府和冥王一同生活。就这样，每当女儿回家的时候，农神便从山洞里出来回家与女儿相见，这时万物便恢复了生机，这段时间就是地球上的春夏两季；但是，当女儿回到地府后，农神又开始思女心切，无心农事，继续回到山洞中惆怅，大地便不长谷物，树叶凋落，此时就来到了秋季和冬季。

同神话故事所描述的一样，每当春天到来的时候，室女座就会从东方地平线升起，但是到了冬天，"农神"隐居在山洞里，人们就再也看不到她的光芒了。

附录 天文术语小贴士

光行差：由于地球的运动所导致的天体的视位置与真实位置之间的差异。

绝对星等：恒星的真正亮度。定义为恒星在距离我们 10 秒差距 <32.6光年> 时的视星等。

绝对零度：理论上的最低温度，等于0开尔文

吸收线：光谱里的暗线。来自天体的光，被原子或分子选择性的吸收，导致那部分的光从星光中被消去，留下一条条的暗线。

吸积盘：指白矮星、中子星或黑洞等致密天体周围，由于物质受到引力作用向中心天体落下所形成的盘状结构。

消色差透镜：由两种不同材质的透镜组合而成，消色差透镜的用途是把两种不同颜色的光聚焦到同一点，或称为修正色像差。

活动星系核：些星系中的特别明亮的核，被认为是由于物质落向质量极大的黑洞而引起的。

自适应光学：计算机控制的望远镜镜面，能做区域性变形，以补偿大气扰动所产生的散焦效应。

反照率：行星或卫星反射光能力的标示值，定义为所反射的光和入射光的比值。反照率的值介于 0 <完美的黑体>到 <完全反射>之间。月球的反照率为 0.07，而金星为 0.6。

地平装置：一种望远镜支撑方式，使镜筒能在平行和垂直水平的方向自由移动。

地平纬度、高度：1.在海平面以上的高度；2.天体在天球上距离地平线的角度。

立体照片：用两台相机拍摄出的一种照片。将右边拍摄的影像<通常是红色>和左边拍摄的影像<通常是蓝色>叠加起来，通过特殊的色彩滤镜，就能看到三维的效果。

仙女星系：本星系群中的重要成员，大约是银河系的两倍大小；又叫M31。

角大小：观测者所看到的天体大小，通常用角度、角分或角秒表示。

各向异性：物理性质随方向的不同而变化。

日环食：日食的一种。在日食时，太阳的光球层出现在月球的边缘，形成环状的亮圈。发生日环食的时候，我们看不到太阳的日冕、色球层和日珥。

反物质：由反粒子构成的物质。反粒子的质量和性质都与我们世界中的正粒子相同，但电荷相反。

口径：望远镜透镜或反射镜的直径。口径越大，望远镜的聚光能力越强。

远日点：绕行太阳的轨道上距离太阳最远的点。

复消色差透镜：由三个以上透镜构成的透镜组，消色差能力高于消色差透镜。

远地点：绕行地球的轨道距离地球最远的点。

观察的可见视场：人眼通过目镜能够看到的角直径。

视星等：人类肉眼所看到的恒星亮度。

考古天文学：研究古文明的天文学之学科。

弧分：角度的单位，等于一度的1/60。

弧秒：角度的单位，等于一度的1/3600，或者一弧分的1/60。

小行星：太阳系的小型石质天体，大部分在火星和木星之间的小行星带。

小行星带：大多数小行星围绕太阳运行的地带，在火星与木星轨道之间。

天体测量学：研究天体位置和运动的学科。

天文单位：天文学家在太阳系内使用的距离单位，等于地球与太阳的平均距离1 AU = 1.5×10^8 千米。

天文学：研究地球以外天体的一门学科。

天体物理学：处理天体物理特性的天文学分支。）

大气：覆盖在卫星、行星或恒星上的气体外层。

原子：物质的基础单位，包含质子、中子和电子。

原子核：原子的中心区域，包括质子和中子。

极光：来自太阳高能量的太阳风粒子，受到地球磁场的导引，在极区附近进入地球大气。太阳风粒子和空气分子相撞，激发空气分子所发出辉光。

自动导星装置：用自动引导望远镜跟踪露光摄影的CCD装置。

秋分：一年中太阳向南穿过天赤道的时刻，大约在9月23日左右。

自转轴：物体围绕其自转的那条直线。

方位角、地平经度：地平线上的角度，从正东起算向北量度，直到经过所测量天体的子午线与地平线交点的角度。

棒旋星系：具有长棒状银核的螺旋星系。

重子的：由重子组成的。

重子物质：由重子组成的"正常"物质。

重子：由三个夸克组成的元素粒子，如质子和中子。

大爆炸：一种宇宙起源的理论，认为宇宙源自一次剧烈的爆炸，形成膨胀的星系

424

宇宙。

双星：一对在重力牵引下绕着共同质量中心运行的恒星。

耀变体：类星体中具有高能量和变化特征的一类，被认为在朝着地球的方向上具有物质喷流，导致星现比其他类星体更为高能的特征。

蓝移：当发光源向观察者靠近时，观察者接收到的电磁辐射波长，会变短的现象。

博克球状体：一种小的暗星云，被认为是恒星形成的区域。

火流星：外观像火球的明亮流星，尤其是发生爆炸的流星。

火流星：复数：在半空中爆炸的明亮的流星或火球。

玻色-爱因斯坦冷凝物：在超低温下，原子间距离非常靠近，其行为类似液体形态的"超原子"的状态。

褐矮星：构成类似恒星，但质量不够大，不足以在核心点燃聚变反应的气态天体。其质量在恒星与行星之间。

巴克球：碳原子组成的一种天然分子，又称为碳-60。其分子结构类似于巴克敏斯特·富勒设计的某种圆顶，因而得名。

核球：漩涡星系的中心部分，通常是球形的。

碳星：表层含有的碳多于氧的红巨星。

卡塞格林远镜：一种反射式望远镜，它的次级反射镜把主镜聚集的星光，反射通过主镜中心的洞到镜筒的后方。

激变变星：一种爆发性的恒星，或称为CV型变星，指新星、超新星、耀星和其他正在爆发的恒星。

折反射望远镜：用反射镜作为主镜，前置透镜以改正畸变的望远镜。多数业余爱好者使用的折反射望远镜是施密特-卡塞格林望远镜。

电荷耦合器件：一种用于探测光的硅片，比传统的底片更能敏感的探测到光的变化。

天极：地球自转轴与天球的假想交点。

天球：以地球球心为中心，且具有很大半径的假想圆球。想象中，所有天体都附着在天球上。

造父变星：一种位在不稳定带的恒星，是恒星演化的一个阶段。恒星进行周期性的胀缩，使得它的亮度也发生周期性的变化。恒星变光周期和它的发光能力成比，所以量测造父变星的变光周期，就可以得到恒星的绝对星等。再经由距离模数数 $mv - Mv = 5 \log d - 5$，就可以得出恒星以秒差距为单位的距离 (d)，所以造父变星是很重要的距离指针。

钱德拉塞卡极限：白矮星的质量上限，约为1.4太阳质量，质量超过此极限的白矮星，无法抵抗重力的挤压，将进一步塌缩。

球粒陨石：含有球粒外形的石陨石。

色球：太阳的大气层之一，位在光球层的上方，含氢发射线，而 Hα(波长)是色球层带粉红色的主因。

转仪钟：能够补偿地球自转，使望远镜始终对准同一片天区的装置。

镀膜光学：在镜面镀上一层薄膜，以减少光线散射，使成像更为清晰的技术。

准直：使望远镜各光学系统的主轴精确重合的过程。

彗发：彗核周围由气体和尘埃所形成的明亮球状云气。

彗星：一种绕行太阳冰和尘埃的混合物 (脏雪球)，在太阳附近时会形成离子尾、尘埃尾和明亮的彗发。

彗核：彗星的固体核，是岩石和冰的混合物，接近太阳时会蒸发，释放出气体和尘埃。

合：两个及以上天体在天空中位置极近的时刻。

星座：用以区分和对天区命的方法之一，大多根据座内恒星群的视察形状加以命名。星座命名根据为神话人物或神祇、动物或工具。星座内的恒星或天体通常并无任何关联，只是恰好从地球看过去在同一方向而已。

对流：通过物质运动而实现的热能交换。

核：行星、褐矮星、恒星和星系的中心区域。

日冕：太阳最外层的大气，由低密度、炽热离子所组成，只有在日全食的时候，才能看到日冕。

日冕仪：一种特殊的望远镜，利用圆盘来遮住日盘来造成人为日全食，用以拍摄和观测日冕。

日冕物质抛射：日冕上的大规模物质喷流。会导致地球上的磁暴，并影响空间飞行。

宇宙背景辐射：散布于宇宙空间的微波辐射，显示了在大爆炸之后，宇宙在不断冷却的事实。

宇宙微波背景：散布于宇宙空间的微波辐射，显示了自大爆炸之后，宇宙在不断冷却的事实。

宇宙线：以接近光速进入地球大气层的粒子或原子核，宇宙射线的来源有部分来自日闪，另一部分可能来自超新星爆炸，我们对宇宙射线的本质仍然了解不多。

宇宙学常数：广义相对论方程中的一个常数，提供了使宇宙免于膨胀的力。

宇宙学、宇宙论：研究宇宙本质、起源和演化的学门。

新月：行星或卫星在少于一半的表面被照亮时显示出的位相。

临界密度：让宇宙的曲率平直所需要的平均密度。

地壳：在行星、卫星或小行星最表面的地层。

夜视适应：人眼在黑暗中辨别暗弱物体的适应过程。

暗能量：被认为在宇宙加速膨胀中起作用的一种"负引力"。

暗物质：天文学家发现，会发出电磁辐射的"可见物质"，少于星系总质的十分之一，其余的是不可见的物质，称为暗物质。我们对暗物质的本质，仍然没有很多了解。

暗星云：一种星云，主要是由气体和尘埃所组成，因为挡住了后方的星光，使那部分的天区呈黑色，故称为暗星云。

赤纬：地球纬度在天球上的投影，不过不像地球用南、北纬来区分在南半球或北半球。天球赤道以北的天体，其赤纬为正值。例如南河三 <小犬α星> 的赤纬为 +5，代表它位在北天球，距天球赤道5度。天球赤道以南的天体，其赤纬为负值。例如天狼星 <大犬α星> 的赤纬为 −20，代表它位在南天球，距天球赤道20度。

深空天体：太阳系以外的天体；包括恒星、星云、星团和星系。

度：1.角度的单位，等于天球大圆的1/360。太阳和满月的角直径约为半度；2.标度温度的单位。

密度：物体单位体积的质量。

重氢：氢原子的一种，核内有一个质子和一个中子，质量为普通氢原子的两倍。

衍射：光在经过障碍物边缘的时候发生的现象。

t多普勒效应：朝向或背离观测者运动的辐射源所发出辐射的波长发生的蓝移或红移的变化。

尘埃：在空间漂浮的微小粒子。

矮星系：包含几百万颗恒星的小星系，是宇宙中最普遍的星系模式。

矮星：主序星或比主序星更小的恒星。

偏心率：天体椭圆形轨道偏离圆形的程度。

交食：一个天体经过另一个天体前方，将后者部分或完全挡住的现象。是掩食的特殊类型。

黄道：地球绕日公转的平面；除了水星和冥王星之外，所有大行星的轨道都几乎位于同一平面上。

喷出物：从火山喷发或碰撞中抛出的物体。

电磁辐射：光的各种形式，包括射电波、红外辐射、可见光、紫外辐射、X射线和γ射线。

电磁光谱：包括全波段电磁辐射的光谱。

电子：构成原子的粒子之一，含有一个负电荷，围绕原子核转动，比质子和中子都轻得多。

元素：物质的基本单位，每种物质原子核内的质子数量是固定的，但中子和电子的数目可能有变化。

椭圆星系：由引力束缚的恒星系统，星球形或椭球形，没有漩涡。

距角：天体离太阳的角距离。

辐射：电磁辐射从物体中流出。

发射星云：由炽热气体构成的云，被内部高能年轻恒星的辐射照亮。

历表；天文年历：给出各时刻天体位置的表格。

赤道装置：望远镜的安装方式之一，轴与地球自转轴平行，望远镜的转动相应于地球自转，以跟踪天体。

分点：太阳每年两次穿过天赤道的时间，此时地球上所有地方昼夜等长。

逃逸速度：物体或火箭逃离大质量物体重力束缚所需的速度。

昏星：在黄昏天空出现的金星。

视界线：黑洞的边界。在此边界以内的光无法逃离。

出射光瞳：望远镜上由目镜所成的物镜或主镜的像。

大气外生物学/地外生物学：研究地外"生命"系统的起源、发展和分布的人。

河外的：银河系以外的。

目视暂留：观测者能清晰看到整个视场的像时眼球与目镜之间的距离。

目镜：用以观察望远镜物镜或主镜所成像的放大透镜。

视场：望远镜或双筒望远镜所能看到的天空范围。

滤光片：只允许特定波长的光通过的一种装置；被天文学家用以观察特定波长，或降低特别明亮天体的亮度。

寻星镜：大型望远镜附有的小型、小光力的望远镜，用以帮助观测者寻找天体位置。

火流星：特别明亮的流星，通常至少有−4等星的亮度。

上弦：新月之后大约一周时出现的月亮相位。东边的半个月亮被照亮。

耀斑：恒星表面突然发生的能量的猛烈爆发。

焦距：透镜或曲面镜将光线聚焦时与焦点的距离。

焦比：透镜或曲面镜的焦距与直径之比。

焦点：透镜与曲面镜将光线汇聚的一点。

缩焦器：望远镜上的装置，支撑和移动目镜，使观测者能够更好地调焦。

叉式装置：一种赤道式装置，望远镜位于叉状物两端间，在赤纬方向转动。

频率：给定时间<通常是一秒>内通过某点的波峰或波谷的数目，通常用赫兹<每秒周数>表示。

满月：月亮运行到与新月相对位置时的相位，和太阳正对，月亮朝向地球的整个圆面都被照亮。

星系盘：旋涡星系的盘面。

星系核：星系的中心部分，一般具有高密度的星体和气体，以及一个超大质量的黑洞。

银道面：银河系星系盘所在平面。

星系：由巨大引力束缚在一起的几百万颗以上的恒星。

星系团：被引力束缚在一起的十几个到上千个星系。

伽马射线：一种极短波长的高能电磁辐射。

伽马暴：来自遥远宇宙的瞬时高能电磁辐射爆发。

气体巨星：主要由气体组成的巨行星，如木星、土星、天王星和海王星。

广义相对论：处理非惯性系运动，将引力描述成时空弯曲的相对论。

德国式赤道装置：将赤纬轴置于极轴上的望远镜装置方式，望远镜位于极轴的一端，另一端置重物以取得平衡。

巨型分子云：由冷的气体和尘埃组成的星际云，有几十个到几十万个太阳质量。

凸月：在上弦月和下弦月之间的月亮位相，一半以上的月亮圆面被照亮。

球状星团：由几十万颗恒星组成的略呈球形的集团，多数此类星团的成员为老年恒星，存在于星系晕中。

引力透镜：大质量天体的影响使光线发生偏折或放大的现象。

引力：存在于所有物体间的吸引力，物体质量越大，引力就越大。

可栖息区域：恒星周围允许行星表面存在液态水的区域。

晕：星系的外围区域，包括球状星团，少量杂散恒星和暗物质。

偕日出：天体<如恒星>主要在凌晨前见于东方天空，且不淹没于阳光中。

太阳风层：太阳附近被太阳风控制的广大区域。

氦：第二轻的元素；含有两个质子，通常有两个中子和两个电子；占宇宙中全部元素的8％。

赫兹：频率的单位，一赫兹即为每秒一周。

赫兹普龙 – 罗素图：将星团内恒星按照光度－温度描点得到的图表，简称赫罗图。

哈勃定律：遥远星系远离地球的速度与离地球的距离成比例的定律。由哈勃提出。

肼：一种燃烧迅速的无色液体，用于火箭和导弹的燃料。

氢：最简单、最轻的元素，通常包含一个质子和一个电子，占宇宙中所有元素的90％。

敏化底片：经过特殊处理的底片。通常用气体处理，以使其对光敏感。

倾角：行星轨道与黄道面的夹角，或卫星轨道与其绕转的行星轨道面的夹角。

内合：内行星位于太阳和月亮之间，成一条直线的位置。

内行星：轨道位于太阳与地球轨道之间的行星，包括水星和金星。

暴胀理论：关于大爆炸之后一秒内宇宙经历短暂的迅速膨胀的理论。

红外线：光的一种形式，比可见光能量稍低，但比射电波能量高。

相互作用星系：互相被对方的引力捕捉的星系，通常会造成星系的合并，或恒星的形成。

干涉仪：两个以上的望远镜相互干涉的系统，能够达到更大的望远镜的观测效果。

干涉：使用两台以上望远镜，以达到大望远镜光力效果的技术。

星系间的：星系之间的空间。

国际空间站：美国、俄罗斯、加拿大、日本和欧洲共同参与的合作项目，在近地球轨道建立可居住的空间站。

行星际：行星之间的空间。

星际：星系中恒星之间的空间。

星际介质：恒星间的气体和尘埃。

离子：因为得到或失去电子而带电的原子。

电离：原子得到或失去电子的过程。

电离气体：被加热到某一程度后，包含粒子和自由电子的气体，又叫等离子体。

不规则星系：既非旋涡星系，又非椭圆星系的星系。

同位素：元素的一种形式，原子含有的质子数相同，但中子数不同。

喷流：从环绕恒星或黑洞的吸积盘喷射出的气体或粒子流。

喷气推进实验室：美国一个以无人飞行器探索太阳系的中心<JPL>，其飞船已经到过冥王星外的全部已知大行星<关于冥王星的探索正在研究中，估计在下一个十年间会展开初步行动>。

类木行星：a特征与木星相似的行星<气态巨行星>。

开尔文：温度的单位，等于摄氏的1度，华氏的1.8度。0开尔文即为绝对零度。

柯伊伯带：海王星轨道以外的太阳系外围部分，包含冰构成的大量小天体；冥王星是已知最大的柯伊伯带天体。

拉格朗日点：质量较小的第三天体在两天体之间可能保有围绕共同质心的稳定轨道的点之一，这样的点共有五个。

大麦哲伦云：围绕银河系运行的一个不规则星系。

下弦：月亮自新月起运行四分之三圆周后的相位；西边的半个月亮被照亮。

纬度：地球表面某点距离赤道南北向的角距离，在该点所在的子午线上测量。

透镜：曲面的玻璃片，能够将光线汇聚或发散。

天平动/秤动：月球运动时的微小振动，使地球观测者能够看到稍多于半球的月球表面。

光污染：夜空中人造光源发出的光淹没了暗弱天体，对观测造成影响。

光力：望远镜收集光的能力，口径越大，光力越强。

光年：光在一年中所走的路程，等于九亿五千万千米。

边缘：天体视圆面的边界。

极限星等：就观测地点的条件，或望远镜、底片及其他探测器所能观测到的最暗天体的星等。

低电离核星系：具有低电离核发射线区域的星系，在中心区域附近出现低电离的发射线。

本星系群：银河系所在的包括大约35个星系的星系团。

本超星系团：本星系群所在的超星系团，范围有一亿光年，最大成员是室女座星系团。

经度：地球表面某点距英国格林尼治所在的本初子午线的角距离。

光度：物体所辐射光的总量。

月食：地球经过月球与太阳之间，将太阳光挡住时发生的现象。

太阴月：月亮围绕地球一周的时间，长度为29.5天。

朔望月：月相变化的周期，长度为29.5天。

磁强计：用以测定磁场强度和方向的设备。

磁层：环绕某颗具有磁场的行星的动态区域，控制所俘获的太阳风粒子的运动。

星等：衡量天体亮度的单位。数字越小，天体越亮。

主序：赫罗图上从左上角到右下角的恒星带。恒星在主序上度过一生的大部分时间，在这段时间里其核内发生氢聚变为氦的反应。

马克苏托夫望远镜：使用弯曲度很高的弯月形透镜作为改正镜的折反射望远镜。)

幔：行星核与外壳之间的部分。

海：月球或行星表面阴暗、相对平滑的区域。

质量：量度物体所含物质总量的物理量。

质量损失：恒星演化时所损失的质量；质量损失的途径包括星风、偶极外向流以及形成行星状星云或超新星时的物质抛射。

百万秒差距：100万秒差距，等于326万光年。

子午线：天球上假想的连接天顶与天极的大圆。

梅西耶天体：法国天文学家梅西耶在18世纪初编纂的星表中所包括的107个深空

天体。

流星：流星体进入地球大气时的闪光。

流星雨：地球碰到成群流星体时发生的周期性现象；不同的流星雨发生在每年特定的时间，具有不同的辐射点。

陨石：从空间来到地球的岩石与地球大气摩擦后落到地面的残骸。

流星体：环绕太阳运行的微小石块。

微重力：物体显示的重量远远低于地球上重量的环境。显示的重量指在给定环境中测定的重量。

微引力透镜效应：小天体的引力使光线发生汇聚，类似于透镜的效果。

微波：射电波中能量最高的部分。

银河：环绕全天的一道光带，由我们所处的星系盘内10亿颗左右的恒星的星光组成。

银河系：地球所处的漩涡星系。

毫秒脉冲星：每秒旋转上百次的脉冲星，通常有一颗正常的伴星，并从伴星得到物质。

反射镜：覆盖有高反射率物质的玻璃片。

分子：由两个及以上原子组成，是表现一种化合物的特征的最小粒子。

星云：星际气体和尘埃形成的云；有的星云里正在诞生新的恒星，有的星云则是恒星的坟墓。

中微子：核反应和超新星爆发中产生的一种粒子，比原子更基本，质量很小或没有质量，几乎不与物质发生作用；中微子不带电荷，运动速度达到<如果其质量为零>或接近光速<如果其具有质量>。

中子：比原子更为基本的粒子之一，不带电荷，存在于原子核中，质量与质子几乎相等。

中子星：坍缩的恒星，具有非常大的密度，直径却很小，是大质量恒星的归宿之一。

新月：月亮与太阳处于同一方向时的月相，背面被照亮，因而不可见。

牛顿望远镜：使用平面镜作为副镜的反射望远镜，在镜筒中心将星光反射到镜筒外聚焦。

天体：新总表<NGC>中的深空天体。

北天极：地球自转轴北极在天空中所指的点。

新星：白矮星表面发生的猛烈爆炸，使恒星表面短时间变亮几百倍到几千倍。

核熔合：两个原子核合成一个较重的原子核的过程；是绝大多数恒星的能量来源。

核合成：核熔合过程中，由较轻的元素合成较重的元素。

核：原子，彗星或星系的中心区域。

OB星协：O型和B型星组成的松散团体，其中的恒星有着高亮度，大质量和很短的寿命。

物镜：望远镜上使用的主镜，其作用是收集光线并使其聚焦。

倾角：行星赤道与其公转轨道面间的夹角。

掩：当某天体在另一较小天体前经过时，后一天体暂时变暗或完全不可见的现象。

Ω：宇宙的密度与临界密度的比率。

Ω星云：银河系中无数恒星诞生的温床之一。该星云位于5000光年之外，在人马座方向。又被称为天鹅星云，M17，NGC6618，马蹄星云或龙虾星云。

奥尔特云：由彗核组成的云，围绕太阳运转，距离太阳上万天文单位。

疏散星团：一种天体系统，其成员为从同一温床诞生的恒星，数目为几十颗到几千颗不等。

冲：从地球上看，地外行星与太阳在相反方向成一条直线的时刻，是观测行星的最佳时刻。

光学双星：两颗所处方向非常接近<几乎位于同一条视线上>，因而显得相当靠近的恒星。

光学：对光及其特性的研究；也可以指透镜或平面镜。

轨道：天体绕转另一较大质量天体或共同质心的路径；通常呈椭圆形。

轨道周期：天体绕转另一天体一周所需的时间。

排气：岩态天体释放气体的现象。

方位角：标度天体位置的坐标之一，从正北方起，向东量度。

光力：或极限星等：望远镜或双筒望远镜收集遥远天体光线的能力。

波因廷－罗伯孙效：行星际空间的粒子受到与太阳辐射的相互作用，被拖向太阳并围绕太阳运动的现象。

岁差：由于其他天体引力的影响，导致某天体的自转轴方向发生周期性缓慢变化的现象。

主镜：望远镜用于收集光线并聚焦的主要反射镜或透镜。

本初子午线：经过英国格林尼治地方的经线。

棱镜：楔形的玻璃片，能够将光分解成不同的颜色。

顺行：对天体而言，指与太阳系中大多数天体运行方向相同；对卫星而言，指与其所围绕的行星自转方向相同。

日珥：从太阳表面喷向日冕的大规模气体喷流。

自行： 恒星每年在天空中的视运动。

质子： 一种亚原子粒子，存在于原子核内，带有一个正电荷。

原行星： 正在吸积气体、尘埃和石块，以便形成真正意义上的行星的天体。

原行星盘： 围绕新生恒星的气体和尘埃组成的盘，盘中粒子间的碰撞最终产生行星。

原恒星： 高温、密集的气体和尘埃所组成的云，正在经历引力收缩，从而形成恒星。

脉冲星： 快速自转的中子星，其发出的电磁辐射的规则脉冲正好经过地球。

量子力学： 描述原子或亚原子水平上物质行为的物理定律。

类星体： 年轻星系的高能量的核，被认为是由超大质量的黑洞提供能量的。"类似恒星的天体"的简称。

径向速度： 物体朝向或背离观测者的速度。

辐射点： 流星雨中的流星看上去像是从天空中某一点发射出来，该点即为辐射点。

辐射： 电磁波<天文上的用法>。

射电星系： 发射<通常大量>射电波的星系。

射电望远镜： 专用于探测来自空间的射电波的望远镜。

射电波： 光的最大波长、最低能量的形式。

辐射计： 测量物体辐射，尤其是红外辐射总能量的仪器。

红矮星： 低质量的主序星，比太阳小得多，冷得多，也暗得多。

红巨星： 濒临死亡的低温恒星，直径已经膨胀到太阳的几十倍甚至上百倍。

红超巨星： 濒临死亡的大质量恒星，温度很低，直径为太阳的上百倍到上千倍不等。

红移： 由于天体正在远离地球运动，或是宇宙的膨胀，或强引力场的影响，其发出的光波长有一定的增加。

反射星云： 反射邻近恒星的光从而可见的气体和尘埃云。

反射望远镜： 使用球面反射镜收集光线的望远镜。

折射望远镜： 使用透镜收集光线的望远镜。

浮土： 月面上由于陨击而产生的粉末状土壤。

相对论： 爱因斯坦提出的物理学理论，描述了两个相对运动的观察者所进行的物理测量的差异。

分辨率： 望远镜或照相机分辨细节的能力。

分辨本领： 望远镜或照相机分辨细节的能力。

逆行： 天体的运动或视运动与太阳系大多数天体相反；比如行星的自东向西退

行，或天体的自转或公转从太阳系以北看来是顺时针方向。

可重复利用发射工具：可以多次使用的单级航天飞船，用以进入绕地运行的轨道。

公转、绕转：天体绕另一天体或共同质心进行的轨道运动。

核糖核酸：传递遗传信息的核酸。

大视场望远镜：低放大率、大视场的望远镜。

赤经：天体距离春分点的东西方向的角距离；天球上的经度。

RNA：传递遗传信息的核酸。

自转：星系、恒星、行星、卫星或小行星围绕中心轴的旋转。

自转周期：自转一周的时间。

望远镜：使天体的像更亮、更大的装置，外形呈管状<望远镜收集光线的能力强于人眼>。

明暗界线：行星或卫星的表面被照亮和未被照亮的区域的交界线。

类地行星：较小的，岩态的行星，如水星、金星、地球和火星。

热辐射：所有非绝对零度的物体所发出的辐射。

潮汐力：物体上两点所受另一物体引力的差异；常会导致天体的解体。

潮汐：由于另一天体的引力影响，使天体发生的变形。

海外天体：太阳系中位于海王星轨道之外的天体，简称TNO。

凌日：较小天体在较大天体前经过的过程；另外也指天体上中天，即经过观测者当地天子午线的过程。

透明度：天空的明晰度。

云母：某些变性岩石中的常见矿物，主要由钙和镁构成；由白云石<一种沉积岩>、硅和水化合而成。

回归年：地球两次经过春分点的时间间隔。

真视场：从望远镜目镜中所能看到的天空的角度；真视场等于可见视场除以放大率。

型超新星：白矮星从伴星吸积质量达到钱德拉塞卡极限以上，从而发生的爆发现象。

型类星体：隐藏在气体和尘埃中，散发极少量可见光的类星体，不过在红外和X射线波段非常明亮。

型超新星：当大质量恒星的核内不再发生核聚变时出现的爆发现象；爆发后的归宿是中子星或黑洞。

紫外辐射：紫外光：能量介于可见光与X射线之间的电磁波形式。

本影：影子中光源完全不可见的黑暗的中心区域。

未证认红外带：发射未认证的红外辐射的空间中的未知天体。

世界时：经过格林尼治的经线的地方时<也称格林尼治时间>；它是所有地方时系统的基础。

宇宙：存在的一切。

范艾伦带：地球大气外的两条带，由被地球磁场俘获的太阳风中的带电粒子构成。

r变星：光度有所变化的恒星。

春分点：太阳由南向北穿越天赤道的时刻，大约发生在每年的3月21日。

可见光：人眼可见的电磁辐射范围。

巨洞：超星系团之间相对空旷的巨大区域。

挥发物：较低温度下的气体状态。

亏：满月和新月之间的时期。

波长：两个波峰或波谷之间的距离。

盈：新月和满月之间的时期。

重力：由引力引起的存在于天体表面的力。

白矮星：与太阳大小相近的恒星演化末期的残骸，密度很大，被高度压缩，大小与地球相仿。

冬季：北半球12月21日前后的时期。

X射线：能量介于紫外线与伽马射线之间的电磁辐射。

天顶：天球上观测者头顶正上方的点。

ZHR：在流星雨观测中，当流星雨的辐射点位于观测者天顶时预计每小时能够观测到的流星数目，简写为ZHR。

黄道带：沿着黄道环绕整个天空，宽度约为18度的带，经过传统的黄道十二宫。太阳每年从这条带通过。

黄道光：暗弱的锥形亮光，黄昏时出现在西方，凌晨时在东方。因为行星际的尘埃粒子对太阳光的反射和散射而形成。